U0232251

古代世界的现代思考

古代世界的现代思考

透视希腊、中国的科学与文化

［英］G·E·R·劳埃德　著

钮卫星　译

世纪出版集团　上海科技教育出版社

出 版 说 明

自中西文明发生碰撞以来，百余年的中国现代文化建设即无可避免地担负起双重使命。梳理和探究西方文明的根源及脉络，已成为我们理解并提升自身要义的借镜，整理和传承中国文明的传统，更是我们实现并弘扬自身价值的根本。此二者的交汇，乃是塑造现代中国之精神品格的必由进路。世纪出版集团倾力编辑世纪人文系列丛书之宗旨亦在于此。

世纪人文系列丛书包涵"世纪文库"、"世纪前沿"、"袖珍经典"、"大学经典"及"开放人文"五个界面，各成系列，相得益彰。

"厘清西方思想脉络，更新中国学术传统"，为"世纪文库"之编辑指针。文库分为中西两大书系。中学书系由清末民初开始，全面整理中国近现代以来的学术著作，以期为今人反思现代中国的社会和精神处境铺建思考的进阶；西学书系旨在从西方文明的整体进程出发，系统译介自古希腊罗马以降的经典文献，借此展现西方思想传统的生发流变过程，从而为我们返回现代中国之核心问题奠定坚实的文本基础。与之呼应，"世纪前沿"着重关注二战以来全球范围内学术思想的重要论题与最新进展，展示各学科领域的新近成果和当代文化思潮演化的各种向度。"袖珍经典"则以相对简约的形式，收录名家大师们在体裁和风格上独具特色的经典作品，阐幽发微，意趣兼得。

遵循现代人文教育和公民教育的理念，秉承"通达民情，化育人心"的中国传统教育精神，"大学经典"依据中西文明传统的知识谱系及其价值内涵，将人类历史上具有人文内涵的经典作品编辑成为大学教育的基础读本，应时代所需，顺时势所趋，为塑造现代中国人的人文素养、公民意识和国家精神倾力尽心。"开放人文"旨在提供全景式的人文阅读平台，从文学、历史、艺术、科学等多个面向调动读者的阅读愉悦，寓学于乐，寓乐于心，为广大读者陶冶心性，培植情操。

"大学之道，在明明德，在新民，在止于至善"（《大学》）。温古知今，止于至善，是人类得以理解生命价值的人文情怀，亦是文明得以传承和发展的精神契机。欲实现中华民族的伟大复兴，必先培育中华民族的文化精神；由此，我们深知现代中国出版人的职责所在，以我之不懈努力，做一代又一代中国人的文化脊梁。

上海世纪出版集团

世纪人文系列丛书编辑委员会

2005 年 1 月

古代世界的现代思考

目录

内　容　提　要

G·E·R·劳埃德从事一种广泛的古代文明研究，涉及的基本问题既有智力上的也有道德上的，我们今天仍继续面对这些问题。他关注的是，我们能在这样的研究中学到些什么。

对于异域的信仰体系，我们能获得多大程度上的理解？对于古代世界的"科学"或它的各个组成学科，如"天文学"、"地理学"、"解剖学"等，谈论它们有没有意义？逻辑及其规律是普适的吗？存在一个本体论（一个单一世界）吗？所有尝试的理解都应该被认为是指向它的吗？当我们遇到明显不同的实在观时，它们在多大程度上可归因于需要解释或可作为一种解释的概念间的差异？或在多大程度上可归因于不同的首选推理模式或研究风格？真理和信仰的观念代表了可靠的跨文化普适的东西吗？

此外，对于当今的社会和政治问题，古代历史能教给我们什么？人性和人权的论述是普适的吗？我们需要什么样的政治制度来帮助确保国家内部和国家之间的公平和公正?

　　劳埃德将着手回答所有这些问题，并使我们确信：古代希腊和中国的科学与文化为推进现代的各种相关争论提供了宝贵的资源。

作者简介

G·E·R·劳埃德，英国剑桥大学教授，长期从事古希腊科学思想史研究。1987 年始执"古代科学和哲学"讲席，1989 年起任达尔文学院院长。2000 年从这两项职位上退休，任荣誉教授。1997 年因"对思想史的贡献"而被英国王室赐封爵士。

劳埃德教授著述颇丰，已出版十余部专著，其中大多数是研究希腊科学和医学，或者以希腊科学和医学为素材，探讨科学思想、科学哲学、科学社会学等问题。其著作的特点是：历史叙述条理清晰，史料翔实，运用恰当，探讨问题视角新颖独特，反映出科学哲学与科学社会学的最新研究动态。劳埃德教授近十多年来的研究兴趣从古希腊科学延伸到中国古代科学，著有《早期希腊科学：从泰勒斯到亚里士多德》（*Early Greek Science: Thales to Aristotle*, 1970）、《道与名：早期中国与希腊的科学和医学》[*The Way and the Word: Science and Medicine in Early China and Greece*，与美国著名中国科学史学者席文

(Nathan Sivin)教授合著，2002]、《受制于疾病的想象：希腊思想研究》（ *In the Grip of Disease: Studies in the Greek Imagination* ，2003）、《无可辩驳性的错觉：古代希腊、中国和今天的智慧与道德》（ *The Delusions of Invulnerability: Wisdom and Morality in Ancient Greece, China and Today* ，2005）、《古代希腊和中国科学中的原理与实践》（ *Principles and Practices in Ancient Greek and Chinese Science* ，2006）、《认知的变种：对人类思维统一性和多样性的反思》（ *Cognitive Variations: Reflections on the Unity and Diversity of the Human Mind* ，2007）等。

中文版序

　　我很高兴把我的书介绍给中国读者。在此书中我质疑了两个在当今西方社会很普通的假定。其中第一个是，现代西方社会本质上是从古希腊—罗马发展而来的产物，与古代中国没有一丁点儿关系。第二个是，古代世界在每一个重要的思想领域内取得的成就，早已经被取代了，如今它们只有古文物研究的意义。

　　我摆出了反对这两个假定的论据。对于第一个假定，我并不是通过提醒读者记住中国人在指南针、活字印刷和火药等等技术发明上作出的重要贡献来展开论证的。与此不同的是，我讨论了古代中国在数学、天文学、医学和物理学等领域内的工作——这些在西方还鲜为人知。在上述每一个领域内，古代中国研究者为他们自己设定的研究目标迥异于他们的希腊—罗马同行。例如，他们的数学具有不同的证明—理论兴趣，他们的兴趣不在于公理化，而在于算法的证实，他们极大地关注于发现而不是论证。在物理学中，他们研究过程、感应、交互作用等，而不试图界定基本的元素。

在书中我提出了"研究风格"（styles of enquiry）和"现象的多维度性"（multidimensionality of the phenomena）等概念，旨在说明不存在一条科学**必须**如此发展的唯一道路。相反，不同的古代传统，中国的、希腊的，以及美索不达米亚的和印度的，都发展出了不同的研究风格，有着形成鲜明对照的各自研究目标和研究方法。如果把科学定义为描述、预测、解释并理解围绕在我们周围的这个世界的系统尝试的话，那么所有这些古代文明都可以说对科学的成长作出了贡献。现代科学当然与任何一个古代文明所作的努力都十分不同。但是重要的是去研究这种理解的雄心在不同的古代社会中，尤其是古代希腊和中国，是如何以不同的方式发展壮大起来的，并且考察这些不同的方式如何反映了不同社会的价值标准和制度。这对我们今天来说也是至关重要的，因为我们的现代科学，如今作为一个全球性事业，同样反映了那些我们需要保持警惕的价值标准和制度，更别说是在这样一个疯狂的技术进步造成全球环境的灾难性威胁的世界中。

古代世界仍有许多可教给我们，它们不应被当作只有古文物研究的意义而被草草打发了事，以上只是其中的一个例子。在书中我还论证了，在教育、人权和民主等方面，古代世界同样能给我们提供许多教益。研究古代中国和古希腊的教学机构和教育制度，能够帮助我们去关注今天的大学和研究机构所起的不同作用，去关注大学一方面需要国家支持、另一方面不要国家干预这两者之间的张力，以及解决这个张力问题所面临的挑战。

关于人权的重要性，如今人们已经谈论得太多了，但现在恰恰应该谈论的是对人权的严肃认真的质疑。对古代中国和古希腊的研究揭示了这两个古代社会更为关注的经常是责任——个人对集体的义务，而不是权利——任何个人所主张的特权。同样，民主也成为全球范围的政治口号，尽管它代表着什么，在不同的现代政体中有五花八门的解释。那些呼吁民主的人往往不清楚古希腊的全民参与式民主与现代的代议制民主之间的差异，并且对于我们仍然面临的在国家层面和国际层面上如何确保真正的公平制度的困难考虑不足。虽然古代中国不支持一人一票的原则（在古希腊这个原则只适用于男性公民），但是他们有大量的对公正问题的思考，以及对"普天之下"福祉的关怀。

我们承担不起背弃历史教训的骂名。两个伟大的古代文明，中国和希腊，各自进行了意义深远、发人深省的研究，今天，无论是在我们自身的智力操练和努力当中，还是在政治、道德和教育方面所面临的困难当中，我们仍能从两个伟大文明的古代研究中深受教益。 正是怀着这样一种心情和抱负，我写了这本书。我也非常感谢我的中译者和出版社能够让此书及时与中国读者见面。

G·E·R·劳埃德

2008 年 7 月

译 者 序

　　2006年岁末，我从上海科技教育出版社的潘涛先生和侯慧菊女士手中接过了劳埃德爵士的《古代世界的现代思考》（*Ancient Worlds, Modern Reflections: Philosophical Perspectives on Greek and Chinese Science and Culture*）一书的英文复印稿。劳埃德是我很尊敬的一位学者。2001年我在李约瑟研究所访学，劳埃德时任东亚科学史基金会的主席，该基金会是指导李约瑟研究所工作的管理机构。因此，我跟劳埃德有过一段时间的接触。他待人接物非常平易近人，丝毫没有大牌学者的派头。一次跟他谈起我对一份希腊文献中的一处记载有点疑问，话刚说完，他就立刻出门骑上自行车赶到达尔文学院的图书馆去帮我查证了。所以，当潘涛先生想让我翻译劳埃德的著作时，我虽然知道译事辛苦，但觉得这是一件义不容辞的事情。

　　说这事义不容辞，当然不只是因为我跟他有那么一点点私人交往，更是因为劳埃德的著作非常具有学术性和思想性，无论是对我们的科学史和科学哲学研究方面，还是一般意义上的对古代世界的现代思考方面，都具有深刻的启发性。劳埃德从研究古代希腊的科学起家，近十多年来他的研究兴趣扩展到中国古代科学。他擅长用比较历史学的研究方法，经常以新颖独到的视角去剖析问题，得出很有思想冲击力的结论。1997年他因"对思想史的贡献"而被英国王室册封为爵士。

多亏中国科学院自然科学史研究所刘钝先生的努力，改变了在国内还未见有劳埃德的译著的状况。上海科技教育出版社于2004年出版了他的《早期希腊科学：从泰勒斯到亚里士多德》（孙小淳译）一书。《早期希腊科学》是劳埃德的早期作品，《古代世界的现代思考》则是劳埃德近几年对古希腊和古代中国进行比较研究而形成的思想精髓，反映了劳埃德独具特色的科学史观。

由于俗事繁多，经过了一年多缓慢又艰难的翻译，伴随着编辑时不时友好地对"翻译进度"的询问，现在总算已经交稿了。说来惭愧，此前我对劳埃德的著作没有进行过太深入的研读，对他的学术思想也了解得不够系统。现在，借翻译劳埃德的著作之机，对他的研究方法、学术观点等等总算有了一个比较全面的了解，进而产生了一些自己的理解，在此我很想利用译者的便利条件，把我的理解写出来，算是对他的科学史观做一番粗略的解读。

劳埃德的问题意识

按照劳埃德在本书序言中的交代，他这本书要做两件事。第一件事是要弄明白，我们今人研究古代文明中的科学，这么做究竟意味着什么？这显然是一个带有哲学味道的问题。劳埃德在以前的著作中对这个问题也有所涉及，但是在本书中他说他要更为直接地面对这个问题，并且希望通过对这个问题的探讨、阐释、澄清等，有助于解决一些现代的哲学争论。

利用科学史上的案例来解决或澄清某些现代哲学争论，这是劳埃德科学史观中很有特色的一个要点。事实上本书的副标题就是"透视希腊、中国的科学与文化"。劳埃德认为科学史研究不应该离开科学哲学，而脱离科学史来研究科学哲学也是行不通的。所以，有关科学本身的哲学问题，他自然想到需要取材于科学史上的案例，来做具体的研究。在本书中，劳埃德主要从古代希腊和中国这两个古老文明中提取案例，来推进与这第一件事相关的那些问题的研究。

劳埃德在书中要做的这第一件事，其实可以化为对以下5个问题的讨论和解答——这每一个问题都是站在某种哲学高度上提出来的。

第一个问题是，对一个古代社会，我们怎么才能够去理解，又能获得多大程度上的理解？对这个问题的讨论和解答主要是在本书的第一章"理解古代社会"中展开的。

毫无疑问，要理解古代社会，需要克服各种各样的障碍，譬如史料匮乏的障碍、文献释读的障碍等，就是保存到现在的那些史料，由于大多是以文字的形式被保存下来的，所以它们只反映了掌握读写能力的古代知识精英们对古代世界的看法。奴隶对奴隶制的意见，我们无从知晓。尽管如此，理解古代社会这件事，还是应该和值得去做的。

劳埃德提到，在试图理解古代社会的过程中，我们面临着一种进退两难的局面。如果我们利用现代的概念去释读古代资料，则容易导致两种情形的曲解——"年代误植"和"目的论"，尤其是在科学史研究中，这种曲解是常见的。如果我们利用古人的概念去理解古人，那算不算是一种理解，都成问题。譬如，用亚里士多德的概念去解读亚里士多德的著作，那不是理解，而是复述。

面对这种进退两难的局面，劳埃德总结了三种反应。第一种反应提出了"智力状态"的概念，说不同的"智力状态"从根本上导致了这种不可理解性。劳埃德不同意"智力状态"的说法，在书中他援引了他先前发表过的工作对此进行了驳斥。第二种反应是以库恩为代表的"不可通约性"观念，劳埃德批评了这种观念的强版本。说不同的思想体系之间严格地不能相互理解，这是不符合历史事实的。比如，按照库恩的观点，哥白尼和托勒玫的学说属于两个不可通约的范式，但是事实上哥白尼无疑是最理解托勒玫学说的人之一。

所以劳埃德认为我们应该采取的是第三种反应，也就是在解读古代材料时，要"尽可能从我们的观点出发把其他信仰体系的陈述当作是正确的"，这条原则被叫做"宽容原则"。"宽容原则"要求对于任何复杂信息的交流，必须去掌握当时完整的背景情况：谁跟谁在交流、在何种假定和何种习俗背景下进行的交流等。

第一章是导论性的，劳埃德在这一章中想要强调的是，"理解古代社会与理解我们同时代的社会没有根本上的差别"，只要牢记"宽容原则"，古代社会是能够被理解的。

接下来的**第二个问题**是，古代世界有没有科学？围绕着这个问题，无论国内还是国外，都曾经展开过激烈的争论。对我们来说，这个问题令人感兴趣的提法是：中国古代有没有科学？

劳埃德一分为二地来处理这个问题。一方面是定义性的：我们通常所说的科学究竟是指什么？另一方面是实质性的：人们从事的那些实际研究，如"天文学"、"地理学"、"解剖学"等，究竟是什么？本书的第二章处理了定义性问题，第三章处理了实质性问题。

毫无疑问，在各个古代文明中，显然没有我们今天所知道的科学。也就是说，在古代不存在今天的科学。这个解答简明得近似废话，对我们的讨论没有帮助。劳埃德显然不满足于这样的解答，他认为，古代有类似于今天我们所进行的那种探索活动。在劳埃德看来，历史学家的任务就是去研究这些探索活动开展的形式，是什么激励或制约它们的发展，古代研究者们自己如何评价他们的工作，他们对他们工作的地位和工作目标的自我感觉如何，等等。

在第三章中劳埃德进一步处理了古代希腊和中国的不同学科、以及各种古代研究之间相互联系的不同图景。他强调了在不同的古代文明中，对不同自然现象的研究以不同的路线发展变化着。他证明了不同古代文明之间的比较研究是可行的，只要假定有总体上相同的理解目标。

第三个问题是，形式逻辑和它的规则在多大程度上或在什么意义上是普遍有效的？这是劳埃德在第四章中要回答的问题。我们知道，逻辑是讲道理的规则。如果一个人不讲逻辑，他或她往往会被认为是不讲道理，是感情用事，甚至是无理取闹。那么，所有的人类交流，是否必须服从一种普遍适用的逻辑系统呢？

从逻辑的角度来看，劳埃德的答案似乎没有那么简明。但是他的态度还是明确的。首先，对于近年来被提出的各种否定排中律或矛盾律或两者都否定的现代逻辑系统，他认为保留这两条基本原则更为可取。但是，其次，在实际交流中，人们是不会按照逻辑三段论的方式来进行的，而且，我们要表达的意思，不仅仅是看我们说了什么，还要看我们是怎么说的，甚至要看说话时的表情、手势等。

日常交谈是这样，在哲学和科学讨论中也是如此。演绎推理要求词项的严格"单义性"，但是大多数哲学和科学术语都有很明显的"语义延伸"（对词项的"单义性"和"语义延伸"的讨论实际上构成了劳埃德运用于本书中的四条方法论原则中的一条，详见下文）。因此，劳埃德指出，要对实际的推理过程进行分析，我们需要的不是一种形式逻辑，而是一种非形式逻辑。劳埃德所说的这种非形式逻辑分析，就是他在本书中着重调用的语用学研究成果。他认为，语用学的交流规则，如合作原则、相干原则等，在某种程度上提供了一种共同的非形式逻辑的起点。

劳埃德在这一章中当然继续从古代希腊和中国这两个他最为熟悉的文明中取材来佐证他的观点，或者说，达到他的目的，也就是要认清这两种古代文明是如何产生出清晰的逻辑分类概念和不同的推理模式的。为此，他首先考查了古希腊人和中国古人所表现出来的对说服技巧的兴趣，其次考查了他们对待争论的态度，最后探讨了他们对逻辑错误词汇表的命名。显然，在这三个方面，古代希腊和古代中国都表现出明显的差异。在古希腊，形式逻辑对论证模式做出了清楚的区分，主要被用来赢得争论和反对对手。而中国古代，按照劳埃德的说法，相对缺乏用于辩论情形的逻辑学和语言学分类，但这并不表明一种不同的形式逻辑；这甚至也不表明一种不同的非形式逻辑、或一套不同的语用学规则。在劳埃德看来，这种情况反而给了我们一些线索去探讨在古代中国人的生活和思想中，人际交流的方式受到了哪些行为举止规范的控制或引导。

劳埃德还进一步把在两个古代社会中发现的推理模式上的差别，看作是评估它们各自培育起来的不同"研究风格"的重要组成部分。"研究风格"是又一个被着重引入本书的重要概念。它散见于全书各处，并在第七章中得到集中讨论，这些讨论也可以看成是本章所提出问题的一个延续。

第四个问题是，真理和信仰的观念是一种可靠的跨文化普适的东西吗？这个问题在本书中其实被分成了两部分，一是关于真理，二是关于信仰，分别在第五章和第六章中得到讨论。"跨文化普适性"是又一个贯穿劳埃德这本书的关键概念。存不存在这种跨文化普适的东西呢？真理和信仰就是被劳埃德拿来仔细解剖的两样东西。

所有的社会都关心真理吗？他们都拥有相同的真理观念吗？而真理又是什么？对于最后一个问题，也是最为根本的问题，劳埃德坦率地指出，它仍处于争论不休之中，难以得到统一的答案。困难首先在于不存在通往外部实在的直接入口。因为任何对外部实在的描述，都离不开语言词句，而语言词句或多或少都是被理论渗透了的。这样就难以在严格意义上达到与外部实在的符合。劳埃德还认为下面两种情况的真理认定是无益的：一是只凭借其内在的一致性就判决一套陈述或信仰为真理；二是把一小群如科学家和哲学家等专家接受的东西当作真理。

做了这样的铺垫后，劳埃德再来着手处理上面提出的前两个问题。针对有学者声称的古代中国人没有真理概念的说法，劳埃德直截了当地表达了他的不同意见；进而通过比较历史学的研究方法，调用了古代希腊和中国的材料，论述了不同社会中真理观念的相对性问题和这种真理观念并不普遍适用的可能性问题。

劳埃德的考查表明，古代中国人在关于真理、知识和客观性问题上有着他们独具特色的重要思考。事实上，劳埃德更关心的是真理问题源自哪里，并通过这种历史考查为解决上述与真理有关的问题作出一点贡献。对此，劳埃德特别指出，在希腊、中国和其他地方，对诚实和确保真实等这些事情的关注，都远远早于任何我们可以贴上哲学的更别说科学的标签的那些东西。从这种历史研究中，我们能够确认一些在真理和客观性这一传统主题的发展过程中发挥作用的那些广泛的社会因素。希腊和中国的两种推理风格反映了各自研究者开展研究的境遇，包括他们的"事业机遇"，他们怎么谋生，他们希望说服的对象等。

劳埃德在这一章结束的时候宣称，通过这一番比较分析，他得到的是一个多元论的教训。确保真实性的程式无疑与问题的实际情况有关。在今天的科学研究中为了确保真实而采取的方式在100年前人们做梦也想不到，更别说在古代。因此，面对真理问题的这种多样性，不能去要求一条单一的普适原理。而且劳埃德还提醒我们应该对那种一致性保持警惕，因为一致性对大多数研究任务而言是不充分的。当然这也并不意味着追求真理是毫无指望的，以至于要宣布放弃。我们可以且必须在全新的方向上，例如艺术和宗教上，来寻找真理。

关于信仰，劳埃德在第六章开头提出的问题是：我们有权利把信仰当作是一个跨文化普适的范畴吗？我们能够通过信仰把各个地方的人们展示出来的认知态度、天赋才能、性格倾向等加以区分吗？在探讨这些问题的答案过程中，劳埃德首先强调了判断信仰（在我看来，这里的信仰既指宗教意义上的信仰，也指一般意义上对某种观点、思想的持有，所以是个广义的概念）的困难性，也对有关信仰的心理学和哲学分析中存在的一些著名难题进行了回顾，简要概述了一些比较历史学研究的资料。然后，揭示了存在于古希腊和古代中国的一些对信仰进行质疑和确认的不同模式。在古代中国和希腊，都存在着认识论层面和实用层面的两种质疑模式。但是希腊人更多地从认识论基础出发提出质疑，而中国人则更偏爱从伦理道德和实用的角度提出质疑。

在第六章最后，劳埃德以苏格拉底之死为例，强调了只要涉及对观念的批评，那些持有这些观念的人总要被牵涉进来，即便宣称批评是完全不针对个人的，那也毫无帮助。所以，即使质疑的是有关真理的信仰时，要把客观和人际因素完全隔离是困难的。只要涉及人，对某错误观念的怀疑就会非常容易被看作是一种对观念持有者的冒犯。而如果不赞同被普遍接受的信仰，就会被认作是破坏团结。

在这一章中，劳埃德似乎没有明确回答信仰是不是跨文化普适的问题，但他的倾向性还是明确的：对凡是声称是跨文化普适的东西，要保持必要的警惕。而且他确实从古希腊和古代中国的案例出发分析了信仰质疑模式的多样性，所以我们不妨理解成他对那个问题的回答是否定的吧。

第五个问题是，存在一个共同本体论吗？这个问题的意思是，所有的本体论学说所关注的、所针对的、所要描述和解释的是同一个世界吗？或者说，我们是不是应该承认世界的多元性，它的每一"元"都是独立有效的研究对象呢？

劳埃德指出，对这个问题已有的回答中分成针锋相对的两派，大致对应于两种强烈对立的科学哲学观点：多元世界答案对应于哲学上的相对主义；单一世界答案对应于各种哲学实在论中的某一个分支。实在论者坚持只有一个世界可供科学来研究。相对主义者则坚持真理只是相对于个人和团体而言的。然而，从哲学倾向来看，劳埃德既非相对主义者，也非实在论者，而且，看起来他也不愿意被限制在这种两分法的窠臼之中。尤其对于那种朴素实在论和极端的文化相对主义以及社会建构论，劳埃德在书中作出了批判。

因此，为了对上述问题进行讨论并作出回答，劳埃德先做了一些理论上的准备。他首先提出所有观察陈述都是理论渗透（或理论负载）的，所有证据对理论是非充分决定的，这些证据具有多维度性和开放性。然后他进一步指出，所有理论都反映了不同的"研究风格"。"研究风格"这个概念在第四章已经出现过，这是一个劳埃德非常倚重并且十分喜爱的概念。按照劳埃德的界定，不同的研究风格由不同的首选推理模式、不同的先入之见和不同的研究方法构成。

劳埃德希望通过对不同"研究风格"的关注，以及对理论渗透的不同程度的考查，来消弭既要承认普遍性、又要承认不同的古代研究者描述的实在之间的差异性这两个方面之间的张力。在古代中国和古希腊这样的古代社会的不同研究者中发现的不同世界观存在着明显的差异，这些差异联系着不同的"研究风格"，受到不同文化、不同价值观念和不同意识形态的影响。在这个意义上，相对主义者似乎占据了一定的有利位置。但是劳埃德同时也指出，使用理论渗透程度的差异，以及证据的多维度性和开放性概念，还是可以坚持认为：尽管古代研究者的世界观有差别，但是亚里士多德和《淮南子》的作者们在某种意义上始终居住在同一个世界里，事实上也就是我们的世界里。

劳埃德在第七章中借助"研究风格"这个概念对本体论问题展开了讨论，获得了一个看起来有点折衷的结论。但是对"研究风格"这个概念的阐发，似乎让他有点意犹未尽，所以在接下来的第八章"分类的使用和滥用"和第九章"对实例论证的支持和反对"中，劳埃德继续以古代中国和古希腊的不同"研究风格"为例，进行了深入的讨论。

在第八章中，劳埃德希望通过对分类系统的研究，来考查它对世界观的形成有什么影响，并有助于澄清一些基本的哲学问题，如实在论与相对主义之间的冲突、不同信仰体系之间的可通约性、科学与通俗信仰之间的关系等。同时，有关自然和文化现象的分类资料，也能够被用来为实在的多维度性和研究风格的多样性提供进一步的证明。因此，第八章的讨论可以看成是对前面四章中提出的关于普通逻辑、真理探索、信仰可疑性和普通本体论等问题的继续深入探讨。

在第九章中，劳埃德继续考查不同的"研究风格"，以及逻辑的跨文化普适性问题。他分析了古代中国和古希腊各种各样用实例进行论证的例子，目的是要评价这种实例论证的各种强弱不同的运用，看看它们是如何展现它们所帮助构建的相应"研究风格"的。

劳埃德的现代反思

劳埃德在本书中要做的第二件事是，反思古代历史，并希望这种反思能对当今世界中一些棘手的社会和政治问题产生积极影响。劳埃德在以前的著作中也不是没有进行过这样的反思，但在本书中，他说他的反思要比他以前所做的更加明确、更加清晰。

人们经常会问："研究历史有什么用？"特别地，我们研究科学史的，也经常会自问或被问到："研究科学史有什么用？"面对这样的提问，我们多多少少会有点窘迫。我们有时会勇敢地回答"科学史就是无用"，有时，特别是在课堂上面对求知的学生时，我们会勉勉强强拼凑出几条科学史的用处来，但总觉得没有太强的说服力。现在劳埃德在本书中将会向我们提供三个具体而深刻的案例，展示对古代历史进行反思的现代意义。

劳埃德认为，古代世界仍旧有许多可教给我们的东西，它们不应被当作只是历史爱好者的业余兴趣。劳埃德还认为，处在不同文明中的人们面对他们身处于其中的自然时，他们以不同的方式给出各自的理解，这些不同的理解方式反映了不同的社会制度和价值标准。同样地，作为一个全球性事业的现代科学，也反映了我们当今的价值标准和社会制度。因此，从古人与自然的相处中我们能吸取一些经验教训，有利于我们今天与自然的相处。

在本书剩下的三章中，劳埃德要完成的就是他的三个反思。他论证了在教育、人权和民主等方面，古代世界仍能给我们提供许多教益。

在第十章"大学：它们的历史和责任"中，劳埃德比较了中国和希腊古代的教学机构和教育制度，简要梳理了西方教育制度的源流。他希望这些能够帮助我们去关注今天的大学和研究机构所起到的不同作用，能帮助今天的高等教育机构去重新找回一些，在只以职业培训为目标的狭隘功利主义兴起之前，曾经鼓舞了它们的先辈们的那些策略性雄心壮志。

针对当前很多大学的课程设置的专业化倾向和面向求职的特点，劳埃德指出，教授和专家们应该做的事情是，在他们自己的大学本科教学中努力成为一位更加博学的通才。虽然这样做会被贴上业余爱好者的标签，并且职务聘任委员对博学通才也没有多少好感。但是这值得并应该坚持去做。因为，我们的先行者们都是博学的通才；历史教给我们的第一课也是：大学是探索和传承普遍知识而不是破碎的专科知识的地方。现代大学应该继承这一古老理想。

劳埃德还希望引起大家关注的是，存在于大学一方面需要国家支持、另一方面不要国家干预这两者之间的张力，以及解决这个张力问题所面临的挑战。中国古代提供了教学机构受国家支持的例子，古代希腊则提供了相反的例子，他们的教学几乎得不到政府的支持。在劳埃德看来，这两种模式各有利弊。现代大学不应是守护人，也不只是知识的传播者，而应该是对社会和政府的批评者和对旧知识、旧制度的改革者，大学应该捍卫这个重要角色。同时，大学还应该去支持一种纯粹、无私研究的价值观念。

在第十一章"人性和人权"中，劳埃德给出的反思是，人性和人权并不是跨文化普适的概念。在当今人们大谈特谈人性的普遍意义和人权的神圣不可侵犯时，人们恰恰更应该谈论的是对人性和人权的质疑。通过对中国和希腊这两种古代社会的研究，劳埃德认为我们能够从古代希腊恢复的东西是平等原则的至关重要性，从古代中国学到的是他们创造的相互依赖的职责感和共同拥有的义务感。

现代人强调得太多的人权在古人看来也许就是一种具有侵略性的个人主义。作为对这种占优势的现代极端个人主义倾向的权利话语的一种制衡，我们反而应该从各种义务着手，来培养一种更为积极的、基于责任的基本价值观。确切地说，对于人性论，我们应代之以公平和公正，而对于人权的论调，我们需要代之以对责任、约束和义务的关注。关注公平、公正和责任，比只谈论权利，能提供一个更宽广的基础来处理有关问题。

劳埃德指出，希腊和中国这两个古代社会更为关注的是责任——个人对集体的义务，而不是权利——任何个人所主张的特权。从古代中国的历史经验中，我们能够认识到团结一致所具有的巨大优势，古代希腊人的历史经验又再三提醒我们要保持这种团结和一致又有多么地困难。从两种古代社会中我们能够学到的清楚一课是：凡是被人类描述为一种理想的东西往往只是反映了提出这种理想的人群的利益。

在本书最后的结论章中，劳埃德以更尖锐的语言指出，人性和人权观念起源于西方，现在一些人"以一种现代浮夸语言对它们进行的一些调用，是非自我批评的、半生不熟的，实际上是接近于语无伦次的"。在一种全球视野下，对于我们应向我们的同伴尽什么义务（我们的责任）与我们能从他们那里需求什么（我们的权利）应该给予同样多的重视。

在第十二章"对民主的一种批判"中，劳埃德进一步对现代民主制度进行了反思。他在这一章的开头就提出，古希腊人会对他们的政治制度提出质疑，并给出各种各样的答案。但是到了现代，政治辩论已经停滞不前，每个人都赞成"民主"是个好东西。但是在劳埃德看来，国家层面上的民主实际上是什么，在国际层面上，不同国家之间的关系应该怎样调控，以及是否值得去进行这种调控，这些都处在无休止的争论当中。

在本章中，劳埃德用讽刺性的笔调指出，比起更早的几个世纪，现今至少在最令人满意的政治体制的名称上取得了更大的共识，这个名称就是"民主"。然而，这只是这个理想制度该如何称呼的共识，对于民主应该如何实践，并没有形成相应的一致意见，关于实践到什么程度才算真正实现了那个理想，也没有相应的考虑。

劳埃德在考查了古希腊城邦的民主制度后指出，所有现代民主和某些古代民主之间的第一个主要差异就是规模不同。古代希腊城邦的人口都很少，他们的民主是参与型的，也就是一人（只限于公民）一票制，然而现代民主是代议型的。这种代议型民主制度的根本缺陷在于两个方面，一是选民的冷漠，他们不参与投票，使得选出来的政府不能代表真正的民意；二是势力集团的参与，扭曲和影响选举结果。而那些呼吁民主的人，往往并不清楚古代希腊的全民参与式民主与现代的代议制民主之间的差异。

劳埃德进一步指出，把民主制度转换到全球尺度上去时，面临着更大的困难。现有的有关国际机构没有独立的权力基础去贯彻他们做出的决定。面对不肯接受他们决定的那些超级大国，它们是非常软弱无力的。劳埃德在书中清楚地说明了，在苏联解体之后，仅剩的超级大国就是美国。于是，劳埃德在书中顺便对美国的国际形象展开了批评。他尖锐地指出："我们必须揭穿这样的花言巧语，即允许仅剩的超级大国向其他国家鼓吹民主的美德，同时又在国际辩论的讲坛上对其他国家的意见不屑一顾。"

作为一位科学史家，劳埃德认为，现代的民主教育应该在对现行民主模式的起源、在相对不那么复杂的古代社会里的早期民主观念、以及人类应该如何共同生活等问题作出全面认识的基础上来实现。但是他强调："这不是带着怀旧之情去回顾不可挽回的过去。……这更是在培养一种意识：我们不能承受对某种被高度重视的价值观念的忽视。"

在对现代代议型民主作了很多批评之后，劳埃德还是提醒读者他的本意不是要反对民主。他说，民主没有其他可行的替代物。民主始终为政治生活的开展提供了唯一公平、唯一公正的基本框架。他认为古希腊在这一点上提供的榜样既有正面的也有反面的，都非常值得去研究。此外，他也提醒读者不应忘记中国人关于团结的观念。中国古代的皇权制度在现代社会里固然不存在它的对应物，但是要很好地去反思中国古人那种以天下福祉为重的观念。尤其是那种全人类互相依赖的意识，以及为了共同幸福的集体责任原则，这些无疑仍然值得我们今天借鉴。

劳埃德的方法论原则

按照劳埃德自己在本书序言中的总结，有四条方法论意义上的原则性假设贯穿在全书的分析和讨论中。这些原则也可以看成是劳埃德科学史观的重要组成部分。第一条方法论原则是，在历史研究中应尽可能使用参与者的而不是观察者的思想方法，也就是尽力把握古代研究者们自己如何理解他们的工作、概念、目标和方法。尽管贯彻这一条原则存在着一些困难，即上文第一个问题中提到的进退两难的局面，但劳埃德仍把复原古代思想观念的愿望作为他的方法论基础，这也是他的历史研究要实现的战略目标。

为了实现这样的战略目标，劳埃德强调了在史料释读中必须坚持

"宽容原则"的重要性，并且在书中好几处对严格意义上的不可通约性概念提出了批评。他认为，没有理由去接受不同思想体系之间的严格不可通约的假定；在严格意义上接受不同思想体系之间不可通约的观点是太过强硬的做法。

第二条方法论原则是，在科学中不存在与理论无关的观察，在科学史上不存在与理论无关的描述。在这里，劳埃德认可了理论渗透（或称理论负载）这一概念的普遍有效性。但是他强调，认识到观察描述中的理论和价值判断无法避免，并不等于说，我们在研究中可以采用任何基本概念框架了。反而，我们应该：首先要尽力把理论偏见搞清楚，其次要更为小心谨慎地检查那些成见和偏爱；第三要在最大限度上利用我们能觉察到的理论渗透程度上的差异。总之，劳埃德的观点是，所有观察都渗透理论的宣称，虽有程度上的轻重之别，但毫无例外。

第三条方法论原则是，我们不能期望在科学或科学史研究中有最后确定的答案。一切结论都处在待修正状态中。当然，这并不意味着放弃去寻找答案，放弃去检测和评估各种理论和解释。劳埃德认为，总还是存在着一些行得通的客观性、真理和真相认定的概念，哪怕其中的任何一个都不会产生出绝对、确定的结果。

第四条方法论原则是，要避免使用某些危险的两分法。词项的单义性是一种理想或限制情形，不能作为可理解性的标准来持有，也不能指望绝大多数词汇能够去遵守这一条单义性准则。反之，应该认识到每一个词汇都能展示出一定程度上的语义延伸。

词项的单义性在演绎推理中是要得到确保的，任何对单义性的违背都要破坏推论的有效性。然而，劳埃德指出，大多数哲学和科学使用的术语都有非常显著的语义延伸。它们不但不具有、也没有给予严格的定义，而且哲学和科学的丰富性也经常制造大量显著的语义延伸。

所有的形而上学和绝大多数创造性科学，都依赖于对关键术语远远超越其字面含义的开拓性运用。尽管一致性是一种优点，清晰和避免含糊也是一种优点，然而我们不得不在所有交流模式中允许语义的延伸。

劳埃德在总结了这四条方法论原则之后，意味深长地指出："对那些习惯了老式的实证主义者问题解决方案的人来说，这四条方法论原则似乎为古代科学史研究提供了一个毫无希望的基础。"而在劳埃德看来则相反，这些原则为科学史研究提供了更为可靠、合理和健全的基础；而且能帮助我们避免大量实在论者和相对主义者之间，或各种建构主义立场之间的毫无结果的争论；也有助于避免把真理符合论和真理贯融论完全对立起来的僵局；还能使我们避免过度使用不同信仰体系之不可通约性的强命题。从这一段澄清中，我们可以明白劳埃德哲学立场，既非实在论的，也非相对主义的，更不是建构主义的。

不存在唯一的科学发展道路

一般的科学史观点认为，现代科学的直接源头是近代科学革命，间接源头是希腊的自然哲学。从古希腊到近代欧洲再到现代西方，这就大致勾勒了科学的发展道路。但是，劳埃德在书中围绕着对上述五个问题的解答，通过对"研究风格"、"现象的多维度性"等概念的运用，以及对四条方法论原则的贯彻，最终说明了：不存在一条科学必须如此发展的唯一道路。

在正文第三章的最后部分，我们可以看到他作出的更为明确的表态："想要提供一种全球普适的科学发展必经之路的诱惑应该加以抵制，无论如何，任何这样的宏伟计划，面对我们在不同的时间和地点以及不同的文明中发现的不同研究领域里的成功与失败的大量的多样性时，都会土崩瓦解的。"至少，劳埃德通过对古代希腊和中国的社会政治制度和价值标准的研究之后，证明了不存在这样一条纯粹的幸运之路。

把劳埃德得到的这一条结论，作为全书的主要结论，可能会失之偏颇。因为在书中他还对希腊和中国这两个古代社会进行了详细的比较历史学的分析，并且还给出三个深刻的现代反思。然而对于我们这些体验着"科学"一词在中文语境中的强势地位的中国读者来说，劳埃德的这一个结论是很有冲击力和警示性的。

劳埃德的这一观点，无疑跟他持有的对科学的倾向性定义有关。在中文版序中，他提出，"如果把科学定义为描述、预测、解释并理解围绕在我们周围的这个世界的系统尝试的话，那么所有这些古代文明都可以说对科学的成长做出了贡献。"描述、预测、解释并理解围绕在我们周围的这个世界的系统尝试就是科学，这是一个多么宽泛的科学定义啊！

事实上，在第二章中，劳埃德提到科学史上的失败理论时，也运用了同样的科学定义。他说，如果那些失败的理论满足旨在理解、解释和预言"自然"现象这一基本要求，那么它们仍旧可以归为科学。譬如，在大爆炸宇宙学说和稳恒态宇宙学说之间、在灾变说和均变论之间、在氧化说和燃素说之间，甚至在地心说和日心说之间，发生在这些对立学说之间的争论，最终都有赢家和输家。但是这些争论只有在事后才变得容易裁定。在争论发生的当时，支持和反对争论双方的论点和论据在许多人看来是旗鼓相当的。

事有凑巧，同样是2006年的农历岁末，在我的师友圈里大家通过电子邮件的方式对科学的定义问题展开了一次热烈的讨论。当然，这次讨论不是要试图给科学下一个严格的定义，大家关注的焦点主要集中在应该从更为宽泛的还是窄小的角度来定义科学这个问题上。参与讨论的发言者分成了两派，一派主张应该从"宽"定义科学，另一派则认为应该从"窄"定义科学。当时有人把这个讨论比作是在抻面条，于是这两派分别被叫做"宽面条派"和"窄面条派"。

现在看来，如果用我们杜撰的"宽面条派"和"窄面条派"来划分的话，劳埃德应该划归为"宽面条派"，劳埃德的科学史观可以称之为"宽"科学史观。但是，劳埃德本人如果有机会参与辩论的话，他也许会说："我从根本上质疑这种'宽面条'和'窄面条'的两分法。"的确，他在书中早就指出过，对事物做两分法是危险的，在很多情况下是有误导作用的。事实上，劳埃德在书中所表达的"宽"科学史观是"宽"得很有章法的，不是漫无边际的那种，至少没有宽到建构主义者的那种程度。

我本人在那次电子邮件讨论当中被划归为"窄面条派"。因此，我来翻译劳埃德的书，似乎是"窄面条"遇到了"宽面条"，但我认为这并没有产生理解和沟通上的障碍。在这点上，我同意劳埃德在书中再三表达过的一个观点：不存在完全不可通约的两种思想体系。本文应该可以算是实践这种理解与沟通的一种努力。

最后，要感谢上海科技教育出版社给我机会翻译劳埃德的这一本著作。虽然翻译很辛苦，但也让我学到不少东西，尤其是劳埃德在书中展示出来的宽广的科学史视野让我受益匪浅。还要感谢出版社的编辑们仔细审阅了我的译稿，而书中肯定还存在的不少错误，皆应由译者负责，并望有识君子能够批评指正。

钮卫星

2008 年 9 月 28 日

序

在我研究生涯的大部分时间里，我从事古代社会的研究，尤其是对古希腊和最近对古代中国的研究，我试图弄明白他们的世界观，它们为什么会呈现为那种形式，它们如何发生改变，而且为什么发生改变。我的主要研究大致属于古代科学史的范畴。但是受到我在剑桥大学所受教育的影响，并受惠于我早年与该校科学史和科学哲学系的学者如赫西（Mary Hesse）和布赫达尔（Gerd Buchdahl）等人的交往，我总是认为把科学史与科学哲学分开是无意义的，试图脱离科学史来研究科学哲学也是行不通的。

在我的研究工作中，哲学的考虑分为两种方式，首先是古代的科学哲学，主要是、但不全部是希腊科学哲学；其次是现代哲学名义下的科学哲学，包括科学是什么、各种标签的"实在论"和"相对主义"之间的争论、真理的分析等等，还有许多其他问题。本书准备做两件事。第一件事是要比我先前更为直接地面对一个基本哲学问题：研究古代文明中的科学意味着什么？并通过这么做来为现代哲学争论作出一些贡献。第二件事是，也比我以前更为明晰地思考：古代历史如何能对当今世界一些至关重要的社会和政治问题产生有利影响。

在第一件事的名目下，我在此罗列出如下这些问题：对古代社会，我们能获得多大程度上的理解？对于古代世界的"科学"或其各个组成学科如"天文学"、"地理学"、"解剖学"等，是否可能有意义地谈论它们？逻辑及其规律是普适的，抑或在什么意义上它们是（或者必定是）真的？存在一个所有尝试的理解都应该指向的本体论——单一的世界吗？真理和信仰的观念代表了可靠的跨文化普适的东西吗？

对上述每一个问题的回答都不会是简单的是或否，而是要先对有关问题做出澄清，并移除困扰着有关讨论中的各种疑惑之处。这些澄清实际上能对当前的哲学争论产生影响，因为无论科学实践已经发生多大的改变，实际上古人努力探索的历史仍在为我们继续讨论的问题提供相关的材料。不同年代和地域的人们对外部世界的探索呈现出明显的多样性，接受和承认这种多样性的方式之一，就是去探讨他们的不同研究风格（styles）。研究风格是我从克龙比（Crombie）和哈金（Hacking）那里借鉴过来并做过修改的一个概念。本书中两个最为详细的研究个案出现在第八章和第九章，主要关注因对分类（classification）和实例论证（exemplification）的不同兴趣和不同运用而构成的不同研究风格。研究风格显然受限于与艺术风格、文学风格或甚至哲学探讨风格不同的约束条件。但是这个概念有助于正确地判断所讨论的不同研究有一些什么共同之处——这些研究归根结底指向在某种意义上需要阐明的一种共同主题——以及不同在哪里、为什么不同等。

在第二件事的名目之下，即针对当今的问题，我们能够从对古代社会的研究中吸取什么样的教训，我在本书中提供了三个案例。第一个案例与高等教育有关——现今大学的角色和它们的未来责任。第二个案例涉及人权和人性的普遍适用性问题。第三个案例关系到在国家和国际层面上民主制度的力量和缺陷，尤其是后者。

在开始进行这些研究之前，我应该先列出指导我的方法论的四条主要假设，虽然这些假设需要在特别的行文语境中加以详细阐述。我的第一条方法论原则是，在历史研究中我们应尽可能使用参与者的而不是观察者的范畴。我们当然不是要把我们的先入之见和期待强加给古人。相反，我们的首要任务是尽力把握古代研究者自己如何理解他们自己的工作、理念、目标和方法。然而，我们将在第一章中看到，贯彻这条原则将会遇到一些困难，并带来其自身的哲学问题。尽管如此，复原古代思想观念的雄心既是我的方法论基石，也是它的战略目标之一。

我的第二条方法论原则是，我支持这样一个信念，即在科学中不存在与理论无关的观察，在科学史上不存在与理论无关的描述。对于后一种情形，把理论先见搞清楚显得更为重要。认识到观察描述中的理论和价值判断无法避免，当然并不等于说，我们在研究中可以采用任何基本概念框架。恰恰相反，我们应该更为小心谨慎地考查这些成见和偏爱，无论它们是否直接源自某些现代预设。此外，我们能够、也应该最大限度地利用我们能觉察到的理论负载（theory-ladenness）程度上的差异，尽管在最小限度上仍旧不会有无理论负载的陈述。

我的第三条方法论原则是，我们不能期望在科学或科学史研究中有最后确定的答案。所有的结论都处在待修正状态中，虽然有一些结论，尤其是在科学中，显然比其他一些结论更为强健有力。然而，这也并不意味着不可能去检验和评估各种理论和解释。总还是存在着一些行得通的客观性（objectivity）、真理（truth）和真相担保（warranting）的概念，即使其中任何一个都不会产生出绝对、确定的结果。

我的第四条方法论原则来自我对字面/隐喻两分法（literal/metaphorical dichotomy）的起源和发展的历史研究，我确信使用这种两分法是十分危险的。单义性（univocity）是一种很局限的情形，不能指望绝大多数词汇能够遵守这一条准则。反之，我们应该认识到每一个词汇都能展示出一定程度的我称之为的语义延伸（semantic stretch）。但是，这非但没有加重诸如翻译中的不确定性之类的问题，我们反而能够看到，这使得我们能在不同自然语言之间的翻译和个人习语的相互解释之间建立一种连贯性。

对那些习惯了老式的实证主义问题解决方案的人来说，这四条方法论原则似乎为古代科学史研究提供了一个毫无希望的基础。但是，在我看来它们为这种研究工作提供了更为合理的基础。它们使我们能够仔细推敲那些跨越不同古代学科的不同古代研究者，对相同现象或者也可能是不同现象的认识。这能帮助我们避免大量实在论和相对主义或建构主义立场之间的毫无结果的争论；也有助于避免把真理符合论（correspondence theory of truth）和真理融贯论（coherence theory of truth）作为两个独立完全选项对立起来的僵局；还能使我们避免过度使用不同信仰体系之不可通约性的强命题。我应该强调，在不同的智力探索、科学、哲学和历史中，我们能够为证明和辩护事物真相确定恰当的标准。这些标准永远不可能是最后确定的，而总是在等待修正（方法论原则3）；但是它们足以做出暂时的判断，这是我们唯一能指望做出的一类判断。对确定性、不容置疑性和不可纠正性的需求，我们可以追溯到它的历史起源，就像我们对字面和隐喻间的两分法所做的同样的事，而我们能够看清它们在一个特定的历史时刻的发展的偶然性这一事实，可以帮助我们解脱这样的束缚，即在任何基础牢固的研究中，都要把它们作为必需的要素加以考虑。

在本书中展开的一些思想来源于我在世界各地、在不同时间用不同的自然语言所做的一些讨论会报告和演讲，它们也要归功于在那些场合中听众们所提出的建设性批评意见，还有来自剑桥大学科学史与科学哲学系、古典系和李约瑟研究所同行们的宝贵意见。我很高兴也应当向他们表达谢意，同时我也向那些友好地同意我发表我报告的较早版本的编辑表达我的谢意。

第一章源自我参加的一次探讨"解读中的宽容原则"若干问题的学术会议，该次会议由德尔普拉（Isabelle Delpla）组织，于1998年11月在法国南锡召开。本章的一些想法包含在一篇题为"解读中的不宽容现象评述"（Comment ne pas être charitable dans l'interprétation）的文章中，该文收录于该次会议的论文集（Delpla 2002）中。

第二章主要归功于1999年我在英国社会科学院所做的题为"关于科学的'起源'"（On the "origins" of science）的演讲。后来受到刘钝的邀请，2001年9月我作为中国自然科学史研究所竺可桢科学史讲席教授，在北京作了另一个版本的同名演讲。

第三章详细阐述了我在迪布纳科学史研究所一次关于中国科学的会议上所做报告的要点，该次会议由林力娜（Karine Chemla）和金永植（Kim Yungsik）组织，于2001年11月召开。本章部分内容又收录于出版于该年的意大利语百科全书《科学史》（Storia della scienza）第 ii 卷第 I 章。

第四章和第七章中的一些论点在2000年9月由牛津大学默顿学

院的罗森(Jessica Rawson)组织的题为"中国和西方： 一个还是两个世界？"(China and the West： One World or Two?)的会议上首次提出。

第五章论述的问题源自 2001 年 10 月我在法兰西学院参加的关于"科学中的真理"(La Vérité dans les sciences)的一个讨论会。我的报告的法语版本由珍妮特·劳埃德(Janet Lloyd)翻译，收录于由尚热(Jean-Pierre Changeux)和布弗雷斯(Jacques Bouveresse)主编的该次讨论会的论文集中。

第六章进一步发挥了 2002 年 7 月我在里斯本参加的关于"信仰过程"的一次学术会议上提出的论点，该次会议由吉尔(Fernando Gil)组织，会议论文集正在出版中。

第八章详细阐述了 1997 年 4 月我在牛津大学埃克塞特学院马雷特讲座(Marett lecture)中提出的论点，该演讲即将面世［由奥尔森(Olson)主编］。

第九章展开的材料来自我给《远东远西》(Extrême-Orient Extrême-Occident)1997 年的一期专号的一篇稿子，该文讨论中国思想中的实例论证，该期专号由林力娜主编。

第十章源自我所作的一篇演讲，该演讲分别于 2002 年 2 月由悉尼语法学校的瓦兰斯(John Vallance)和 2002 年 10 月由日本仙台东北大学的加藤守通(Kato Morimichi)主办。

第十一章来自 2000 年 11 月由伦敦历史研究所的卡纳丁(David Cannadine)组织的一个关于人性的系列研讨会上的报告。

最后的第十二章进一步阐明了我在一篇被收录于《思考的风格》(Le Style de la pensée，Paris，2002)一书的文章中提出的观点，该书是专门献给不伦瑞克(Jacques Brunschwig)的纪念文集。

我要感谢上述所有场合的主办者或组织者们和我的听众们，还要感谢牛津大学出版社的匿名评阅人，感谢他们提出有益的和建设性的意见，而按照一如既往的惯例，他们无须为本书的最后结果承担任何责任。

G·E·R·劳埃德

第一章　理解古代社会

　　我们怎么能希望去理解存在于很久以前的社会呢？我们对这些社会的想法和了解是否仅仅是我们自己的观念和先入之见呢？20世纪50年代和60年代的哲学家和人类学家，为了了解异国的文化，对这些问题展开过深入的讨论，并产生了诸多严重的分歧。今天的田野人类学家（field anthropologist）至少可以盘诘他或她正在研究的对象，来检验自己对他们的思想和行为的解读是否沿着正确的路线，并且至少有时还能得到确认，尽管那样做是否明显超出了礼貌和尊重的范围，还是一个悬而未决的问题。与此相反，对一位学习古代社会的学生来说，大部分证据早已被接受。偶尔在埃及的沙地里或木乃伊的陪葬中发现一卷新的希腊语纸草书；更经常的是从中国的坟墓里挖出一些丝绸卷轴或竹简。但是在普遍意义上，这个问题一直存在。此外，我们显然不可能去询问我们研究的古代对象。我将在这一章的最后回到在原始资料方面出现的成见和空白等问题上来。

　　虽然对证据的掌握程度很成问题，但是那些用来释读证据的概念框架存在的问题更严重。这个困难表现为一个两难局面。一方面是如果我们使用我们熟悉的概念工具，就会产生曲解的危险。尤其是在科学史中，这种曲解既导致年代误植（anachronism），又导致目的论（teleology）。以古人的化学理论为例，相关的讨论注定要扭曲古人的所作所为，因为今天我们所知的化学是 18 和 19 世纪的产物：我将在下一章处理以这种方式讨论古代科学产生的有关问题。而目的论的害处更是致命的，因为它假设古人有目的地朝着现代概念靠近——而如果他们没有做到这一点，那么他们必定是糟糕地失败了。但是古人当然不能够预见未来。跟我们自身一样，他们是在处理他们自己那个时代的种种问题，并尽可能地做得最好。

另一方面，如果对上述第一个困难的反应是强调我们应该使用古人的概念框架，那又怎么可能呢？我们经常指出某一个古代概念，如中国的"气"或"阴阳"，亚里士多德（Aristotle）的"本质"（*to ti en einai*），或更为一般的古希腊的"逻各斯"（*logos*），是不可翻译的。在某种程度上，我们在研究中可以容忍用音译来解读古人的意思。但是这种解读迟早必须把古人的思想——不是单个的而是一个复杂的整体——表达成英语。全部用亚里士多德论述——用真正的古希腊语——的框架来解读亚里士多德，将不成为一种解读，充其量是对他的一些概念的复制。

所以进退两难的局面没有改变。我们不能冒着曲解古人的罪名，把我们的基本概念强加给他们。然而我们必须这么做。[1]当我们遇到我们正在研究的古代社会中似乎是非理性的或荒谬的信仰和实践时，解读的难题尤其具有挑战性。有报告说努尔人（Nuer）* 认为孪生子

---

* 苏丹境内和埃塞俄比亚边界上的尼罗特人牧民。——译者

是鸟变的（Evans-Pritchard 1956），以及多兹人（Dorze）*认为豹子是基督教的动物（Sperber 1975），这在人类学和哲学的讨论中已经变得很著名。但是这很容易让人想起来自古代的希腊或中国——甚至来自我们自己所处的这个社会和时代——类似的夸张陈述。我们怎么来理解柏拉图（Plato）声称的善的理念"超越存在"（*Republic* 509b）这个观念呢？我们又怎么理解《庄子》（2：27，参阅 Graham 1989：178 f.）里的陈述"任何东西，从自身出发万物都是彼，从另一物出发万物又是此"**呢？即一个陈述既不是对的也不是不对的怎么会是可允许的？但实际上，在现代基督教的教堂里上帝是三而一的信念每天都在被庄严地重复着。

针对这个吸引人但又容易产生误解的一般性问题有三种反应。第一种反应是假定不同的智力状态（mentalities）是某种观念或行为的明显的难以理解的根源。第二种反应是宣称那种情况反映了不可通约的信仰体系。第三种反应则相反，在解读中援引宽容原则（principle of charity），只要有可能，就把他人的陈述当作是真的——按照我们的标准。

智力状态假定会提供一个对这些难题的快速——实在太快了——解决方案。明显荒谬的信仰仅仅反映了一种不同的心态（mind-set）：这一思想不仅被用在了所谓的"原始思维"（primitive mentality）上，也被用在了早期近代欧洲（Vickers 1984）和中国（Granet 1934a，1934b）上。然而这一思想将不会再被使用。因为我在我 1990 年出版的一本书中对整个智力状态概念作了详细的批评，在此我可以简述

---

* 多兹人是生活在埃塞俄比亚的一支少数民族部落。——译者
** 古籍原文为：物无非彼，物无非是。——译者

如下。

我所作批评的要旨可以概括为四点。首先，智力状态概念最多仅仅是对假定它所要解释之现象的重新描述而已，其本身并不是对现象的解释。其次，通过对这些问题作心理分析，通过假定无论如何也不能独立于这些现象进行研究的一种或一些思维定式（即使它们真的存在），它阻碍而不是促进了解释。第三，智力状态如何获得、一个人的智力状态怎么能够随时被修改，这些问题仍旧是全然难以理解的，不管我们是在说单独的个体还是一整个群体。最后，一些智力状态说的鼓吹者把许多复杂的智力状态加于同一个研究对象，这里存在着不连贯，因为被讨论的个体是如何从一种智力状态转换到另一种智力状态的呢？

上述的第二种解读策略往往以不同的形式出现，并且只是那种极端版本才易于招致明显的异议。认为不同信仰体系之间不可通约的观念是由库恩（Kuhn）提出的（Kuhn 1970，尤其参阅 Feyerabend 1975），它被用来强调确立共同的标准来裁定不同事物的困难。科学史提供了充足的案例，说明其历史上一些至关重要的概念——如质量、力、重量等——的地位和对它们的释读都已经发生了改变，因此使得在这些概念之间作直接的比较变得成问题了。然而在最强的版本中，不可通约性意味着不同的体系之间严格说来无法彼此了解。在这种情形下，这个假说容易受到经验论据的严厉批评。

我们确实可以说托勒玫（Ptolemy）的宇宙观在某些关键方面完全不同于哥白尼（Copernicus）的宇宙观。然而哥白尼当然对托勒玫有很清楚的了解。他不认为托勒玫处理一系列问题的理论与他自己的完全不同：他认为托勒玫的理论在某些方面是他自己所解决的问题的低级解决方案。再者，没有一位田野人类学家曾经在对一种文化进行研究之后宣称他或她**什么也没**弄明白。当佛教徒或耶稣会士刚到中国时，看起来他们与当地主人之间并不是所有沟通都不可能，尽管时常会引起一些误会，不管是有意的还是无意的。[2]一般而言，任何一位判断两种严格不可通约信仰体系的评论者，都隐晦地声称他能够充分理解二者，因而也有能力进行这样的判断——那么还有什么会阻止这种或那种体系的拥护者达到那种理解水平呢？

第三条策略是解读中的宽容原则，这条原则也由奎因（Quine）、戴维森（Davidson）和其他一些人以不同的方式提倡过。德尔普拉（Delpla 2001）对这一原则的使用历史及其变种作过一番考察（参阅Delpla 2002）。有时该原则仅仅涵盖不同语言中逻辑联结词的解释：我将在第四章中回到择代逻辑（alternative logics）问题的讨论上来。更多的时候它也被延伸到用于不同的信仰体系，其中一种做法就是尽可能从我们的观点出发，把其他信仰体系的陈述当作是真的。很显然，当一位异域的语料供应人（informant）* 在出现兔子而不是鸵鸟时使用了"*gavagai*"一词，那么更为可取的做法是假设他或她可能在说有关兔子的事。这倒不是说那时我们能确定他或她向我们表达了兔子的本质（正如我们称为的），而是在描述兔子的外观或动作，是"兔子事件片段"（rabbit-event-slice），或甚至是世界上"兔性"（rabbit-hood）的要点。通过这种方式，激进的怀疑论挑战就能够避免。翻译和解读总是要忍受一定程度的不确定性。

但是，如果宽容原则被解释成一条普遍适用的规则，那么它深一层的局限性便可用一些不涉及不同自然语言之间的翻译的例子来加以说明。我们可以从我们自己并不难得到的经验中为即便是古代信仰的

---

*　指讲本国语言供外国人学习或研究的人。——译者

释读提取确切的指导方针。我不得不说，这些古代信仰部分涉及悖论，部分是骗术，部分是学问。

在我上文提及的有关讨论中，宽容原则经常被援用，这些讨论围绕着异域的信仰、看法、行为模式、言论，以及对努尔人或多兹人或任何人的人种学田野考察成果而展开。但是这条原则倒能很好地用来判别奇异事物。我们应该牢记我们自己也十分奇异。我们自己的社会，我们自己的语族（language group），提供了许多类似的疑难问题——语族的概念在哪一方面都不是清晰界定的。事实上，谁，在什么语境下，算作属于"我们的社会"，都是有疑问的。[3]

然而，我们自己熟悉的欧洲神学、诗歌、哲学和科学全都滋生着一个个悖论。众多科学上的悖论实例中较为明显的一个是光的波粒二象性。这里，对学生而言，问题是要弄明白，光如何呈现出一些波动性，又呈现出一些粒子性，然后两者实际上又如何结合在一起。这不是为了悖论而悖论。但这可能是随处可见的例子。

让我回到三位一体的问题。我们是怎么理解"上帝是三而一"这一教条的呢？当霍布斯（Hobbes）试图解释这一点，他的结果是具有启发性的。[4]开始霍布斯对这个问题流露出相当的迷惑，然后提出三位一体的意思也许是指圣父、圣子和圣灵三者每一位都是同一个人的表现。人们也许会想那是一个十分睿智的说法，然而这一说法使霍布斯陷入了深深的麻烦之中，最后他不得不收回自己的说法。不，神学家们坚持说，上帝不是有三种表现的同一个人，而是三个人——三个人但仍旧是一个人。事实上，在某些情形下，悖论不是拿来解决的，而是拿来坚持的：例如，它能够强调谈论上帝的那种非常特殊的性质。

对于各种不同的悖论和明显的非理性行为的模式，我们不应低估它们的多样性和有用性。这样的一些行为可以被当作传统。在基督教的教堂婚礼上，人们向新娘和新郎抛洒五彩纸屑，不用管事实上这并不能确保他们的生育能力。不这么做总是不对的，是不应该的，是不得体的。[5]一些难题是出于好玩和娱乐目的，是文字的魔术或游戏。许多悖论，就像某些中世纪的不可解难题，多多少少有一些智力上的卖弄。其中一个难题可以回溯到古希腊的说谎者悖论（Liar paradox）。我，跟你说话的人，在说谎。如果我说的是真的，那么我在说谎。如果我在说谎，那么我说的是真的。从古希腊到古代中国，正如我们能够列举出的，一些悖论确实具有引起人们深入思考的重要功能。据说，赫拉克利特（Heraclitus）曾经说过，"天国的统治是顽童式的"（the kingdom is the child's）*，他的确切所指难以彻底了解，这个难题从那以后起一直留给了现代注释者。[6]类似的情形也同样出现在惠施和公孙龙的对谈摘引中。公孙龙以他的"白马悖论"（白马非马）而闻名，但是我们的中文文献资料同样也记录了一些典型的简洁回应。在一个故事中，有一个人骑着一匹白马要经过一个对马征税的关口，他申辩说这不是一匹马，征税官对此无可奈何。[7]

大多数的诗歌篇章，不管是否采用悖论，都需要去解释它们多层次的、简直是无穷无尽的含义。正如莎士比亚（Shakespeare）的一首十四行诗开头所写的，"把精力消耗在耻辱的沙漠里，就是色欲在行动"**。一旦我们领会到句子中的"沙漠"（waste）可能是指"腰腹"（waist），"精力"（spirit）代表"精液"（semen），"消耗"

---

*　赫拉克利特的原文全句是："Time is a child playing draughts; a child's kingdom"，一般解释为："时间是玩跳棋的孩童，天国是一个孩童的王国。"但正如下文所说的，现代注释者对此句的解释众说纷纭。——译者

**　原句为"The expense of spirit in a waste of shame is lust in action"。从梁宗岱译。——译者

(expense)是指"射精"(ejaculation),那么我们会认为这里所指的是性欲,但是这句诗的含义显然不尽如此。诗歌无疑是最容易被随意解释的。然而对大多数散文来说,如果认为它们的含意是固定的,也是一个粗暴的假定。

此外,一些令人迷惑的陈述和一些繁文缛节,被设计出来用于强调局内人和局外人、学徒和师傅之间的距离,用来突出行家里手拥有的超级知识或这些知识的特殊本质。开始你可能不理解星界层面(astral plane),但是当你进入了巫婆大会,伴随着适当的仪式,你会慢慢理解它,事实上是你会接触和观察它,从而熟悉它,甚至胜过对围绕你周围的普通世界的熟悉程度。这里我不是在谈论阿赞德(Azande)*女巫,而是在谈论卢尔曼(Tanya Luhrmann)研究过(Luhrmann 1989)的、发生于20世纪80年代伦敦的巫术崇拜。卢尔曼的分析结果揭示了这种巫术崇拜与费尔南德斯(Fernandez 1982)和更晚近的博耶(Boyer 1986, 1990)所研究的芳人(Fang)**空类概念(empty concepts)思想之间的明显对应关系。

对我们可能面对的不同模式的疑难,应当采取不同的应对措施。宽容原则要求我们必须假定发出的信息是可理解的。戴维森强调,只有当信息是可理解的,不同意见之间的争执才是有意义的。对于任何复杂的信息,如果我们没有掌握最完整的背景情况,即谁跟谁在交流、在何种假定和何种背景下交流,我们就很容易犯错误。这没有能阻止局外人去推断努尔人或阿赞德人中间必定在发生着什么:但是大部分推断仅仅是脱离实际的胡思乱想。当我们确实掌握了更多的背

---

* 阿赞德人是生活在南苏丹西南、刚果民主共和国东北和乍得东南的一支说苏丹语的部落。——译者
** 芳人是生活在喀麦隆、赤道几内亚和加蓬西北雨林中的一群西非人,总数在250万左右。——译者

景知识，例如对我们自己的文化（和其他文化，如果我们深入钻研的话），虽然我们对其仍旧可能茫然无知，但至少对习俗有一个更为确切的把握。然而，在最佳沟通情形下，我们自己文化的经验告诉我们，可理解性会呈现出不同的形式。有时它根本不像是在沟通。陈述可能看起来就像命题，那些字句似乎用我们自己无须翻译、无须解码的自然语言传达了直接明了的信息。但这不是我们要关注的要点。相反，在许多我已经描述过的情形中，我们必须认识到，语言被设计用来迷惑、欺骗、误导、推销和传达优越性的主张。在这些情形下，那种信息是故作神秘的。

奎因和戴维森他们自己无疑很清楚某种演说行为可能具有的语内表现行为（illocutionary）的丰富性和言语表达效果（perlocutionary）的魅力。在人类学讨论中，汤比亚（Tambiah）一些关于巫术的早期研究令人瞩目地大量引用奥斯汀（Austin）的著作。[8]但是去关注那些对有疑问的**内容**或令人迷惑的陈述的解读，在某些场合下，可能走向了错误的方向。人类并不是那种为了能以那种方式普遍、直接地适用的宽容原则而必须成为的直率、诚实和具有合作精神的动物。戴维森声称我们没有其他选择，只能假定可理解性是一条普遍规则（Davidson 2001a：238 f.）。但是可以举出一个明显的反例，即不可理解性有时是被故意培植起来的。在这些案例中使用宽容原则的唯一办法是在元层次（meta-level）上，此时我们能够把不可理解性本身看成是一种可理解的现象。在最基本的层面上，我们不需要假设有什么直接的内容需要被解码，事实上没有这个假设我们也能工作。

当骗术出场时，宽容会成为一种困惑。但是当我们有学习的资源时，它可能有点仓促。令人迷惑的和悖论式的陈述可能并确实提出尖锐的解读问题：但是它们也代表了一种机会。当古代希腊和中国的读者首次碰到用陌生语言写成的柏拉图的形而上学，或亚里士多德的逻辑学论文，或《道德经》或《庄子》或《淮南子》时，我们当然不可能严格地把我们自己置身于他们的位置上。但是，正如他们的动机是为了理解这些文本对于这个世界、对于知识、对于价值和对于他们自己都说了些什么，我们的动机也是如此。令人困惑的新观念被介绍给我们。开始我们可能觉得困难重重——直到我们对它们的意义有了一些模糊的概念。这为我们展示了一种新的可能性，倒不是说我们的解读能够最后确定，也不是说我们获得的理解意味着在任何意义上与介绍给我们的观念相**一致**。

当然我们需要一些假定来开始建造沟通的桥梁，在此基础上解读才能有所发展，更多的理解才能获得。确实，建立桥头堡的可能性必须被假定：除非是唯我论(solipsism)，否则它又怎么能被否定呢？那是一个先验的假定吗？对照这一说法，我们可以援引我早先给出的论点，此前我极力主张人种学的证据已经提出了一个能够在其成员间进行沟通的群体，尽管可能并确实会产生许多误解。

我们有可能从自己的本体论假设出发(也可以说从本体论出发是更经济的)，得出"兔子"这个命名比"兔子事件片段"的叫法是更为合适的假定。但是如果我们应该承认它为真的话，这并不意味着我们必须坚持那些初始假定，好像它们不能被修改一样。反之，当我们获得更深入的理解后，我们可以修改它们。我们在学校里学习科学知识的时候，不是反反复复地这么做的吗？当我们研究《李尔王》(*King Lear*)和《战争与和平》(*War and Peace*)这些文学巨著的时候，我们难道不是也修改我们自己关于这个世界的基本假定吗？类似地，在语用学*研究领域，我们

---

　　* 语用学是一种研究语言使用的社会环境和语言对使用者及其行为之影响的学问。——译者

无疑也应该从这样的假定出发，即我们通常不是在被故意误导，并且那些正在跟我们沟通的人是认真的。但是这也需要经常被修正。在整个过程中，我们可能了解到比我们预料到的更多的误导和被误导、更多的活动。

双重约束是显而易见的。一方面我们必须以某种方式，用我们的术语为我们的读者说清楚研究对象的意思。当然，在讨论希腊和中国的时候我通常用英语，尽管正如我上文提到的，像其他研究者们一样，我经常简单地把某些关键术语从各自的语言中不经翻译地用到英语中去。我给出了"逻各斯"和"气"作为例子，还有许多其他例子可以加进去。

然而在另一方面，我们的首要职责是用他们的术语来说清楚我们的研究对象，来容许他们的意见，容许他们对一些基本问题的不同观点。我肯定我本人不是其中的一员：我甚至不能与我的现代听众或读者群取得完全一致。但是，如果我们是在说我所知道的和我所相信的，我也不能与25年前的我取得完全一致。

这正是会产生很多机会的地方，这对于扩展我们有关本体论问题的观念而言，也对于有关语用学的诸多问题而言，都是如此。我们会重视那些经过对古代和现代的不同文化中关于时间、空间、因果关系、数字、颜色、声音等不同观点的仔细研究而得出的洞见。其中的一些不同之处显然比另外一些更为基本。例如，其中关于时间的知识，存在着一种纯粹定量的观点和定性观点之间的差异，比如在宗教的时间观念和世俗的时间观念之间，便显得泾渭分明（Leach 1961）。甚至对于颜色的概念（我将在第七章中回到这个问题上来），我们也有自伯林和凯（Berlin and Kay 1969）以来的大量研究。伯林和凯假设——并着手证明——所有关于颜色的词汇都遵循一套跟色调术语的确认有关的规则，然而现在人们弄明白了，在许多自然语言中，关于色调的词汇与关于亮度的词汇一样不显著，并且颜色词汇表中的许多术语起初根本没有暗示颜色的意思（Lyons 1995）。

要笼统地解释这种知识如何能够产生、对基本的本体论问题的新洞察如何能够获得，我们可能会很困惑。看上去这**不可能**发生，似乎每一个外来的概念**要么**会被译解成我们的概念，**要么**它们会永远地保持不可理解。然而对此的回答也是双重的。首先这实际上确实会发生。其次它本质上与我们自己的学习过程没有差别，自孩童时代起，我们在自己的十足多样性的社会中学会和使用自己的自然语言，并且一直在进行这种学习过程。即使我们没有关于学习的明确规则，当我们为了理解异域文化而面对更多神秘难解的问题时，我们可以去思索我们自己学习经历的起始点，去充分利用这些思索所揭示的东西，对此可以说出很多东西。当然问题的难度加大了，因为我们发现我们必须学会更多的语言，古代的语言，譬如希腊语和汉语文言文，以及现代汉语。尽管这是显而易见的艰苦工作，但同样显而易见的是，这不是不可能完成的工作，即使熟练和流利地使用这些语言总与我们无缘：只有在使用母语的时候才这样，不是吗？但如果这意味着问题增加了，那么同时意味着潜在的回报也增加了——因为人们能够了解到更多的有关我们那些最珍爱的假设的狭隘本质。

那些就是机会。然而，我们必须清楚存在的那些达到完全理解状态的障碍。现在让我回到那些可被我们利用的证据性质的有关问题上去。这里有偏见和不完整带来的双重困难。传到我们手里的那些文本已经被选择过了——在有些情形下被选择了许多次。它们在错综复杂但显然是确定的传播过程中得以传递下来了，在传播的每一个阶段，由那些知名的或不知名的、留名的或未留名的不同个体决定保存或不保存。[9]我们只能就内容来猜测哪些文本没有被传递下来。每当我们提到不再存在的文本时，我们可以怀疑该转述不总是公允的。更确切地说，我们经常肯定地知道——因为作转述的作者告诉我们——转述充满着明显的敌意。

因此第一种偏见存在于传播过程中。第二种偏见则在于巨大数量的证据采用了书面文本的形式。当然，它们能够得到碑铭（一种不同的文本）和其他考古资料的补充。但是我们所熟悉的几乎全都是具有特权的博学的精英们的作品。确实几乎难以抵制被他们催眠——只要想想所讨论的绝大多数的这些人物在他们自己的文化中有多么特殊。在大多数情况下，这些精英所相信的能取得其他人的多少共鸣，是一个无法回答的问题。那些古代社会中的大多数下层民众的思想、反应、先入之见和态度，通常在我们能够研究的范围之外，或者至少我们对这个问题只能作一些纯粹的臆测。奴隶对奴隶制有什么想法？或者童养媳对孩儿婚持什么观点？在这样一些领域内，古代历史学家和现代人种学家之间的鸿沟尤其深且大。

在接下来的章节中，当我们对具体的文本和问题进行研究时，我们必须随时把上面这些问题保留在脑海里。本章导论性讨论的目的是要说明，除了两个主要的例外，理解古代社会与理解我们自己同时代的社会没有根本上的差别。过去显然不是我们能够拜访的地方。我们不能亲自去看看古代社会是怎么运作的，也无法知道雅典议会的出席者在其他参与者看来像什么。在中国，钦天监的任职经历对有关的官员意味着什么？或者，想从希腊僭主或中国皇帝的随员中谋取一个职位的那些人，他们期待和害怕的是什么？

那就是第一个例外——倒不是说你出现在一个社会中，去拜访它，如出席英国下议院或高等法院或甚至一所大学或一个研究实验室，对理解其具体运作就有了什么成功的保证。第二个例外是古代的语言显然不再有人说了，虽然按照惯例把它们叫做"死"语言，是有点无视如下这样一个事实：它们曾经流传的范围一点也不比现在的英语或汉语小。但是在其他方面，我们遇到的解读问题原则上与我们一直面对的同类问题相类似，尽管实际上我们更加受限于我们能够得到的有关古代世界的证据。

我将进一步主张，对古代思想的陌生能够转化为有利条件。我们能够研究令人眼花缭乱的多姿多彩的世界观。在第七章，我将探讨在什么意义上有一个共同本体论（common ontology）在支持它们。我们也受到显然不同的推理模式的挑战。在第四章我会提出问题，在所有人类理性背后是否，或者在什么意义上存在着一种共同逻辑（common logic）？就推理本身而言，谈论它的替换问题如果有意义，又会是什么？在这个语境中，我们能够重新定义和重新调整各种不同观念的研究风格吗？本书要实现的愿望是用历史来帮助解决哲学问题，即与实在论和相对主义、客观性和建构主义、真理符合论和真理贯融论等二分法有关的问题。贯穿全书，我们会遇到陌生的思想，并有希望从中学到一些东西。毋庸置疑，其中一些无望给出解释。所提供的所有解读都是属于临时猜测性质的，它们等待深入研究的检验。但是，有关古人的一切，能够并应该被用来帮助重新理解这个世界、理解人类的理解能力，理解我们自己。这就是这一系列研究的战略目标。

第二章
古代文明中的科学？

　　古代世界有科学吗？这个问题在最近几年曾经引起激烈的争论。[1]该问题一方面是定义性的：我们所说的科学究竟指什么？另一方面是实质性的：人们从事的这些实际研究究竟是什么？下一章将会处理古代希腊和中国的知识体系的分类学问题。本章我将先处理一般的定义问题。所有描述性术语都潜在地携带着一种评估责任（evaluative charge），考虑到"科学"在现代社会中占据的重要位置，所以一涉及科学，这个责任就尤其重大。此外，这个术语在古代社会中的适用性问题是一个在第一章中讨论过的方法论问题——也就是我们能够在其中讨论古代观念的概念框架问题——的经典例子。没有一种古代语言拥有一个能与"科学"精确对应的术语，尽管这些古代语言通常拥有丰富的词汇来谈论知识、智慧和学问。因此人们可能会设想，我们的术语对于研究各种古代问题来说都是不适宜的。然而，正如我们将会看到的，问题较此要远为复杂。

尽管如此，有两项进一步的考虑能够被援引来支持我们对这个初始问题作出一个简洁的回答，那就是干脆否认我们在古代世界找到的东西是科学。第一项考虑依赖于如下约定：科学必须传达真理，而对古代的研究结果表明几乎没有什么东西能满足这个标准。在古希腊，有相当多种类的宇宙学和物理学体系，有各种类型的原子论和连续论＊；在古代中国，有各种各样的感应说和关联说以及其他学说。但是我们现在不再认为这些学说和理论在其原始意义上是对的。没有一位现代科学家出于自身的研究目的而需要从那些古代理论学起。即使他们也许有历史学兴趣，但那也仅仅是兴趣。

　　第二项考虑源于这样的认识：任何一个古代文明中人们所进行的探究与我们今天常做的探究有巨大差异。在更早的那些世纪中没有现在这些极度复杂和完善的专门进行科学研究的机构和实验室：这就形成了过去和现在的根本差别。

　　但是，要划出一条清晰的分界线来标明此前（譬如说 19 世纪晚期）没有科学，这样做存在着两个主要困难。第一个是，现代科学总是吸收和利用先前的思想，即使不是那些已经隐藏在遥远古代的思想。在现已成为天文学、光学、声学、地质学、解剖学、生理学等领域的研究中，当对它们归类时，只提到那些我们区分得较明确的课题领域，这样是强调近期工作与前期工作的不连续性，是冒着低估某些研究领域内的重要连续性的风险。[2]甚至当最新的科学无须直接参考早期的思想时，只要他们处理的是同一普遍现象引出的理解问题，他们仍然属于同一个研究领域。此外，"现代"科学始于何时的问题实际上已经成为众多论战的主题，其中的焦点问题之一是所谓的"分界

＊　指主张时空是连续的、不可分割成最小构成单元的学说，与原子论相对。——译者

线"（Great Divide）问题。³然而，总有一种反复发作的诱惑，想以简洁明快的方式来大致确认不同个人或研究团体在17、18甚至19世纪早期的不同研究中所作出的重要贡献。在任何一种情况下，认为在一个突然的转折点之后真正的现代科学就出现了的想法，注定是一种空想。划界问题依然悬而未决。

但是第二个更为根本性的困难在于用最终结果，即真理的传递，来界定科学。科学如今同以前一样发展得很快，这不仅意味着要不断开启新的研究领域，而且意味着早先的观点要不断被修正。我们不知道，我们甚至不能猜测，现在被当作是最好的科学的哪一部分到这个世纪末可能要被抛弃。

这意味着科学几乎不可能从其结果的正确性来界定，因为这些结果总是处于被修改的境地。反之，我们应该从科学要达到的目标或目的来描绘科学。这些目标或目的理所当然包括理解、解释和预言（现如今许多人通过开发用于人类目的的知识，又加上了"控制"这一条）。然而，仅仅通过在任何知识领域内的理解，以及仅通过任何类型的解释和预言，当然都不能刻画科学的特征。我们能够并确实解释了一些社会现象。譬如，我们能够理解为什么12月25日在基督教日历上是一个特殊的日子，我们甚至开始解释为什么这个日子被选为基督的生日（尽管答案相当复杂）。毫无疑问我们能够预见到那一天在基督教国家会有某些庆祝活动。但是这一切，无论怎么解释，都不能作为科学。

根据结果来界定科学的做法其实可以看成是要达到这样一个目标，即理解客观的非社会性的现象——自然世界的现象，这里我们尝试着从欧洲传统的角度来说，尽管我们有很好的理由对"自然"一词在一般意义上的适用性保持警惕。⁴即使这样，与我刚才所作的社会的和客观的或非社会的之间的区别紧密相关的一种复杂性就立刻产生出来。在大多数古代文明中，人类社会的微观世界与人体微观世界和宇宙宏观世界形成一个天衣无缝的整体。[5]这三者被认为是单一天道（dispensation）的三个组成部分，实际上它们展示了同样的基本结构，或例证了同样的法则。所以，我们认可的人类社会关系和客观世界现象之间的差异，并未必然被我们所研究的古代文明中的研究者所认可。然而，对于那些受培育的理解、解释和预言模式，为了达到分析它们的目的，我们能够根据不同的研究主题部分地辨别它们。在各种现象中有一些是被持续研究的对象，例如，天体运行，月相变化，日月交蚀，人体的机能，动物的分类和行为，植物的种类和用途——还能列举出许多其他例子，这倒不是说我们能够或者应该试图给出任何明确的古代研究的问题清单，更不要说给出一个反映现代科学不同学科领域层次的问题清单。

尽管如此，还是会有反对意见，认为只关注目的和目标总的来说太过慷慨和随意。当然，可以要求必须用恰当的方法来追求那些与所讨论问题主题相关的目标。确实，没有某种或一种科学方法的科学是不可想象的。然而对此可以给出这样的反驳：一种或一些科学方法到底是什么，这本身就是一个巨大的疑问。我们不能假定大多数人对这个问题有原则上的一致意见。此外，现今的科学家们在实际研究中采用的方法，在很多情况下与学校里教的"假说—演绎实验法"（hypothetico-deductive experimental method）这一整洁图式（schema）相去甚远。这一图式起到了重要的教育学作用，教给学生某种典范练习，然而它是一种理想化的产物。它显然没有抓住复杂的研究过程，在实际过程中研究人员跟随他或她的预感来决定下一步行动，避开困难，想出解决问题的新方案。

然而——反对的意见还可以继续提出来——我们不需要一些标准来把科学与通常被叫做伪科学的东西区分开来吗？被贴上伪科学标签意味着人们不愿把它们算作科学。我们不需要在譬如天文学与占星术、化学与炼金术以及其他什么东西之间划出一条界线吗？这里的第一个问题一方面关系到好科学与坏科学的对比，另一方面关系到科学与非科学的对比。这里我们又回到了永远正确的结果这个问题。数个世纪以来，包括 20 世纪在内，科学发展的整个历史是一部成功的历史，同样也是一部失败的历史。然而，如果那些失败的理论满足旨在理解、解释和预言"自然"现象这一基本要求的话，（我应该说）它们仍旧可以归为科学。在大爆炸宇宙学说和稳恒态宇宙学说之间、在灾变说和均变论之间、在氧化说和燃素说之间，甚至在地心说和日心说之间，发生在这些对立学说之间的争论，最终都有赢家和输家。但是这些争论只有事后才变得容易裁定。因为在当时，支持和反对双方学说的论点和论据在许多人看来都显得旗鼓相当。

但特别是关于占星术，至少有一个进一步的问题需要提及，这也正好触及了那个关键问题，即所探求的理解的种类是什么，它与什么东西相关。根据对出生或受孕或者任何其他被认为相关的时刻的恒星或行星位置的研究，来作出预测，在过去（现在仍然）无疑是很具诱惑力的。但是，虽然那些数据资料是属于天象世界的，但结论（基于经常被声称经过了测试和检验的相关性）关乎人类或整个国家的命运。这样，占星术与天文学的差异主要不在它们所用的现象证据，而是在于其目标。占星术致力于理解和预言人事而不是天象本身。

在任何一种古人的调查研究中，我们必须评估各种变化因素，譬如我们感兴趣的资料，它们是怎么被收集、整理成的？它们得到了怎样的解释？解释体系的基础是什么？结论的本质是什么？它们又与什么相关？对所有这些问题的解答将有助于我们该怎样评估古人的研究本身。结论往往不是简单的。一种进一步的复杂性在于，一些貌似预言性判断的模式所发挥的功能，更多地在于给出建议而不是预言未来，或者允许以一种在事情成败中不牵连任何个人的方式，客观地决定一种行动方案。[6]

迄今为止我是在一个非常抽象、概括的层面上讨论了这些问题。现在就让我转向一个具体的案例研究，来说明我提出的建议在解决实际问题时如何发挥作用。对于古代研究，要既阐明它们的性质，又阐明它们的多样性，照顾到这两方面的最好例子也许是古人对上天所作的研究。在此我们也可以把我刚刚给出的与占星术有关的几个要点给继续深究下去。

诺伊格鲍尔（Neugebauer）的杰出工作开启了美索不达米亚人探索天空的历史，戴维·布朗（David Brown）和罗希伯格（Francesca Rochberg）等学者在这个领域又取得了激动人心的新成果，他们的工作使得人们能够描画出某些关键进展。[7]被叫做《征兆结集》（*Enūma Anu Enlil*）的征兆集，在公元前 1500 年到公元前 1200 年 * 之间的某个时候被汇编在一起，甚至也收编了更早的资料。这些征兆文书一方面包含了与各种类型的天象有关的大量经验资料［例如，提及在公元前 1600 年 ** 左右阿米萨杜卡（Ammisaduqa）统治时期著名的金星泥板（Venus tablet）上，就有关于金星的"伏"和"见"］；另一方面，它们包含了大量关注收成、战争和政治变革等问题的预言。

然而从公元前 7 世纪中叶的某个时期开始（如布朗提出的），在预

---

* 对于这两个年份，原文省略了"公元前"的字样，但这似乎不是一个惯例，所以在译文中补上。——译者

** 此处原文也省略了"公元前"字样。——译者

言的内容和至少某些预言的确信度这两个方面发生了变化。诸如行星的伏见和日月交蚀之类的天象得到了精确的分类，并且事实上变得（在限定范围内）可预测了。一方面是关注**如果**某种天象发生是会导致好运或厄运的预测，另一方面是对这些天象本身的预测，这两种预测风格的差异开始变得明朗了。然后就是在现象中寻找进一步的规律性了，并且他们不仅仅是在天空中寻找这种规律性。可预测性更小的现象如风暴、闪电和冰雹，也是关注的对象。在某些方面的成功并没有带来对这些方面的集中关注。而且在美索不达米亚，对某些天象规律的发现，并没有导致人们不再认为这些天象是征兆。这似乎让人吃惊，但其实不然，只要我们反思一下如下现象：虽然某月 13 日碰上星期五这种日期的出现是不可避免的，并且是可预测的，但仍被许多我们的同时代的人当作是坏运气。

上述的一些相同特征也出现在中国古人对天空的探索中。中国人区分了历法和天文。前者习惯上译作"日历研究"，但它也包含其他的计算工作，如与交蚀有关的推算等。后者是对"天空呈现的图案"的研究，本质上是对天象特征方面的定性研究，但包括了宇宙学研究和对被认为有占星含义的天象的阐释。正如在美索不达米亚的情形，这些研究具有国家层面上的重要性，实际上对统治者个人来说至关重要（秦于公元前 221 年统一中国后，统治者叫做皇帝）。国君不仅为一国的安定强盛负责，也为保持天地之间的和谐负责。因此，对皇帝而言，在前述第一种情形下，有一部完好的历法显然是非常重要的。如果历法不合时令，首先会导致可怕的实际后果，然而在理念上更为要紧的是，历法与时令的任何差异——就像任何其他的不吉利天象——会被解释成是皇帝的天命受到威胁的征兆。

对于如此得攸攸关的要务，至少从汉代以后的皇帝都会建立专门的皇家天文机构，相当多的天文官员充塞其中，他们的工作不仅包括历法的修订，也包括关注天空的**任何**迹象，看看上天是否有关于皇帝、大臣、国家政策或任何方面的信息传达下来。这里，也一如美索不达米亚的情形，经验现象被极其细心和确定地加以观测、记录、分类和释读。例如，直至 17 世纪，中国关于新星、超新星和太阳黑子记录是最完整的。[8] 当然这些工作也不仅仅是描述性的。例如，在确定日月交蚀更精确的周期方面也取得了重要进步，然而与美索不达米亚的情况不同，一旦月食变得可预测，他们就不再把月食当作一种征兆来关注了。然而，一般来说，跟美索不达米亚的情况差不多，天象不是因为它们自身的原因，而是因为假定它们所传达了的信息而被研究。

像中国人一样，古希腊人也根据不同的分科和目标，对天空的研究作出区分，尽管他们的历法研究并未起到如此重要的政治作用。虽然我们听说确定太阳年和太阴月关系的工作开始于公元前 5 世纪，但那并没有导致在希腊世界采用一部统一的历法。在古典时期，事实上直到罗马皇帝恺撒（Julius Caesar）在公元前 62 年强制推行一部标准历法之前，每一个希腊城邦都有它自己的阴阳历，这些历法各自有不同的月份命名，各自确定新月何时开始，而闰月的安插取决于不同城邦的不同地方官员。

而且我们在释读希腊语的"天文学"（astronomia）和"占星术"（astrologia）这两个术语时，也必须十分谨慎，当然我们自己的"天文学"（astronomy）和"占星术"（astrology）二词就是以拉丁语为中介，从这两个希腊词汇中派生出来的。在任何与星星有关的描述中，这两个希腊词汇经常被互换使用。然而，托勒玫在他的占星术著作《四书》（Tetrabiblos）的开篇中，明确地区分了两种预测性研究。一种是有关天体本身运动的预测（用我们的话来说就是天文学），另一种是以这些天象为基础来预测地球上的事件（占星术）。他声称占星术基于可靠的、经过检验的经验。但占星术与天文学的不同，不仅仅在于占星术是猜测性的，而天文学可以诉诸实证，也在于它们预测的对象不同。

从希腊化时期以后，希腊人大量地吸收巴比伦人的观测数据［在亚历山大（Alexander）大帝于公元前 4 世纪 30 年代的一系列征服活动之后，这些巴比伦的数据就更容易得到了］。但是他们也出于自身的原因进行观测工作。然而他们的主要兴趣不在于观测和记录，甚至也不在于解释天象，而是在于构建演示日月和行星运动的几何模型。根据后来的说法，柏拉图曾建议天文学家们的任务是把日月和行星的不规则视运动简化为匀速圆周运动的组合，以便对不规则视运动作出解释。[9]我们不能肯定柏拉图对这个建议是否起了催化作用——事实上有时候人们认为不大可能是这样的。但是从公元前 4 世纪以后，有一点是毫无疑问的，即希腊天文学模型建构的历史就是不断尝试这种简化的历史。[10]首先有欧多克斯（Eudoxus）、卡利普斯（Callippus）和亚里士多德的同心球模型，然后是阿波罗尼奥斯（Apollonius）发明的偏心圆/本轮模型，喜帕恰斯（Hipparchus）采用了这一模型，尤其把它用到了他的月亮理论中，最后托勒玫把它精心打造成一个用于充分解释所有行星运动的定量理论体系。

另外，正如托勒玫在别处的评注中所表明的，业已表明的存在于天体中的规则性，不仅仅是可预测性和可理解性的标记，也是秩序和美的标记。柏拉图在《蒂迈欧篇》（Timaeus）中已经提出，研究天体的规则性能够帮助一个人调节他自身灵魂的运动——因此变成一个更好的人。[11]托勒玫则以更高调的口吻对那时他本人即为其中翘楚的研究科目的道德寓意进行了描述："在所有的研究中，这一研究尤其能让人感受到行为和气质的高贵：当一个人沉浸于如此的一致性、如此完美的秩序和如此均衡的比例，摆脱了对神圣事物的傲慢态度，这一研究让他成为神圣之美的爱慕者，他的灵魂因此也自然而然地浸透了同样的美。"[12] 与致力于研究自然的许多人（不仅仅是在古代世界）一样，他认为那种行为的价值不只是智力能力。

以上的简要说明能够并应该得到更为详细的阐述，而且也能够给出许多其他古代研究的详尽个案。但首先这已足够说明这三个古代文明对天象都进行了坚持不懈的研究。其次，在这三个古代文明中，人们都相信所研究的天象与人类事务相关，因为上天传达了有关人类命运的信息，这些信息并不决定他们的命运，而是向他们传达警告，智者对此不应视若无睹。同时，在这三个古代文明中，人们均最密切关注天体本身发生的变化——即使古代中国人注意到了许多异常的天象，而古代希腊人却错失了这样的天象，这无疑部分是因为在后者的预期中，天空应该表现为毫无异常的有序（order）。天体运动的规律被越来越完整地掌握，并变得越来越可预测，交蚀周期得到确定，历法变得更为准确，行星运动的模式得到精确勾勒，所有这些有时是用纯代数的模型，有时则用几何模型来做到的。

起初的目的经常是为统治者、国家和个人提供某些预见性的参考意见。但是，把这三个古代文明对天空的研究**仅仅**看作是一种"占星术"（用我们的话来说），将会是一个错误，因为这样做没有看到它只是部分的占星术。古代对天空的研究的多样性和复杂性都是极其重要的。对于复杂性而言，我们看到这些古代研究蕴涵着多重含意。虽然这些研究部分是为窥探未来的愿望所激励，但得到的回报——有时候——是对天象的更为重要的理解。例如，当美索不达米亚人希望建立征兆和后果之间的关联时，他们实际上发现的东西包括了意料之外的征兆本身的规律性。

然而对于多样性，我们必须留意所考察的三个古代社会对天象研究的不同历史进程。尽管这种研究的某些方面（如对历法的兴趣、预测交蚀等等）反复涉及一些精确的方法，根据这些方法，一些具体的问题得以界定，但解决这些问题的方法和这些问题本身的定义，都显示出某些重大的区别。这暗示着一个重要的经验教训，即古代社会对天空的研究**不必**遵循一条唯一的道路，我们所认可的天文学的出现不必遵循一条特定的优先路线。

绝大多数等待被人接受的关于科学本身发展道路的概述性观点，同样深深纠缠在不同地域、不同历史时期的各种不同研究类型的历史记录的实际复杂性中。想要解决把前科学文化与我们自己的文化区分开来的"分界线"问题的企图，面临着不是把解释对象简单化，就是把援引来解决问题的解释要素简单化的困境。"分界线"确切地讲到底是什么？在某一点上有一个突然的飞跃，宣告近代科学从此开始吗？这确切发生在什么时候？为什么会发生？在科学的不同领域，它因为同样的原因、在同一时间发生吗？天文学发展的速度和模式与化学的情况稍有不同，与生命科学的情况又有不同，这也许已经说明了在不同的情形下有不同的因素在发挥着作用。许多人的注意力会集中在17世纪，一个所谓的科学革命时期。然而，那时任何一个我们所考察的分支领域——天文学、物理学、解剖学、生理学——中所发生的每一个变化，其复杂程度远远超过"革命"一词所能轻易包容的。虽然一场政治革命事实上是以权威和权力宝座的剧烈变动为标志的，然而17世纪新思想的最初推动者都采用和改编大量他们的先辈的观点，即使他们的引用主要是为了反对。

绝大多数被用作解决这个问题的方法上和概念上的要点——一旦它被用前科学(pre-science)和科学的两分法术语打扮起来——都被证明最多也只是作用非常有限的解释要素。对实验之威力和效用的正确认识，经常被树立成一个至关重要的进步榜样。然而这一点在某些领域确实有待商榷，在对天空研究的许多方面中，实验与之并不相干，也确实是不可能的。此外，另一个备受欢迎的观点是，一切都依赖于物理学的数学化，这其实也只有有限的影响，而我们应该认识到，一些想要把数字运用到事物中去的尝试更属于奇思异想的领域，并不促进对事物的理解(参阅 Lloyd 2002： ch.3)。

与此同时，在考虑这个问题时求助于外部因素，如价值体系，或诸如新教伦理之类的宗教因素，这一做法总体上未能解决不同研究领域不同发展速度的特异性。对于古代世界，法林顿(Farrington)提出关键的步骤是凡俗化(secularization)，即"忽略众神"。虽然一些希腊自然哲学家确实把对事物的解释限制在纯粹的自然主义原因之上，但是，我们对希腊、美索不达米亚和中国古代的星空研究所做的快速考察表明，在所有这三个案例中，详尽的经验研究与天体具有神性的信仰是协调一致的。

确实，我们拥有证据的那些古代世界——希腊、中国、美索不达米亚、埃及和印度——中的研究，显然全都依赖于一种高水平的读写能力——至少依赖于一部分人群——和一种富裕的经济程度，反映了一种欣欣向荣的工艺水平和一种适度复杂的社会结构。但是即使我们对此能够提供一些考虑了某些必要条件的平淡叙述，那也不会让我们推进多少。为了在理解上有所进步，十分有必要去调查每一个古代社会中的不同之处——例如，用在每一个古代社会中进行的实际研究来把读写能力的使用和社会制度的类型关联起来。那些问题本身实际上需要被重新表达，这种表达不再按照科学对"前科学"或"原科学"（proto-science）的方式，而是按照各种古代研究的具体特征，这些古代研究是一些看起来已经受到青睐的各种外部因素和内部因素的不同组合。

我们将会有更多的机会来强调研究古代社会的历史学家所面临的实际复杂性，这些复杂性涉及寻求"总概括"（grand generalizations）的企图，关涉科学如何产生、如何发展，关涉科学实际上如何不得不发展。但是让我来概述一下我的论点以结束这一章的讨论。显然在各个古代文明中没有我们今天所理解的科学。然而那时有类似的探索活动——对各种现象的理解、解释和预测。历史学家的任务是研究这些活动开展的形式，是什么激励或制约它们的发展，古代研究者自己如何评价他们的工作，他们对他们工作的地位和工作目标的自我意识如何，他们如何看待他们所用的正确方法。这一系列问题把我们带向下一章要讨论的主题，也就是我们在古代希腊和中国发现的学术科目的不同分类，以及他们所进行的各种研究之间相互联系的不同图谱（maps）。

第三章　开拓疆域

即使只是适度地了解在一种以上的"前现代社会"（pre-modern society）中对物质世界所做的研究，亦足以揭示其巨大的多样性。这种多样性体现在所用的概念、理论和方法上，更基本地体现在对研究主题本身进行解释的方式上。的确，这种多样性往往被掩盖在科学史中，而这里的科学就是我们已经熟悉的传统学科分类体系。这种科学史的读者被告知，在古代中国、巴比伦、埃及、印度、希腊或任何地方，已经有了什么样的"天文学"，或"物理学"、"解剖学"、"生理学"、"动物学"、"植物学"、"医学"等等。但是在每一种情形下，当这些术语被运用到我们实际所发现的这些古代研究中去时，它们都是大有问题的。

我前面业已概述过的几点也进一步增加了这个问题的严重性。在什么样的概念框架内我们才能研究这些古代知识体系？从古人实施的不同研究图谱中我们能够学到什么？如果这些调查研究是在不同的古代文化中各自独立地开展的，如何仍然能够对它们进行比较？我们如何能够解决分歧？在这里不妨问一个幼稚的问题，譬如，为什么在对天空和人体的研究中我们没有发现更多的一致性？这里假定，首先，研究的对象——天上的星星和我们的身体——在本质上是相同的；其次，可以推断世界上各个地方、历史上任何时候人类的认知能力没有本质上的差别。

我将首先用我们熟悉的术语——来自希腊语或拉丁语——给出关于这些问题的一些评论，然后使用中国人在研究中采用的分类来强调它们的独特重要性。然而，以下所述的希腊资料将仅用来帮助消除一个错误见解，即认为中国人所采用的那种非现代概念的学科图谱，是怪异的或是特别低劣的。然后我将转向为了比较和解释的可能性而做出的那些发现所具有的深刻含意。

我们可以从希腊术语"物理"（*phusike*）一词的三个方面开始谈起，现在的"物理学"（physics）一词就来自这个希腊术语。首先它包含了包括所有动物和植物在内的整个自然，因为"自然"是这个希腊语 *phusike* 的词干，即 *phusis* 的最基本含意。其次，在古典时期引入的这一术语部分地体现了一种辩论术功能——正如我已经指出的[1]，这是一种发明而不是一种发现。所谓的自然哲学家，即 *phusikoi* 或 *phusiologoi*，通常把它划归为一种他们所声称的专门知识。传统意义上的智者、先知和诗人被逼退到了这样一种境地：他们所涉猎的东西会毫不犹豫地被拒斥为"超自然"、"巫术"和"迷信"。他们假定在诸如地震、闪电或疾病这样的现象中有神灵的干预，而按照自然哲学家的观点，这是一个分类错误，因为这些现象都属于自然，并且具有自然的起因。第三，为了替他们的"物理"观点辩护，致力于这一主题的著述，譬如亚里士多德的论著，所处理的问题很大程度上是我们今天所谓的哲学问题，与因果、无限、空间和时间等等有关。希腊

"物理"与现今的物理实验室里所做的事情，几乎没有一点共同之处。

同样的分析也可用于我们今天的"数学"这个词。希腊语"数学"（*mathematike*）一词源于动词 *manthanein*，它笼统地有学习的意思。虽然我们称欧几里得（Euclid）和阿基米德（Archimedes）所做的数学研究——还有希罗（Hero）和丢番图（Diophantus）所做的相当不同的工作——理所当然地属于希腊数学的范畴，但是在其他领域的研究也属于希腊的数学范畴。譬如，这个术语经常既用来指称天文学也用来指称占星术。我们已经提到过，在希腊语和拉丁语中，天文学和占星术这两个词经常交换着使用，尽管它们有时也用来区分对天体运行的预测和基于天体运行的对地上事件的预测。但是占星术士和天文学家一样都是十足的数学家（*mathematikos*）——而且往往是同一个人在进行占星术和天文学两方面的研究。

中国人对他们所关心的和与他们有关的问题的界定，既不同于现代的观点，也不同于古希腊人的见解。以"地理"（"地的式样"，或更好一点的，"地域构成"）研究为例。[2]许多现代学者试图寻找一种近代以前的中国地理科学，但都失败了。他们期待的如果不是对球形大地的平面投影这一制图学难题的数学解答，也是希望找到专门致力于地形学研究的精确描述。但很大程度上正是因为他们对这一学科应该包含什么的先入为主的期待，所以他们对历朝历代的记录中有关地理和州郡的大量传统著述视若无睹。尽管如"地理"和"州郡"这两个标题所指，前者有时强调地域构成，后者有时专指行政区划，但这两者有重合。这两者之间的变化，如已经被指出的那样，可能反映了文献编撰年代的政治形势。"地理"一词往往在相对统一的年代使用，而在分裂时期"州郡"一词更常用。

不管这一论点是否被接受，如下三点是十分明确的：首先，这些地理文献包含了大量具有重要政治意义的材料（关乎人口、财富、赋税和交通等）；其次，它们反映了宇宙学思想（特别是在微观世界和宏观世界之间的感应、天图与地图的对应等问题上）；第三，它们也包含对不同地区特征和居民习俗的详细描述。显然这类文献即使包含了明显的意识形态因素，但也不能简单地被拒斥为"意识形态"。它们也不能仅仅被归类为"地理学"，即使承认"地理学"一词不仅仅在严格意义上使用，也在非常宽泛的意义上被接受。但是中国与西方的不同范畴——在此处和别处经常见到这种不同——之间的差异带来的并不只是消极的寓意，即所谓的近代以前中国没有"地理学"；反之，这种寓意是积极的，它反映了中国人对地理和州郡之重要性的认识，说明了我们必须采用中国人自己的语言去研究中国地理和州郡知识的构成。

对于中国古代有关学科分类的一些普通术语，也应作类似的考虑。[3]比如，以数术（"计算和方法"）一类为例，从中我们能够看出公元前后的学者和目录学家刘向和刘歆的影响。数术之下的次级分类包括：（1）"天文"（天空的图案，包含了星表和根据星星与气象学现象作出的预言）；（2）"历谱"（不仅包括日历的研究，也包括对声律、宗谱、日晷、计算等问题的研究）；（3）"五行"（五相学说，研究木、火、土、金、水以及相关事物的交互感应，尽管这五行的变化被认为不如气的变化来得更具本质意义。此外，该领域的研究还包括了与干支纪日有关的择吉和择日，所谓干支纪日就是 60 天的循环，由天干和地支的组合顺序决定）；（4）"蓍龟"（用蓍草和龟壳所作的预言）；（5）"杂占"（"各种各样的预测方案"，包括梦兆、预言、仪式等）；（6）"形法"（对各种重要形状的研究，包括地域和面相等的形状）。

这些类别与我们有可能要涉及的类别之间明显是牛头不对马嘴，这种错位是令人吃惊的。首先，"数术"跨越了"数学"和"物理"之间的许多个不同科目，我们也许会强调这些科目属于不同的学科门类。此外，占卜和预言被分在不同的次级类别中，并且不是所有的占卜形式都被归在"数术"这一大类下面。《易经》以及对《易经》进行注疏的书籍没有算在"数术"下面，它们被划归于专属于经书的另一大类。还有，与军事有关的预测属于第三个类别，即与阴阳有关的著述类别。也不是说围绕在"数术"这个标题下的所有东西都与占卜预测有关，因为星表、音律等内容就不是这样。

　　此外，"五行"本身被作为一个次级分类，指出这一点是重要的。从比较研究的观点来看，五行的观念占据了这一特别的研究领域，而不是作为有关问题的几种讨论中的一种候选，这一点是令人注目的。虽然关于五行相生相克的理论在细节上有着大量的变种，但它们不像在古希腊原子论与时空无限论之间的竞争那样，与别的理论发生竞争。"五行"不是几个激烈竞争、强烈对抗的学说中的一个：反之，它提供了一种共同语言，在这种语言下各种学说变种能够被提出并加以应用。

　　我们不应被相对保持不变的中国古代术语蒙蔽了，从而夸大了这些基本概念的连续性和对它们本身所作研究的连贯性。正如卡利诺夫斯基（Kalinowski，即将出版）再一次表明的，汉代的分类概念本身在后世经历了实质性的改变，譬如，首先在 12 世纪有一次变化，然后在 18 世纪有更为显著的变化。在正确反映已发生的显著变化这点上，"数术"与"天文算法"形成一个对比，后者涵盖了天文学和数学，而前者只专注于占卜。

　　考虑到最初的汉代"数术"分类有目录学上的用途（倒不是说刘

向和刘歆只应该被当作目录学家），这一点可能正是一些曲解产生的根源。次级分类"杂占"包含了五花八门的占卜内容，可能反映了一种想包罗万象的雄心。归根结底，目录学家们必须把书放到某处去。但是我们可以肯定，在一些情形下，不只是科目的名称和它们在普通分类学方案中的位置与西方人的预期背道而驰，它们的内容和方法亦是如此。

数学提供了一个尤其令人惊异的例子，因为我们可能以为各种文化中的数学在很大程度上是统一的、无变化的。然而我们能够确认古代中国与其他传统的数学有许多实质上的差异，这种差异不仅表现在所研究的一些问题上，也表现在研究方法和基本目标上，其中与古希腊数学的对比尤其鲜明。《九章算术》及其注释，特别是公元 3 世纪刘徽的注释，为这一点提供了有价值的证据。书中涉及面积和体积大小的计算，多元方程的解法，以及诸如此类的问题，其中一些问题属于官员们在日常管理事务中可能经常要遇到的类型。至此，我们可以拿之与其他也同样——至少表面上——关注实际问题的数学传统进行比较：比如，古埃及和古巴比伦的算术，或者亚历山大城的希罗对测量问题的讨论（参见 Høyrup 2002）。

然而仅仅把《九章算术》当作一本实用手册显然没有充分把握它要达到的全局性目的。在第九章我们会回过头来分析《九章算术》怎样用具体案例来阐明普遍问题，这是该书展示的在数学推理风格方面与众不同的特征之一。但现在让我把注意力集中在注释者刘徽是如何看待《九章算术》要达到的目标的。正如林力娜在她的一系列研究（Chemla 1988，1990a，1990b，1992，1994，1997）中所指出的，刘徽经常提醒读者注意在不同章节中的一些运算步骤其实是相同的。他使用诸如"齐"（一致化）、"同"（相等）和"通"（相通）这样的字眼，不仅仅用它们来称呼特殊演算步骤中的一些基本要点，也用它们来强调不同步骤**之间**的相似性。他所关注的问题，可从他称之为"纲纪"的术语中略见一斑，这种"纲纪"是一种指导性原则，贯穿于所有步骤中（Qian Baocong 1963：96. 4）。[4]

确实，他因而使得他所评注的通常比较隐讳的原文意思变得清晰明白了。然而他的注释也提供了一种重要的洞察。在以欧几里得为代表的古希腊传统中，数学的目标就是从一组不能证明的但自明的公理出发演绎出整个数学体系，直到近代耶稣会士及其追随者们把欧几里得几何学翻译过来之前，希腊人的做法与中国数学毫不相干。在中国，数学的目标不是公理—演绎的证明，而是要掌握贯穿于和连接起整个数学的普遍原则和不变模式。这不意味着中国人对证明不感兴趣。相反，对算法的确认是被反复关注的事情，以表明其正确。通过对它们的运用，正如刘徽所做到的，它们的重要性未被撼动——因此真理得到了延续。

综上所述可以得到的第一点启示是，对理论证明的兴趣在不同的数学传统中表现为不同的形式；第二点是把"数学"作为一个整体的全局性考虑也是如此。中国人的经验表明，成熟完善的数学，无论是在古希腊数学的意义上还是在现代数学的意义上，无需预设一种对公理化的兴趣。希腊人的目标，即为整个数学提供无可争议的演绎证明，严重依赖于几条公理——然而这些公理的地位有时却是不那么自明的，譬如对平行公设的怀疑醒目地说明了这一点。[5]但是中国人不受限于这样一个目标，他们追求一个迥异的但同样具有全局性的目标，旨在把数学的不同领域中使用的不同步骤联系起来，以揭示它们的统一性。

在这里还可以更为简要地给出一些类似的分析，来说明不同传统

　古代世界的现代思考

的研究之间的差异，譬如对健康和疾病的研究（"医学"），对事物的构成和它们的变化（"物理学"）的研究等。在前一个案例中，差异不仅仅是在不同文化中所实践的各不相同的治疗风格。针灸恰好是传统中医的一个独有特征。营养学、烧灼术、放血疗法和药物使用等等诸如此类问题的相对重要性，在不同的前现代文化中可谓千差万别，事实上，在同一种文化中的不同医学传统也是各不相同的。但是这些差异与关于**健康**（well-being）这一概念的差异相比，它们的重要性就居于次要位置了，健康是任何一种治疗手段都要回归的最终目标。然而，对健康的不同看法——这种看法也随着人体这个概念的变化而发生变化——再次反映出古代希腊和中国之间的鲜明对照，揭示了各自的独特性。希腊人通常关注人体结构和器官的研究，中国人则更多地强调过程、交感、共鸣等。以"肝"为例，它不是或不仅仅是一个器官，而且被看成是与之有关的一种功能，是一个在平衡的机体里，或如汉朝时经常所称的"藏府"（bureaucracy of the body）* 里所扮演的重要角色。

类似地，在对事物变化的一般考察中，把"五行"观念看成是西方意义上的一种元素理论，人们现在基本上已经认识到这一见解是错误的。该错误见解源于耶稣会士的一项翻译计划，他们把中国本土的物理观念释读成一种比他们自己的物理理论更为低等的解决方案，那时他们自己还死抱着亚里士多德的四元素说。然而在亚里士多德的物理图景中，元素是不可消减的，它们本身是不变的，万物由它们组成，而五行却处于不断的变化之中。中国人在这里强调的重点，又是在不断变化的过程中相互依存的相之间的共鸣。这个故事的明显寓意

---

* 原文未指明何种汉代文献，也未标注发音。暂译《黄帝内经》中的"藏府"一词。——译者

也在于，对中国古代的物理事件和变化——中国古代物理学，如果某些人愿意这么叫的话——的理解，从根本上不同于在西方享有了许多个世纪（但如今不再享有）特权的物理学。

到此为止，我在这一章中的论点是，在不同的文化之间，尤其在古代中国与古希腊之间，它们对各种科目的界定，以及对各科目之间相互关系的理解等，都存在着重要的、基本的差异。这样就带来了一个问题：是否或在什么意义上不同文化之间的比较研究仍然是可能的？我以上叙述的那些资料没有破坏进行科学史比较研究这一特定思想吗？这是我在上一章中提出的、又以有保留的肯定语气作了回答的问题。

我已经强调了两点来区分古代研究和现代研究。首先希腊和中国古代都没有一个与今天的"科学"精确对应的词汇，也没有任何事情类似于今天在装备精良的实验室里所从事的现代科学研究。然而，如果我们回到前面提出的两个积极的要点，它们还是仍然有效的，即使对它们的释读现在稍有调整。这两个要点是，首先有共同的目标，即理解、解释和预言；其次，这些目标所关注的现象至少在某种意义上是相同的。现在，在面向可能产生的进一步的困难之前，让我来详细阐述这两个要点，困难的产生涉及我们如何能解释那些明显的多样性，实际上我们就是在这样一种多样性中辨认出古代世界的共同目标的。

我曾提及不同的理解模式。一些模式要求在一条普遍的规则下作出解释，特殊性可以被看作是一种示例说明。但是有时是通过观测和假定相似性或对应性或一致性来寻找和发现理解的，在这个过程中，推理可以不调用那种可以推演出普遍性和特殊性的一般规则，而是直接依靠类比。解释和预言也会呈现不同的模式，而我现在不是在谈论它们的主题是什么——因为这个问题显然涉及整个的人类经验——而是在谈论对一种解释的期待是什么，或者预言得以作出的基础是什么。这样变化就能够用共鸣过程的循环来说明，或者用加诸其他静态物质的动力因所导致的结果来解释。对天体运行的类似预测，能够基于结合了观测所得的规则性的代数模型而作出，或者从几何模型中推导出来。

因而那些共同的目标提供了一个可比较的要点。但是，那些现象，作为理解和解释的目标，照我说，在某种意义上，也是相同的。如我已提及的，我们在几种古代文明中找到的这种研究主题有：历法问题，太阳年和太阴月的长度，行星运动，日月交蚀，此外还有人体及其功能，健康和疾病，动物及其行为和繁殖模式，植物和矿物的种类和功效，不同种类的事物混合和相互作用的模式，有时还有谐音及其与不和谐音的区分。

当然，我刚刚使用过的那些描述性术语中没有一个能够得到全然中立的解释。譬如，以日月交蚀为例，作为一个研究题目，它已经预示了对导致太阳或月亮变暗的不同可能原因之间的差异的一种理解。不同文明对交蚀现象感兴趣的本质远非一致。研究者们最初和后来的动机，随着他们自己的（以及他们的听众们的）想法的改变而改变，这个想法就是关于什么才算是对交蚀的一个充分的说明。有时交蚀现象被认为是一种自然现象，有时又被认为是上天的一种启示，有时被认为两者兼是。绝大多数对交蚀的探究或多或少具有突出的道德上的、甚至政治上的寓意和含意：在获取知识的过程中，人们时常在心里想着知识可能的最终实际应用。理解的目标，以及在那里等待被理解的现象，提供了关联的节点，允许比较研究得以继续，即使这种比较研究所揭示的，正如我已经强调过的，是高度的多样化。

但是，如果对各种古代研究进行比较是可能的，而我们发现这些古代研究在开展方式上有相当大的差异，那接下来的问题就是，我们如何着手说明那些差异。我尽量简单地提出问题，如果目标是类似的，并且用来解释的东西在某种意义上也是共同的，那么为什么我们在不同的古代文化中，在他们从事的研究中，以及在他们从事研究的方法中，发现了这样的多样性？这里我们进入了一个不确定的疆域，而我应该把自己限制在对几种考察**类型**的评论上，它们也许有帮助、也许没有帮助。正如我们在前面指出的，许多可以或已经被援引了的经济、技术和文化因素，为连续不断的古代研究的发展提供了最必要的、非充分的条件。毫无疑问，经济上的富足对于让专门人员从事这样的工作而言是必需的；还有，如果让没有受过高度训练的抄写员来记录天象，就难以想象有这么丰富的天文资料收藏。然而，没有一个因素有助于说明不同古代文明中所进行的研究的独特性。

为了取得一些进展，这里我们首先必须深入到当时的社会背景中去，探究那些理解之愿望得以滋生的各种有价值的因素。这意味着要考察古代研究者工作于其中的社会和政治背景。我们的考察议程中必须包含如下问题，即这些古代研究者来自哪里，他们所代表的社会阶层，他们能从事的职业类型：他们形成什么样的社会组织，或他们属于什么样的行会？不管是听众还是读者，他们的受众是谁？对于典型事件，有什么样的管理规则来互通信息或交换想法？[6]

在有关政府卷入这些古代研究的程度这一点上，一个显著的差异立刻就把古代中国和古希腊区分开来了。这一点远远超越了技术背景的范围，经济的和其他实际的影响起着至关重要的作用。我提到过中国皇帝对"天文"和"历法"领域的兴趣，导致了专门从事这类研究的专门机构得以建立，并长期运作，这点尤其令人印象深刻。皇帝们也激励研究的开展，鼓励其他研究领域的知识的系统化，如"本草"研究传统——包括处方和对植物的一般性研究。[7] 甚至当政府并不设定研究议程时（情况通常如此），向知识精英们开放的职业机会和晋升机制，确保了他们的许多研究成果直接或间接地服务于政府的利益。他们著书立说所针对的首选对象，不管是否奉旨而为，通常都是君主和他的大臣们，这一点不仅对作品的表述风格而且对表述内容显然都有确定无疑的影响。

希腊与中国在这一点上形成的鲜明对比是非常引人注目的。首先研究受到赞助的可能性大受限制：在古典时期没有什么政府机构提供从事研究的职位，即使在希腊化时期，在某种意义上是个例外的亚历山大城博物馆，它所提供的支持程度也非常有限。无论如何，在经历最初三位托勒密王朝的国王总共 100 年左右的统治之后，亚历山大城博物馆的重要地位已经衰落——作为对比，中国的官方天文机构存在了 2000 年。希腊医生靠治病谋生，希腊占星术士靠算命糊口：但在一般情况下希腊学者靠教书维持生计。教书毫无疑问也是中国知识分子的一项重要活动，但是在希腊，教书无论对声誉和生计而言都是最为关键的。中国的学生通常都期待最后能进入皇家的行政事务机构和国立的学术机构，这是他们学习的目标，尽管他们学习的内容主要以经书为基础。

在希腊，人们为了博取名声而通常要冒的风险，与那些希望说服皇帝相信他们的聪明才智和作用的中国读书人所面对的风险完全不同。希腊人表达思想的形式通常是公开演讲或辩论，还可能伴之于一系列质询和答辩会。这些活动会趁召开奥林匹克运动会或其他泛希腊运动会之机来举办，但是无论何时，只要一位教师想要公开演讲，人群就会聚拢过来。我们也了解到，对于所发生的辩论，有时是由观众来判决谁在辩论中胜出，即使当所争辩的主题非常专业——如医学或宇宙学——也是如此。在这种情形下取胜的要点就是靠雄辩的口才和给人深刻的视听印象。考虑到这点，故而人们对修辞学——一种说服人的技巧——的兴趣与日俱增，相关的教学大量展开。这种说话的技巧不仅仅在学术争论时需要，而且经常在各种实际情形中派得上用场，如在法庭上和议会中赢得辩论。在中国古代不存在法庭和议会这样的对应机构：[8]而这两者在古典时期形成了希腊公民体验的基本部分，即使在希腊化时期和随后的罗马帝国时期，当希腊城邦失去了大部分自治权之后，政治辩论的重要性大大衰退之时，亦是如此。

希腊人的这种经历对我们前面考察过的几类古代研究的影响方式是复杂的。乍看之下，似乎希腊数学的公理—演绎证明与法庭的修辞学完全属于两个不同的世界。事实上情况确实如此。然而正是这种纯粹说服的不足感，刺激了推理模式的发展，有了这种推理模式，就更具有说服力，不仅可以让听众当场信服，而且还能得到真理，甚至确保它正确。证明确保了一种不容置疑性，它毫无疑问是说服的最终武器，但是它表现为单纯说服的反义词。首先是柏拉图然后是亚里士多德强调了这一对照，他们两位经常把法庭和议会的修辞学当作反面模型提出，认为这种推理风格不会成为哲学探讨的最高模式。

欧几里得本人没有提供任何线索说明他为什么采用我们在《几何原本》（Elements）中看到的公理—演绎数学推理模式，而他一方面受到早期数学影响的程度，另一方面受到柏拉图和亚里士多德的哲学影响的程度，是一个正在研究并且可能会争论不休的主题。然而，可以明确的是，首先，欧几里得的推理模式共享了亚里士多德的目标，后者把不容置疑性当作哲学的最终目标；其次，一旦《几何原本》展示了这一后来被叫做"几何学方法"中的证明法，后者马上就产生了巨大的影响，在许多其他很不相关的领域内被引作一种理想方法，遍及了从神学［如普罗克洛斯（Proclus）的《神学原理》（*Elements of Theology*）］到医学［盖仑（Galen）甚至在解剖学和生理学中也试图移植几何学风格的证明法］的各个领域。我们也可以确信，在托勒玫看来，由算术和几何保证的不容置疑性为他提供了一个基础，来宣称在对自然的研究中数理天文学具有最优越的地位——因为在《至大论》（*Syntaxis*）* 第一卷中他就是这么说的。[9]

然而，如果说诸如此类的因素提供了一条线索，说明了为什么我们暂时把某些不同风格的研究说成产生于某些特定的文化之中，那么以下三点存疑同样也会终结上述看法。首先，在古希腊和中国古代都有大量的例外人物，其职业生涯并不遵循标准模式，他们从事他们自己的怪僻研究。他们总是冒着被边缘化和被同时代和未来的人们忽视的风险。现代对公元 1 世纪怀疑论哲学家王充的再发现，或某种意义上的复原，既说明了中国古代个人主义的活动范围，也说明了与之相伴随的种种危险。希腊的个人主义者经常会充分发挥他们的特长，搞一些动静出来吸引人的眼球［前苏格拉底时期的哲学家赫拉克利特就是一个例子，恩培多克勒（Empedocles）是另一个例子］。但是在古希腊许多理论家也未得到他们应得的赞誉，并因而遭受磨难。有许多这样的人，他们的著作没有得到传播，只是被当作其他人评注和批评的对象，公元前 5 世纪** 的原子论者留基伯（Leucippus）和德谟克利特（Democritus）就是最早的这类人。

＊ 作者原文书名直译为"集成"，托勒玫自己给《至大论》定的书名是《天文学集成》，经阿拉伯人的转译之后，《至大论》一名更为流行，故译文在这里采用这个名字。——译者

＊＊ 原文在此处作"5 世纪"，省略公元前字样。——译者

其次，我们必须区分两种判断：其一是古代的不同研究者根据他们的不同研究给出的判断，其二是我们根据自己对古人工作的比较分析从而或含蓄或明确地给出的判断。我说过，价值判断难以避免，然而我也补充说过，年代误植和目的论必须加以防止。想要提供一种全球普适的科学发展必经之路的诱惑应该加以抵制，无论如何，任何这样的宏伟计划，面对我们在不同的时间和地点以及不同的文明中发现的不同研究领域里的成功与失败的大量的多样性时，都会土崩瓦解的。希腊和中国的社会—政治制度和价值标准并没有证实存在一条纯粹的幸运之路；中国人和希腊人的追求目标也没有提供一种绝对成功的结果。

第三，就解释的方向性而言，在社会建制和智力产物之间，影响并不总是单向地从前者到后者，因为他们显然也会反方向发挥作用。希腊关于奴隶制度的当然性问题的政治辩论固然未曾产生什么实际影响。但是希腊的政治理论确实有过实际的后果，比如在建立了一个新殖民地这样的情形之下。例如，我们知道当图里城 * 在公元前 5 世纪建立起来时，许多哲学家和诡辩学家就此事接受了咨询。在中国，情况十分类似并更为显著，战国晚期和汉代的大型汇编性著作《吕氏春秋》、《淮南子》、董仲舒的上书和《春秋繁露》的早期成书部分，都可以看成是对已经存在的价值标准和意识形态的反映，这些著作以各自不同的方式为一个君主统治一个统一国家这个理念的发展和巩固作出了实质性的贡献，君主作为天和地的中介人，原则上就应是"普天之下"所有生灵福祉的守护者。

---

* 今意大利塔兰托海湾边上的希腊古城。——译者

在本章开头，我强调在不同的古代文明中对不同自然现象的持续研究以不同的路线发展变化着，这些研究适合各种不同的知识图谱。我证明了对不同古代文明的研究之间的比较是可行的，只要假定这些研究有共同的总体上的理解目标，并关注一些共同的待解释事物——如果我们用一般性术语来定义这些事物。尽管对交蚀的感知和理解可能呈现出一种多样性，我们也能充分肯定这些现象构成了古人极为关注的基本问题的一部分。

同时，所发生的发展上的多样性提醒我们，最初不存在一条它们应该遵循的必由之路，没有一条优先途径导向近代科学。与其说是有什么在激励他们开展研究，倒不如说**只有**一种普遍的理解愿望。古代研究者在他们各自所属的社会中占有不同的社会地位：他们有各自的目标和专注的对象；他们采纳或批评性地反思他们那个社会的价值观念，对于如何拥有和说服他们的听众这一难题，他们在有意或无意间作出他们的决定。可以认为所有上述这些因素一起影响着不同古代研究的独特特征。

虽然今天的科学建制已经有了巨大改变，但是我们可以说在两个方面它几乎没有发生什么变化。科学家仍旧要作出决定来说服他们的同行，也仍旧迫于压力而不能超越某条底线太多，即使对创新的奖赏是如此丰厚。许多科学声誉已不得不作追加性的修正来补偿同时代人对其接纳上的失衡。此外，在认可和批评他们所属社团的价值观念这一问题上，他们比他们的古代先辈担负着更大的职责，因为科学本身为实施改变提供了梦想不到的可能性。特别地，自从原子弹被制造出来之后，我们已经痛苦地认识到了科学家的工作只是从事基础研究而与这些研究成果被如何使用没有关系这一论调的危险性。恰恰相反，科学家的责任必须包括对研究项目本身的伦理评判。无论是转基因食物，还是克隆胚胎，许多知识前沿的工作都有一种无法避免的张力，因为政策制定者们必须依赖的正是下定决心稳步向前的同一群个人和组织的建议，以此来判断他们的做法是否在冒真正的危险。我将在第十二章中回过头来讨论这些问题。

第四章　一种共同逻辑？

对论证形式作明确分析的历史可以追溯到亚里士多德。他率先从个别前提的真假问题出发，抽象地探索命题链的有效性和无效性。他进一步提出不矛盾律（non-contradiction law）和排中律（excluded middle law）是所有可理解的交流预设的公理。如果某人因为它不能被证明（这正是公理的意思所在——不能被证明的自明真理）而想要否认不矛盾律，他或她可能会被当作是感情用事、无理取闹。如果某人要作出一些陈述，不管陈述什么事情，都是以这条怀疑论者想要挑战的不矛盾律为前提的。

亚里士多德的三段论关注词项之间的类包含（class inclusion）关系和类排除（class exclusion）关系。斯多葛学派（Stoics）曾对亚里士多德的命题逻辑提出了新的和更为一般的分析。此后，形式逻辑（formal logic）的研究经历了几次大的变化，包括近年来提出的择代逻辑（alternative logics）、直觉逻辑（intuitionist logics，例如 Dummett 2000，Prawitz 1980）、相干逻辑（relevance logics，Read 1988，1994）、所谓的模糊逻辑（fuzzy logics, Zadeh 1987，Haack 1996）以及其他逻辑系统，它们否认二值原则（principle of bivalence）或不矛盾原则或两者都否定（例如 Priest and Routley 1989，Putnam 1975a：ch. 9，1983：ch. 15）。对于后一种情况我会有较多的讨论。

本章要探讨的第一个问题是，在多大程度上或什么意义上，形式逻辑的那套东西能够声称是普遍有效的。第一个很自然的反应可能是，我们无论采用什么逻辑系统，它**必须**是普遍适用的。按照这种观点，评价这样一个逻辑系统的标准之一是，它是否能准确地运用到所有的人类交流中。否认逻辑规则的普遍适用性意味着在不同的概念框架之间存在一种根本的不可通约性（incommensurability）。当面对世界上不同的古代文化和现代文化的信仰体系中已被证实的明显多样性时，确实有一些人会这么认为。但这是一种夸张的反应。如我在第一章中已经指出的，这种观点首先会遇到经验上的反驳，其次会面临逻辑上的困难。

从经验的角度看，不存在一种已被证实了的、无法与之交流的人类社会，尽管有点费力，相互理解——可以肯定总是不完美的——往往是可以做到的。从逻辑上说，如果我们确实遇到一种用我们的词语不可理解的概念图式，那么根据定义，我们就不能弄懂它的意思。列维-布留尔（Lévy-Bruhl）关于原始思维（primitive mentality）的观点中，不可思议的一点是，他宣称原始思维靠一种不同的逻辑参与其中，这意味着不矛盾律被打破或中止。然而，在那种情况下，他认为交流如何得以进行，却是个谜。

但是假设极端的不可通约性排除了任何进一步的研究——可是其他的社会**激励**进一步的研究——这并没有回答逻辑的普遍适用性问题。这个问题亟须澄清，我们可以从两方面入手，其一是十分直截了当的，其二稍微有点复杂，并把我们带入问题的核心。

是否存在其他可选择的逻辑系统，这个问题的答案在某种意义上必须是简简单单的"是"。正如已经指出的，支配着真值条件、一致性和严格有效性的形式逻辑规则，已经并继续提供着各种相互竞争的分析。我不是要为这些否认二值原则或矛盾原则、或容许模糊性的其他可选逻辑体系辩护什么。如果要说什么，那么在我看来，保留二值原则和矛盾原则的标准意见，是迄今更为可取的观点。然而，即使技术上的争议得到了解决（因为形式逻辑学家们是非常顽强的争辩者，我有点怀疑**解决**的真正可能性），那仍旧仅仅是形式逻辑层面上的解决。

但是还有一些更为困难的问题，它们与形式逻辑本身内部的问题无关，而是牵涉到形式逻辑在实际的、非形式的推理过程中的适用性。换句话说，如果形式逻辑失效了，那么什么样的逻辑规则应该被推举出来说明这种推理呢？实际上，我们自己的推理经验使我们明白，而且正如任何历史考察也都充分证明了的，对包括不矛盾原则在内的形式逻辑规则的**明显**违背，是经常发生的事。但是这些违背更有可能构成对解释的挑战（正如我在第一章中指出过的）。自相矛盾（self-contradiction）最初是运用于合适公式（well-formed formulae，简写成 wffs）的概念。但是，除非我们在做逻辑题目，我们通常不用合式公式来交流。我们甚至也不常用完全命题（complete propositions）* 的方式来交流。我们所作的许多陈述和它们之间的联系大部分是隐讳、含蓄的。此外，我们要传达的意思不仅仅是我们说了什么，还有我们是怎么说的，更别说还有我们的肢体语言。

---

* 　指完全列举大前提、小前提和结论的三段论推理。——译者

以上这些评论尤其适用于普通的交谈。但是它们与哲学和科学也是相关的。任何对严格的单义性（univocity）的违背都要破坏演绎的有效性。而大多数哲学和科学使用的术语都有非常显著的语义延伸（semantic stretch）。它们不但不具有、也没有给予严格的定义，而且哲学和科学的丰富性也经常制造大量显著的语义延伸。要求在限定的语境中给出术语的明确定义，也许是一种合理的质询：但是所有的形而上学和绝大多数创造性科学，都依赖于对关键术语的开发运用，而远超其字面的含义。[1]

为了分析我们通常实际使用的推理过程，我们需要的与其说是一种形式逻辑，还不如说是一种非形式逻辑（informal logic）——当然语用学已经在这一点上取得了显著进展（Levinson 1983 给出了一个清晰的综述）。格赖斯（Grice）及其继承者的著作，如施佩贝尔和威尔逊的著作（Sperber and Wilson 1986），已经开始确立一些支配交流的基础规则。为了实现成功的沟通，一些合作原则需要被贯彻，这一点看上去已经达成了非常好的共识——尽管这些原则之间的精确关联，以及被施佩贝尔和威尔逊确立为理论核心的相干原则，还处在争议中。

以上这些并不强有力地表示了在同一个社会或甚至同一个团组的成员之间的**所有**交流都是成功的，更不用说在不同社会的成员之间了。但是我们有希望得到一个更好的关于交流模式的种类概念，这种交流模式对交流**什么**、**怎么**交流有直接影响。

一个关于含糊性（vagueness）的例子会有助于说明这一点。在传统的观点看来，含糊性对于任何一个要具有合式公式地位的候选对象来说当然都是一个缺陷。在那种语境下含糊性是**失败**的标记（例如，见 Putnam 1983：ch.15）。但是含糊性能反映交流者之间关系的各个方面：含糊性可能是礼貌的标记。再者，在一次解释中，含糊性可能既不是一种命题形式的缺陷，也与礼貌问题无关，而是犹豫的标记，它与所提出的解释的范围或局限性有关。

对于逻辑一致性也可以作同样的考察。有两个例子可说明希腊和中国的著述者对此都是很清楚的。癫痫病一度被看作是由神引起的，希波克拉底医派的一篇论文《论圣病》（*On the Sacred Disease*，ch. 1）的作者对这种传统信仰进行了著名的抨击，他批评那些主张癫痫病能够通过符咒和斋戒加以治愈的人在逻辑上前后不一致。他们主张特别的虔行，然后他们的行动就能消除神的力量，这就是说人能够控制神。当然，虔行者自己如果有机会争辩的话（在我们的文献中他们没有机会），他们可能会说他们的治疗程序只是让神把健康重新还给了病人。通过这种办法，毫无疑问还有许多其他办法，他们能够反对任何关于不一致性的指控，来为他们的立场辩护，尽管这样的一些辩护可能会被看成是专门针对他们对手的攻击而作出的。

在古代中国的思想中，逻辑不一致性的问题有时通过矛和盾的故事来展开讨论，一个制造矛和盾的人吹嘘他的矛可以刺破**所有东西**，而他的盾可以**抵挡**所有东西的穿刺。[2]有人就问，假如用他的矛刺他的盾会怎样？这个例子成为认识和判别不一致性观念的标准方法之一。再次，如果有人来思考一下这个最初的声明，就会发现是两边在严格意义上都使用"所有东西"这个词而导致了矛盾，那么只要改述一下那个声明就可以很方便地保护逻辑一致性，代价就是放弃那个严格意义，并允许明显产生的全称声明有例外情况。

我们现在可以暂停一下，替一位比较历史学家来考察上面这一分析到底意味着什么。"存在一种共同逻辑吗？"如果我们不想陷入思维混乱，就必须消除在这个问题上所产生的歧义。对于形式逻辑学家间正在展开的争论，说他们实际上争辩的是择代逻辑，这是一种简单的意见。甚至，在这场争论中，是否必定只有一个最终获胜者，这个问题本身也是有争议的。虽然，形式逻辑不涉及实际交谈中的各种反响和多层面的复杂性，然而它涉及从交谈中抽象出来的东西，来研究有效性、无效性等等。形式逻辑考察满足合适公式标准的陈述，不考虑那些不满足标准的陈述。它要求术语在使用中的单义性，而普通的交流显然远不能满足这一要求。

在另一方面，语用学为自己设定了任务，去研究在普通交流中发现的实际推理形式。这里的目标也是要获得某种普遍适用原则，如合作原则、相干原则之类，来理解交谈中的暗示等等。然而，至关重要的差别是，语用学的**方法**是适用于特有语境的。有多少参与相互交流的个人或团组的不同关联，就有多少不同的合作模式。语用学与形式逻辑有着一样的目标，即获得某些一般规则，然而对于语用学而言，既然这些规则涉及实际的交流行为，它们在运用中必定跟交流行为的千变万化一样千变万化。

上述两类研究的差异，因为考虑了如何处理对抽象原则如不矛盾律的明显违背，而表现得非常鲜明。形式逻辑学家会指出，坚持对这种规律的否定会导致想得到什么就得到什么——排除了对无论什么推理链进行任何进一步的形式研究。语用学家则会去注意明显背离发生的语境或环境，看看它为着什么目的服务。这个陈述是不是故作惊人之语？或者是故作神秘？或者是在正式提示对话者，这不是一个普通的谈话题目？或者实际上是发生了一个错误？

我们没有必要要求假设诸如与原始思维假说有关的那种择代逻辑：事实上这么做将会妨碍理解而不是增进理解。我们需要弄清楚其意义的那些语用学交流规则正是专家正在研究的题目。它们以某种方式提供了一种普通的**非形式**逻辑的起点，没有理由认为它不适用于所有的自然语言。[3]然而，正如已经解释过的，语用学规则在不同的语境中会有不同的运用方式。

如果不遵守相干原则和合作原则，那么交流就会中断。但同等重要的是，交流也部分依赖于交流的主题和交流者双方。这也是形式逻辑专家正在研究的一个课题：但有一个主要的例外，我们将在稍后简要论之，它不怎么涉及历史学家所面临的解释问题。

然后，我们必须把应有的注意力集中到不同交流方式的种类上去了，根据这些交流方式我们可以弄明白交流的意思。有些陈述一开始难以解释，但仅仅是一开始。我说过，一些悖论是被故意提出来的质疑——必须通过人们的想象力来对付它，没有必定成功的保证，尽管在解释训练中从来没有任何这样的保证。一些陈述是故作神秘的，我们也许能、也许不能来界定我们面对的这一类神秘事物。正如我在第一章中提到的，在某些情形中，我们能把握的唯一可理解性是在二阶层面上的，即认识到不可理解之陈述的不可理解性。我们经常没有办法去诊断那些明显的无意义之事背后的意义。当涉及一些复杂的解释，为理解整个世界这样的深奥问题提供解答，我们可能难以说明这些解释到底确切在说些什么，更别说弄清楚为什么有这样的解释，虽然有时这无关乎任何事情的**确切**表述。然而这也并不必然意味着没有说出任何有意义的东西。

以上这段浓缩的说明对一些问题作出了一个解答或澄清，这些问题伴随着择代逻辑观念的一些运用而产生。在对形式逻辑有效性的概说中，我提到了历史学家的解释工作对这种有效性提出了异议。这其实是这样的一个问题：当源自形式分析的某些区别变得清晰，对话者能够将之运用到对他们正在讨论的陈述的评论和质疑中去时，它能带来什么样的差异。

我们的两种古代文明都提供了说明这一点的例子，虽然在希腊的情况比在中国稍稍突出一点。为了认清两种古代文明是怎样产生清晰的逻辑分类概念和不同的推理模式，我们需要稍稍往回退一点，以便首先来考虑古人展示出来的对说服技巧的兴趣；其次在更为一般层面上考察他们对待争论的态度；第三探讨他们确定和命名逻辑错误的词汇表的发展。

古代中国和古代希腊都对说服有强烈的兴趣，虽然这种兴趣的本质在某些方面体现出不同。对于希腊修辞学的几种主要运用类型，中国人并不关心。中国古代没有对应于希腊法庭的东西，在希腊法庭上，普通公民通过抽签选出来的审判官，听取起诉方和辩护方的争辩，然后负责决断有罪一方，并当场宣告判决——同时扮演了陪审团和法官的角色。相反，在中国古代人们通常关注的是如何说服君主和他的臣子，或那些占据要位的有权有势者——为了达到这个目的，要把人说得团团转，但不能被**看出**有故意操纵的意思。这些说辞，譬如《韩非子·说难》篇，表现出来的精明和世故，远远超越在古典希腊时期的修辞学手册中能找到的任何东西。[4]

其次，在某些类型的争辩中表达不赞成的意见，古代中国人与古希腊人表现得一样能干。例如，"辩"字可以用作能言善辩的贬义词，与希腊语"好辩"（*eristike*）一词的用法完全一样。然而，除了一些例外，在中国文献中对控告的关注不那么讲究争辩推理的逻辑技巧，因为这样的行为是良好礼仪的一种缺失，事实上是推理者道德败坏的一个信号（参看下文有关柏拉图的注释9）。

类似地，悖论在中国被置之不理，只是因为这是浪费时间，是聪明才智没有用对地方的症状。它并未经常成为积极探讨语言使用特点的良机。

然而，在中国文献中我们确实发现了对不一致性问题的清楚认识。我提到过，这一点有时是通过无坚不摧的矛和无法刺穿的盾的故事来表达的。但是，还有一个清楚的词汇被用来表达这个意思。例如"悖"用来指称因为矛盾而自相驳斥的主张。⁵《墨经》中有一篇竭力要表明这样一个意思：说自己所说的一切都是矛盾的这一说法本身是自相矛盾的。⁶于是这里有一个重要的概念工具被用于评估争论，它提供了与希腊对此类问题的兴趣进行比较的起点。然而希腊为这一目的而发展起来的术语库是非常庞大的。

这里给出一些关于这种发展规模的概念：亚里士多德在《题论》（*Topics*）中确立了 4 类主要的谬误论证（fallacious argument）⁷和回避问题的 5 种类型，然后继之于专门的一篇《辩谬篇》（*Sophistical Refutations*），其中把依赖于语言的明显错谬的反驳法分成了不少于 6 类，更有另外 7 类不依赖于语言。⁸亚里士多德一步一步展示的这些内容，显然是想仿效柏拉图，试图整理出推理和推理者类型的数目。三段论可以是论证的、辩证的或辩论的，对这一点颇有争议（*Topics* 100ᵃ27—101ᵃ4）。辩证论证又区别于说教论证、试探论证，这在《辩谬篇》（165ᵃ38 ff.）中也是争议不已，辩证家区别于雄辩家和诡辩家，辩证法也不同于哲学［《形而上学》（*Metaphysics* 1004ᵇ17—26）］。

这些对不同论证种类的区分，部分涉及参与讨论和辩论的人的不同动机类型（取胜、名声、挣钱、探索真理）；部分依赖于论证本身的形式特征。在辩论过程中发问者和答辩者——事实上还有听众——的角色被界定，公平的策略与不公平的策略得以区别（在《辩谬篇》171ᵇ22 ff.中与体育竞赛中的作弊作了比较），亚里士多德在此再次利用了富藏于柏拉图有关《对谈篇》中的类似观点，如《普罗塔哥拉篇》（*Protagoras*）、《高尔吉亚篇》（*Gorgias*）、《欧绪德谟篇》

（*Euthydemus*）、《斐德罗篇》（*Phaedrus*）和《智者篇》（*Sophist*）等（参阅 Lloyd 1979：100 f.）。[9]

但是，我们现在必须要问，我们正在讨论的这两个古代社会，他们对一些问题的兴趣在某些领域有重叠，在别的地方又有分歧，这到底说明了什么？如果前述的论证能够被接受，这些差异没有告诉我们任何极端不可通约的思想体系。它们不会导致任何大意如下的结论，即这个社会的逻辑不同于另一个社会的逻辑，或这个时代的逻辑不同于另一个时代的逻辑。确实不同的，是那些原理或规则能够被调用来在人与人之间的交流中对不同类型的推理作出批评的可用性——不管这种调用在上下文中是公平的还是不择手段的。

我们发现的这些差异，体现了那些人际交流规则中的不同利益和利害关系，因而这些差异当然会、并确实随着情况的变化而发生变化。我们可以注意到，至少在公元前 5 世纪中叶以后，在希腊有大量的精力投入到了对这些问题的研究之中。

一方面，为了对论证的模式和在论证中使用的花招作出描述和判断，发展出了一套丰富而详尽的专门术语，它们反映了希腊思想和生活中好辩和对抗的天性。另一方面，一旦那些论证模式的区别已经被弄清楚，它们所有的实用性都为竞争**作出贡献**。这种情况远远延伸到逻辑问题之外，一直到所有语言使用方面的基本问题，例如，影响到了亚里士多德关于"字面的"和"隐喻的"这样的两分法主张。一旦他判定对手的理论中有不照字面意思使用的情况，他就会提出质疑。以恩培多克勒的"海洋是大地的汗水"这一观点为例，照字面意义，海洋是汗水吗？如果是，就会有问题。如果不是，那么要求恩培多克勒说明这个隐喻是**为了**表达什么。[10]

在希腊的这些发展中，亚里士多德确实是一位关键人物，虽然正如已经指出的，他的形式逻辑不是希腊古典时期提出的唯一体系。但是，对于我们自己所关注的东西而言至关重要的一点是，亚里士多德把他的逻辑用到了有关证明理论的工作中。三段论固然部分是因为它自身的原因而被研究，但是《前分析篇》（*Prior Analytics*）为《后分析篇》（*Posterior Analytics*）提供基础的方式甚至更为重要。在那个理论中，要达到的目标是提供必要的方法来获得结论，这些结论不仅要满足有效论证的规则，而且还要是真的，甚至是必然的和确定无疑的。

因此，通过上述讨论我强调了形式逻辑和语用学之间的区别，尽管如此，我们可以看到亚里士多德坚决主张前者与后者的关联。于是一切便都依赖于，在非形式推理过程中使用的术语，必须满足严格的三段论推理有效性所依赖的单义性标准，然而当我们着手进行科学或形而上学的艰苦工作时，就越来越难以满足这些标准——正如我实际上主张的，亚里士多德本人在他的形而上学和特别是动物学的篇章中，就有迹象表明他认识到难以满足这种标准（参阅 Lloyd 1996b）。

然而他的最终目的不仅仅是变得有说服力——虽然正如他说过的，真理是最有说服力的。从某一个角度来看，他对论证的分析担负着赢得辩论、并让对手闭嘴的任务。当然，形式逻辑原则上提供了一整套客观的规则，并通过它们来评价那些论证，又根据这些规则，结合所提出问题的要点，来评估那些问题提出者的优点和缺点。所以，从另一个角度看，目标是要得到任何人都不得不同意的东西，一个无可置疑的真理。而那些客观的规则能够转变成有效的辩论工具——实际上亚里士多德就是这么使用规则的。

最后的反讽是，恰恰是亚里士多德本人在另一种道德语境下，非常明确地指出了推理和**品性**的关系。这是当他在分析他称之为实践推理的时候给出的。在分析中，他强调知性美德（intellectual virtue）、实践智慧（*phronesis*）和道德操守（moral virtues）的相互依赖性。我们能够谈论有关伦理问题的推理技巧，这些伦理问题脱离了品性的善。但他说，那仅仅是机智。反之，品性的善若不具备实践智慧的知性美德，只是一种纯粹**自然的**美德，那就根本不是真正道德上的美德。[11]

乍看之下，这样的主张是令人吃惊的，尤其是从亚里士多德口中说出来，他曾在他的形式逻辑内如此强调对论证图式进行纯粹抽象分析的可能性。然而，这种与自我反省的相互依赖性是能够得到辩护的，甚至还反映了一个深刻的真理。譬如，一个贪婪的人通过推理得到结论，知道了他或她在特定的环境中该作出什么样的道德选择，这难道不正好**反映**了他或她的品性吗？我们经常在合理化（rationalization）的名义下承认这点，但是没有理由把这种现象限定在这样显眼的案例上。实践智慧涉及把所有单独案例的详细情况都考虑进去。正如亚里士多德不厌其烦地说的，勇敢首先是一种坚定的性格，然而同样还反映对恐惧所采取的合适应对。一个人不仅必须知道情况有多么危险，他所采取的不同行动的各种后果，而且还必须对譬如容易胆怯、有勇无谋等保持**自我**戒备和意识清醒，并时刻准备摆脱那种倾向。道德美德对我们来说是一位吝啬的亲戚，我们必须对我们自己的品性和性格保持头脑清醒。

所有这些都表明，亚里士多德很敏锐地意识到个人性格可能确实会反映到推理当中。同一个亚里士多德也认为某些**理论**推理模式并**不**产生作用。他认为数学家在其专业领域里的技能与他们是什么样的一类人是无关的。[12]这一观点也许可以被接受，然而两种研究类型之间的区别也许没有亚里士多德自己明显想表达的那么轮廓分明。至少，在他所认为的理论推理问题上，我们可以坚持说，当涉及一种世界观或一种宇宙学的主要组成部分时，很难接受在这种语境中的推理是**纯**

粹客观的，因为，一种世界观受限于人类对自己在宇宙中的地位的认识，而这不可避免地退回到道德、政治、社会学（甚至我们可以说意识形态）中。一种世界观由哪些东西组成，怎样或在什么条件下我们才能同意只有一个世界供我们观察这一观念，我将在第七章中来讨论这些问题。

现在我可以总结一下本章的主要论点。对我们开始提出的问题——存在一种共同逻辑吗？——的解答，旨在消除"逻辑"一词可能包含的歧义。形式逻辑和语用学两者都是专家研究的领域，其中不同观点之间的争论颇为活跃。在那个意义上，我们可以谈论两个领域内的不同选择——作为可选的形式逻辑和作为可选的语用学规则（交流对话的语用学因这些规则而变得有意义）。然而，两者都没用授权我们谈论不同社会中的不同逻辑，或不同自然语言中的隐讳暗示。这些自然语言展示了它们独特的语法，当然也有它们自己的语义学。[13]但是没有什么东西表明它们偏离了专家在争论的主题。

不同逻辑在不同社会中发挥作用，这一论断一般源自对演说行为本质的混淆，这种演说行为似乎背离形式逻辑的规范。但是通过语用学手段的影响，以及分析交流发生的情境，那些背离就能够并且必须被理解。那固然并不能解决所有困难：许多费解的陈述或行为举止还无法解释，不仅仅是那些我们怀疑是故作神秘的事情。但是剩下的困难并不支持任何此类观点，即如果我们进入一种形式逻辑系统的建构时，我们必须作出调整以克服各种差异，这些差异反映了不同自然语言之间的区别。

古代社会和现代社会确实不同，然而这不同之处仅仅在于不同的兴趣程度，这些兴趣表现在研究论证的形式、分析它们的长处和弱点等等方面。这其中的一些兴趣在于纯粹的智力问题上，我们把它们归类为形式逻辑。然而，特别是在古希腊，形式逻辑对论证模式作出的清楚区分影响到辩证法和修辞学，被用来赢得争论或反对对手。中国古代比较缺乏用于辩论情形的逻辑学和语言学分类，但这并不反映一种不同的潜在或隐含的形式逻辑：这甚至也不反映一种不同的非形式逻辑或一组不同的语用学原则。反而它给了我们一些暗示，某些行为举止的规范控制着某些方式，在中国人的生活和思想中，人际交流就是受到了这些方式（或原则上应该以这种方式）的引导。

我们在两个已经讨论过的古代社会中发现的差别，对于评估它们各自培育起来的探究本质和风格来说，无疑是很重要的。但是这些明显不同的研究风格能够并确实发展了起来——在以后的章节中我们将更详细地看到——不管有无一种显著的兴趣，甚至一种对逻辑形式问题的专注。在任何有效的推理中，当然也在哲学和科学中，一致性是一种优点，清晰性和避免歧义性也是一种优点。然而我们不得不在所有交流模式中允许语义延伸。单义性是一种理想或限制情形，不能作为可理解性的标准来持有。所以，如果我们追求理解我们或古人所进行的研究的本质，那么形式逻辑的考察能带我们走多远，对此我们不应自欺欺人。然而，还有一个剩下的问题，也许被保留在了我们对古代希腊和中国关于逻辑的清晰区分所作的不同程度的精心阐释的分析中，它涉及在辩论中可用来冲锋陷阵的各种武器。我们将在对不同研究风格的进一步讨论中回到这个问题上来。

第五章　探索真理

　　毫无疑问，所有的社会都关心真理，难道不是吗？但是他们都拥有相同的真理观念吗？而我们认为的什么东西才是对"真理"这个概念的正确分析呢？

　　对于上面最后一个问题，时至今日仍旧有层出不穷的真理符合论（correspondence theories of truth），彼此争论不休，难以统一，而我们似乎面临着一个固有的两难困境。不存在通往"外部"实在的**直接**入口——这种入口不以语词为媒介，语词或多或少都负载着理论。但是，如果不可能在这种严格意义上符合实在，一种勉强一致的真理学说显然是不充分的。对任何一套陈述或信仰，只凭其有内在的一致性，就认为其真，这显然是无益的——因为对于许多这样的胡说八道，我们司空见惯了。同样，把被一小群人，甚至可能是一群诸如科学家或哲学家这样的专家接受的东西当作是真的，也是无益的。科学史和科学哲学提供了许多这样的理论案例，它们一度被接受为真理，只在一二代人之后就被抛弃。

此外，关于我上面提出的第一个问题，一些认真的学者声称古代中国人**没有**真理概念。[1]我不同意这个观点，但由此清楚地提出了不同社会中真理观念的相对性问题，以及这种真理概念并不普遍适用的可能性问题。只要对古代希腊思想稍作了解，就可确认大致可译作"真理"的 *aletheia* 一词，是巴门尼德（Parmenides）以后希腊认识论关注的核心，而且因为那个术语以及与它同词源的名词与通常表示存在的词族（*einai*，*on*，*ontos*，*ousia*）紧密相关，所以它在希腊的本体论和宇宙论中显然也起着核心作用。但是那些古希腊人对真理也有跟我们一样的困惑吗？并且，为什么初看起来两种古代社会显示出如此鲜明的反差，一个专注于真理，另一个好像没有一丁点这样的专注？

　　在本章的前面两部分，我将首先针对希腊人、然后针对中国人在以上这些问题上的思考，简要概述我的基本观点，接着在第三和第四部分针对现代的争论提出一些可能的推断。对历史材料的反思凸显出这个问题——对我们而言——我们该期待什么样的真理学说？这应该是一个作抽象哲理推究、解决事物必然如此的知识领域吗？这个问题的答案会提供给我们一个有利位置，凭此我们可以判断那些竞争中的真理观点和实际上的真理主张这两者的实际表现。或者我们应该把我们的注意力从实际表现上转移开来，把它当作我们要解释的对象，并在某种意义上把目标定为拯救现象？历史的首要功能可能仅仅是为我们必须作出裁定的情势提供一些背景。历史其次的用处——也是我偏爱的——更在于帮助确认一些我们需要说明的现象，并以这种方式帮助解决或至少澄清一些哲学问题。

　　比较历史学分析在这里——也如在别处经常发生的那样——不是要紧紧把住**这一个**希腊真理概念、**那一个**中国真理概念，然后作比对，就好像在希腊和中国都只有一个真理概念那样。在希腊和中国这两种情形中，我们要处理的是一个或多或少与各种实践活动有紧密联系的概念复合体，而我们将会发现在对待真理的态度方面，实践活动与清晰的理论同样具有说服力。但我的反一般化观点在直接面对一些希腊资料之后可立刻得到清楚展现。

非常宽泛地说，我们可以把希腊关于真理的见解分成三个主要派别，我们现代的有关争论或多或少都源自这三派之间的论战。他们是客观主义者、相对论者和怀疑论者。每派都以不同形式出现。属于第一个阵营的巴门尼德把真理和必然性联系起来。"它是即它不能不是"：那就是你在**真理之路**上的起跑点（Fr.2）。但是柏拉图解开了真理与必然性的联系之结。真理是知识（或理解）的必要条件，但不是充分条件，因为观点可真可假。在《智者篇》（263b）中真理和谬误被当作陈述的属性加以分析：真理说的是存在的事物，谬误说的是不存在的事物。但这并没有阻止柏拉图和任何其他希腊人继续将"真"（*alethes*）和"假"（*pseudes*）这两个谓词直接用于对象。

亚里士多德跟随柏拉图的引导，在《范畴篇》（*Categories*，2^a4 ff.）中更为断然地宣称，尽管每个肯定陈述和否定陈述必然是非真即假的（排中律），但陈述中没有组合的东西没有什么是真的或假的。在他给出的四个例子——人、白/明亮、跑、征服——中，后面两个是直截了当的，因为在希腊语中，一个主语完全可能通过这样的动词来说清楚。然而他接着还把"真的"用作真实的同义词［被当做真实的东西刚好与只是看上去真实的东西相反，《修辞学》（*Rhetoric* 1375^b3 f.）］。真实的实在和仅仅为表面的实在之间的对照提供了他整个哲学计划中主要而清晰的策略之一，这一点与柏拉图的做法一样，尽管他们两位在对终极实在问题的考虑上有根本的分歧。

　　我本应该再多说一些关于亚里士多德及其追随者们对真理和证明过程的探讨，但是现在让我来介绍其他主要的希腊真理见解种类。除了实在论者阵营内部的意见不一致之外，还有其他人从外面来表达反对意见，他们不同意在外表背后还有一个客观实在可以把握。柏拉图是相对主义立场的主要见证人之一（并且是充满敌意的一位）。在《泰阿泰德篇》（*Theaetetus* 151e ff.）中他描述了普罗塔哥拉的主张：人是万物的尺度，人觉得是什么（或怎样），那就是什么（或怎样）；人觉得不是什么（或怎样），那就不是什么（或怎样）。对我来说表现为热的东西那它对我而言就是热的，即使对你而言它可以表现为冷的（那它对你而言就是冷的）。在柏拉图发展普罗塔哥拉的见解时，同样的相对化原则不仅运用到表示可感知事物的谓语上，也运用于道德品质上，如好、坏；公正、不公正等。这也没关系，因为我们这里的目的是要弄清楚哪里是普罗塔哥拉自己的观点结束而柏拉图的阐释取而代之之处——因为我们在这里关心的是什么见解被细究了而不是谁在细究这些见解。塞克斯都（Sextus）对柏拉图书中的普罗塔哥拉和他所拥有的无论哪种其他原始资料中的普罗塔哥拉，无疑作出了差不多同样的回应，概言之：[2]真理是相对的东西，因为展现在某人面前或被某人相信的每一个事物，对那个人而言立刻变成真的了。

　　对客观主义真理观的其他主要挑战来自怀疑论一边，它也不是单一论题而是一组论题。[3]一些人否认获取有关隐藏的实在或不可见原因的知识的可能性，不过不久就被抓住了把柄，因为这种否认不得不基于一些标准，这就背离了怀疑论者力求鼓吹的那些原则，并因此容易受到自我驳斥的指控。在那些接受所谓的消极独断论观点的人当中，皮浪主义（Pyrrhonian）怀疑论者采取较为安全的路线，他们限制对隐藏的实在作出判断。物理客体的最终组成部分是原子，或土、水、气和火，或任何东西，也许是那样，也许不是那样。但不存在什么标准可在其上为作出判断构建一个基础。感觉是不可靠的，但推理也一样不可靠，所以判断应该暂停作出。正如我们从塞克斯都那里见到的，希腊化时期的皮浪主义怀疑论者巧妙地利用了物理理论、宇宙学甚至伦理学中的明显僵局，他们声称，对于那些超越了表面现象的问题，在论辩的这一方可以说这么多，在另一方正好也可以说同样多（等价原理）。然而早在公元前 5 世纪，高尔吉亚（Gorgias）就已经发出了挑战邀请——向巴门尼德和埃利亚学派（Eleatics）以及任何对实在提出什么主张的人发出了挑战。在《论虚无》（*On Not-Being*）中他提出，首先 "无"是存在的；其次，如果它确实存在，它不能被认识；第三，如果它确实存在并被认识了，它不能与其他任何人交流。

这些有着剧烈冲突的关于存在和真理的希腊观点是众所周知的。我在这里回顾它们，首先是为了强调不存在一个特定的希腊真理概念。希腊人不仅仅是不同意对这些问题的回答，而且他们还不同意这些问题本身。真理就是与客观实在相符合吗？或仅仅只是具有内部的一致性？或在一些个人或团组看起来是，就是真理了？我们现代的有关争论的主要线索可以回溯到这些希腊论战——当然尽管有一些重要的差别，譬如，首先是被一些古代先验实在论者援引的实在观念与现在的观念有了差别，其次在于古代怀疑论的激进本性，即对于信仰和知识的暂停判断问题。这样古代怀疑论者留给自己的出路只能是单独以表面现象为生了。因为哲学已经变得更加学术化，一些现代怀疑论者（当然尽管不是所有）更多地把他们的怀疑论当作对一个理论问题的抽象解答，而不是一种生活的指南。

但是在希腊古典时期，相互竞争的宇宙学、本体论和伦理学理论就已经陷入了无休止的论战，在一些实质问题上的对抗是促进二阶研究发展的主要因素，我在上一章中讨论过这种二阶研究。在希腊这种经常性的尖锐敌对情形——我在别处描绘过这种情形（Lloyd 1996a）——中，想要成为**真理主人**的人，寻求通过战胜所有其他有成功希望的人来建立他们的名声，他们中的大部分人认识到，为了支持他们在一阶问题上的观点，首先需要在诸如他们声称的超越别人的知识或理解的基础是什么之类的二阶问题上，有一套深思熟虑的回应方案。

然而不是所有的希腊人都直接关心基本实在的问题。如果我们来考察一下像历史学家或演说家这样的著述者如何借助于真理或真相，就会知道在他们那里重要的问题与一些终极标准无关，而是与诸如证人的诚实性、报告的精确性和意图的判断之类的事情相关。例如，修昔底德（Thucydides）是这个著述者谱系中位于更为理论化一端的一位，他说伯罗奔尼撒战争最真实的原因——相对于所谓的和表面的原因——是雅典人的野心激起了斯巴达人的恐惧（I 23）。

此外，公元前 5 世纪和公元前 4 世纪的演说家在追求真相问题上提供了大量的例证。比如，利西亚斯（Lysias）的演说《论埃拉托色尼之死》（*On the Murder of Eratosthenes*）展示了一系列标准的步骤。首先（I 5）演说者郑重声明他不会忽略任何事情，他会说出真相，仔细审察发生的任何事情（参阅原文："全部真相并且只有真相"）。他声称（I 18），他询问了那个作为关键证人的少女奴隶，威胁她如果不说真话就揍她，以确保（他就是这么说的）她说出真相。关于原告，即那些作恶者，他说（I 28）他们不同意他们的对手会说真话，他们会说谎，并在他们的听众中激发愤怒，来反对公正执法的人。事实上，证人的可信度确实备受争议，尤其当他们是奴隶的时候更是如此。一些人争辩说奴隶只有在拷打下才会说真话，而另一些人则考虑到在那种情况下奴隶会说出任何事情来让拷打停止。[4]

在自然哲学家和科学家那里，用于检查或证明结果的实际步骤通常比有关问题的简明理论复杂。亚里士多德在《后分析篇》中确立了严格论证的理论，按照从最初的前提经有效的演绎到不容置疑的结论这样的步骤进行。在这个方案中，最初的基本假设（公理、定义、假说）本身是不可证明的（处于一种无限回归的烦恼境地）而是自明的。然而实际上，正如我已经说过的，他很少，即使不是从未，在他的物理学著作中坚持严格使用这样的论证模式。

例如，他在《论天》（*On the Heavens* II ch. 14）中对球形大地的证明，在利用抽象论证和经验考虑方面都是典型的。前者包括了重物体都趋向同一个点这一观点：它们不是沿着平行线下落的，而是沿着趋向宇宙中心的路线下落，这个宇宙的中心被认为恰好是地球的中心。这种做法可能会被认为是在回避问题，但是他也有表明大地为球形的经验证据：（1）月蚀时地球阴影的形状（但是这样你就必须知道月蚀的成因是由于地球的介入）；（2）地平线以上星座可视性的变化，以及当观测者向南走时那些永远不落的星座的变化情况（这点说明至少在南北方向上的地面形状是凸起的）。

除了数学之外，在其他情形下公理—演绎证明模型的明显问题就是难以确保自明性公理。希腊人在数学以外的大多数努力都是让人心虚的如意算盘，甚至在数学内部，对欧几里得平行公设的热烈争论，说明该公理的自明性声明受到了质疑。但是在数学和其他地方，你可以勉强接受真理，而不是去证明确定性。阿基米德告诉我们，德谟克利特知道圆柱体及其内接圆锥之间的体积关系，尽管直到欧多克斯那个结果才得到证明。[5]如果德谟克利特没证明这一点，那他是怎么得到这个 3 比 1 的比率的呢？我们无法得知这点。但是这正好提醒了我们，他能够用各种方法来做出这个发现。而且，这是一个正确的结论。

在其他一些更经验主义的语境中，譬如我们发现，希波克拉底医派的论著《论心脏》（*On the Heart*），说明了基于大动脉和我们称之为的肺部动脉的心脏瓣膜的功能，即通过收缩和释放，迫使水和空气通过它们返回。[6]此外，盖仑令人注目地证明了喉返神经的功能，他通过切断一头活猪的喉返神经来做到这一点，这个手术能一下子让猪停止发出叫声。[7]在这个例子中，戏剧性无疑是盖仑要追求的效果之一。但是在一个接一个这样的案例中，我们不禁要问，论证的程序是否被正确执行了？它们是否确保了结论的正确性？虽然根据稍后的标准能够并应该给予评估，但在第一个例子中，**他们的**方案在什么地方是应用正确？这不是说我们似乎必须坚持古人的标准来判断什么才算一个好的经验检验，因为无论过去还是现在，有些时候一些专业人员评估他们自己的程序时，明显不如鉴定他们的对手的程序时那么挑剔和严格。

另外似乎值得强调的是，除了在需要提出重要的认识论见解的一些场合之外，在古希腊真理问题显得得失攸关的场合，论题的范围从讲真话一直延伸到检验和查询广大范围内的各种报告之真实性。但是此刻让我们转向中国人和他们所谓的真理概念缺失。

中国人进行哲学探讨的风格，在很多方面不同于那么多希腊人培育起来的好斗的对抗性（正如我们已经指出过的）。中国的读书人不习惯通过削弱对手的认识论和方法论假设来整个地破坏对手的观点。与希腊的情形类似，沟通交流的语境也是很重要的。希腊的辩论者经常采用法庭和议会上的辩论模式，[8]而中国的建议提出者们经常要面对这样的情况：他们要说服的是一个真正举足轻重的人，也就是君主（或他的大臣），即使他们提供的建议无关乎国家大事（情况经常如此）。

然而中国古代非但不缺乏真理概念，反而在主要的佛教影响进入之前，中国人在四种主要的语境下已经大大地强调了相关思想。[9]古代中国人在对陈述赋予真值方面没有任何困难，我们可以先从讨论这一点开始。这样做的最常见办法是通过标明事情是这样（"然"）或不是这样（"不然"）。

此外，"是"和"非"这对反义词被用来表明两个方面的对比：一方面是"是"和"对"，另一方面是"不是"和"错"。"是"进一步被用作指示性的"这"，又被用作表示肯定或赞成的"是"。公元前3世纪的荀子说过："说是就是是，说不是就是不是，这就是正直。"* 何莫邪（C. Harbsmeier）[10]把"是"译作"是"（what is），把"非"译作"不是"（what is not），与亚里士多德在《形而上学》（1051^{b}3 ff.）对什么是真理（*aletheuein*）的考虑形成一个对照。然而荀子的格言也说到把对叫做对，把错叫做错——这种情况叫做正直坦率**。

荀子认为对是非可以有十足的判断能力，而在《庄子·齐物论》中，[11]却令人注目地持有与荀子截然不同的观点，它强调肯定和否定都相对于一个观点而言。一个人认为的"是"，另一个人否定为"非"，在《庄子》看来，这就打破了试图作出是非区分的全部愿望。在某个方面，这甚至比普罗塔哥拉的相对主义走得还要远，因为它同意，某事可能是我们针对一个主题将之作相对化处理后产生的结

---

* 《荀子》中原文为：是谓是，非谓非，曰直。——译者
** 《荀子》中原文为：是是非非谓之知。——译者

果： 风对感觉到它是热的人而言**是**热的。在人们认为的"是"之间有各种差异，庄子从对这种差异的考察，以及在此类主张中所发生的变化出发，首先断定认为某事"是"的不可能性，尽管他承认在某种意义上你不得不依赖于"是"，此处他用了"因是"一词，而不是"为是"，后者是他认为某事确实如此时的措辞。毫无疑问，通过所有这一切，庄子的关注重点与其说是逻辑学和语言哲学，不如说是我们应该怎样生活。

第三，证实一个声称是正确的，这是在各种场合下都受到中国人关注的事情，他们还同样关注对表里是否如一的评估（例如，就人的品性而言，相当重要的是坦诚或真实的问题，经常用术语"诚"、"真"来表述）。孟子已经怀疑历史陈述的真实性（5A4，5A7）。历史学家司马迁没有特意强调，他自己的叙述**对比**于传奇故事和神话传说的历史真实性——修昔底德则声称他的历史不是纯粹的短暂娱乐，而是一种"永远的财富"（Ⅰ 21—22）。司马迁没有盛气凌人地把他自己跟他的先辈疏远开来，他经常表示他自己不能断言那些流传久远的神话传说的真实性： 他改正其他人在地理学和年代学方面的观点，他自己则在总体上表现为一位小心谨慎的事件记录者，尽心尽力地核查他自己记录的精确性。[12]

另外，荀子和王充两个人都同样质疑鬼怪和神灵。[13]尽管公理—演绎证明的概念对中国古代数学而言是陌生的，但是我们在中国的数学文献中发现了大量案例，说明那时的运算法则既有效又正确，正如刘徽当时作的评注，数学程序的结果是数量保持相等——因此真得以保持。[14]

第四，中国人对名称与事物之间的相符或不相符保持着长久的兴趣，即所谓的"正名"，这个传统主题可以追溯到孔子。从《论语》

经荀子等，[15]这个传统主题关注的不是语义学上的问题，而是行为和道德。除非名称与事物相符合，否则就会有灾难：譬如，社会等级就会混乱。但是纠正的措施却是在出人意料的方向上进行，因为并不是来改正名称以与事物相符合，而是改正事物来符合它们的真实名称（那些名称是圣贤和明君为建立合适的社会等级及其他制度而制定下来的）。

即使是这样一种匆忙的调查，也足够表明中国人在关于真理、知识和客观性问题上有重要反思，在某些情形下这种反思还是独具特色的。但这对于我在本章开头提出的有关真理争论的主要问题来说，意味着什么样的结论呢？一方面，我们可以使用比较历史学的方法来指出真理问题源自哪里。另一方面，我希望，这不仅仅可被用来确认一些问题，也能为解决这些问题稍作贡献。

对于与真理有关的问题，我们不应忽略其中的各个核心组成部分，如说出真相、真实性、核查、确保等等。威廉斯（Williams 2002）最近提出诚实和精确是真实和真理的一对孪生美德，但是对此我们应该小心。没有人能够肯定地说这是人类社会普遍关注的事情，至于附加其上的价值判断，我们应该确实要保持警觉，避免去假设跨文化的通用原则。我们反而不得不想起，至少在某些特定情况下，古希腊人对那些擅长撒谎和欺骗的人［譬如奥德修斯（Odysseus）］表达肯定的钦佩之情的方式。他们在巧智（*metis*）的名目下，称赞使用公平方法和犯规手段——前提是不被对手发现——取胜的能力和技巧。[16]另外，我们在下一章将考察巴思（Barth 1975）研究过的巴塔曼（Baktaman）的例子，在巴塔曼，一个人在成长过程中会受到长辈的故意误导和系统的谎言欺骗，以帮助他达到更高的理解水平，这一点是被普遍接受的。

说话者的诚实、证人的可靠性等，在这些情形中可以受到质疑，而且用来对它们进行核查的程序（当这种选择确实是可能的时候），也全都是千差万别。所期待的正确性和精确性的程度也是如此。一位工匠可以接受的圆周率近似值与一位数学家要达到的值不同。[17]对逻辑学家们而言，近似为真（approximately true）的概念带来一股歪风邪气，因为它破坏了继承的传递性（transitivity of entailment）。但是大量平常的人工计算多亏有了这样的近似。

在诚实和确保真实这些事情上有不少问题，对此要有清醒的认识，在希腊、中国和任何地方，这种认识都早于任何我们可以都贴上哲学的更别说科学的标签的那些东西。我们的比较历史学补充研究，让我们能够确认一些在真理和客观性这两个主题的发展过程中发挥作用的广泛社会因素。希腊和中国的两种推理风格都反映了研究者所处的境遇，包括他们的"事业机遇"，他们怎么谋生，他们希望说服的对象等。譬如，在希腊，负有重大职责的认识论（heavy-duty epistemology）似乎是由于支持反直觉主张（counter-intuitive claims）的需要应运而生，通过这些反直觉主张，**真理主人**希望博取他们的名声——而他们也想搞出那套负有重大职责的认识论来。

相对主义者也许也会因以下事实而振作起精神来：历史反反复复地表明，绝大多数被那些曾信以为真的人宣称为客观真实的物理学和哲学主张，最后证明都无法让那一群支持者深信不疑。然而，客观主义者显然不能仅仅满足于由一群人、甚至自封的专家同意的东西。在法庭上调查事情实际发生的经过和原因的标准程序也——有限度和有保留地——适用于其他情形。事实需要再现，事件的次序需要确定，意图需要评估，尽管艰难，此事还是得做，哪怕甚至永远得不到最后的判决。正如老生常谈所说的那样，在对物理现象的研究中，对观测和实验的结果的陈述等，它们本身从来都不是价值中立（value-free）的。但这里有一个理论负载的程度问题，我们会充分利用这一点以做得更好，甚至在面对排中律的需求时。真值表（truth tables）和二值原则对于合适公式而言是很精巧的：但是我强调了在当真理受到怀疑时的绝大多数场合下，合适公式就不再通行了。

从这一比较分析中我得到的是一个多元论的教训。确保真实性的程式无疑与问题情境有关。在今天的科学研究中，证实采取的方式在100年前做梦也想不到，更别说在你所在的这个世界角落的古代。随着能被暂时确证的东西的范围增大，一种要超越这个范围的更具意义的东西也随之增加——不仅仅是海森伯（Heisenberg）不确定性原理所指的那种情形。

真理问题的多样性表现需要特定背景或至少特定领域内的回应，而不是呼唤单一的普适原理。[18]一种不经过中介而直接通向实在的符合，我说过，无论如何是做不到的。我们应该对那种一致性保持警惕，而一致性对大多数研究任务而言是不充分的。但那并不意味着追求真理是毫无指望的，并不得不宣布放弃——更别说我们还必须在全新的方向上，例如通过艺术或宗教，来寻找**这把**钥匙。正如我论证的，如果不存在一把**唯一**的钥匙，那么这更可能是增加了我们的困难而不是解脱了我们的苦难。

相反，在法律和历史、科学和哲学领域内，真理扮演着重要的角色*，发挥着重要的作用。人类（尤其是哲学家）的怀疑能力——要求证实一个断言的质疑通常因此而生——几乎是无限的，但这不等于说

---

* 此处的"角色"，原著用的是复数。——译者

这种怀疑总是合理的，尽管没有算法来告诉我们怀疑在什么时候是合理的。归根结底，亚里士多德的**实践智慧**（phronesis）比他对不容置疑性的追求似乎更中肯，而在这一点上，对那种追求完全显得陌生的中国人毫无疑问是会赞同的。

第六章　信仰的可疑性

信仰是怎么遭到质疑的？在什么类型的问题上、又是由谁提出质疑的？很显然，这些疑问带出了一系列理解探究之发展的关键性问题，而这些探究不仅是有关自然或外部世界的，也涉及其他方面。但是，一个居先的问题是：我们有权利把信仰当作一个跨文化的范畴吗？这个术语能把各个地方的人展示出来的认知态度、天赋才能、性格倾向等加以辨认吗？人种学（ethnography）* 研究文献中充塞着各种报告，展示着所研究的社会中人们所谓的信仰，但是这个术语是否适当？这一点带来的问题有时超过它被公认的程度。在"明显非理性信仰"范畴下讨论的那些研究案例中，可以尤其明显地看出这一点。我在前文提到过这样的观念：多兹人认为猎豹是基督教的动物，努尔人认为双胞胎是鸟变的——这里，多兹人或努尔人在这些观念中托付着什么（以及该如何解释它们），已经成为激烈争论的话题。

---

　　*　又译作人种志、人种史、民族志等，是人类学的一个分支，对特定人类文化进行科学的描述和分析。——译者

你不能认识那些实际情况并非如此的事情，这一普通的西方假设可能对人种学家产生了重要影响，让他们认为多兹人或努尔人是**相信**而不是**认识**了那些事物。有时对这些信仰的评价，似乎是从某位人种学家的立场出发的，而不是从他盘诘的研究对象的立场出发的。

然而，这里出现的第一个问题是，甚至连西方人经常宣称他们认识的那些东西后来也被证明是错误的，例如，地球位于宇宙中心的观点。当我们觉得我们没有处在有利位置，更有力地宣称自己知道时，我们就已经习惯于声称我们相信某一件事情（一个事实或一个命题）。可是在西方，甚至经常在普通的实证模式——以很容易被接受的标准——也没有的情况下，就宣称那些宗教布道知识。我知道我的救世主活着。一位异教人种学家面对一些基督徒的言行，极有可能把它们报告成（只不过）是一种信仰。稍后我将回到这一点上来。

第二个问题更为根本。这就是无论是使用"知识"这个标签还是使用"信仰"这个标签，都可能会给某事强行作出定性。这种做法给所讨论的对象作出了认识论的定级，同时评估了对研究对象的认知态度。在每一个社会中，传统以各种各样的方式从一代传递到下一代。当孩子们说了不合适或不正确的话、做了不合适或不正确的事情时，人们就纠正他们的言行。在巴思（F. Barth 1975）研究过的巴塔曼人的案例中，在一个人的成长过程中，六七个这样的教导仪式一个接着一个地举行：这些仪式并不限制在一个人从孩童时代到青春期再到成年期的转变阶段举行。在每一个阶段，他会被告知他在前一个或更早的阶段学到的东西实际上是十分错误的，在道义上是不对的。譬如他们发现，在早先的一个"通过仪式"（rite of passage）中他们打破了一个重要禁忌，这不是出于无意，而是仪式的要求。只有族群中最老的那些成员才有自信认为没有什么进一步的惊奇在等待他们了。人们会想，不断地被教给有关事物本性和人生的知识，随即又被告知所教的都不对，这种经历可能会对任何一次教导是不是最终的教导形成一种深深的怀疑主义态度，尽管每次教导都被当作是最终的教导。[1]

习俗所认同的东西也许是，也许不是那些明确声称的所知或所相信的东西。神话或宗教故事可能在特殊的甚至普通的场合被背诵，但是正如韦纳（Veyne 1988）已经指出的，在古希腊人那里，神话是否**被相信**，以及对于他们所处理的问题什么**被**他们相信，这些问题都是存疑的。如果我们询问**我们**是否、或在什么意义上相信高雅的文学作品［比如说《包法利夫人》（*Madame Bovary*）或《堂吉诃德》（*Don Quixote*）］揭示了关于人生的真理，我们可以说，这种疑问同样存在我们自己的社会中。

在一个更为世俗的层面上，怎么跟人打招呼，婚礼如何举办，葬礼怎么举行，还有许多其他跟行动和行为有关的事情，根本无需用言辞来表达。它们就在那里，在对它们的陈述前面不必冠以"我相信这个"或"我们相信那个"。"我相信 *P*"不会给陈述 *P* 增加任何东西，因为陈述本身已经意味着承诺了内容的某种真理性，虽然承诺的强弱程度可能在一个很宽泛的范围内变化。

在上述这些考虑的左右下，同时也在维特根斯坦（Wittgenstein）对这个问题所表达的怀疑的影响下，尼达姆（Rodney Needham）作出推断说，信仰并不构成一种人类的跨文化的天然相似性。这个过分怀疑主义的推断可能让很多人感到吃惊。自从 1972 年他写下这个论断之后，这个问题，如果有什么变化的话，那就是变得更具有争议性了。尤其让我记忆犹新的是那场争论：关于思维是否包含心理表征和是否在某种意义上为模块化的，诸如普特南（Putnam 1999）、瑟尔（Searle 1983）、戴维森（Davidson 2001a：ch. 13, 2001b：ch. 10, ch. 14)、丹尼特(Dennett 1991)、福多(Fodor 1983)和卡尔米洛夫－史密斯(Karmiloff-Smith 1992)等评论者分成了两派。那些拒绝整个心理表征说法的人，倾向于认为心灵无需用图像作为媒介，来建立被思维之物与思维本身的关联，以此为基础来反对心理表征。为描绘那种关联所遇到的困难丝毫不能(在那种观念下)通过某些假设得到减轻，譬如假设对由感性知觉所提供的经验材料的理解，是依赖心理图像来进行的。

然而，针对上述观点，那些持有心理模块性(在某种意义上)主张的人，不仅不同意对手的结论，而且更为根本地在方法论上持有反对意见。这些问题(在那个观念上)不能在纯粹概念化的或先验的基础上获得解决。而是应该在经验的实验研究中，在对脑损伤或其他脑部异常病人的研究中，尤其是在关于儿童认知成长的研究中，获得解决。发展心理学家(developmental psychologists)对信仰问题发表了确信的观点，认为儿童在他们生命的早期阶段对外部世界的关注分为几个不同的阶段。显然，对于非常幼小的婴儿，他们不能**告诉**研究者他们在想什么，对他们的研究依赖于对他们的行为模式的微妙推断。譬如，他们眼睛的运动，不仅意味着他们被感兴趣的东西吸引，也意味着看到了让他们吃惊的东西。如果向他们展示一些某种意义上他们"知道"是反常情形的图画——例如，重物体悬浮在空中——他们关注的时间要比提供熟悉事物的老图画来得长。

目前研究婴幼儿的研究者趋向于同意，经由至少一些主要的阶段，认知发展得以进行，然而关于在什么年龄上发生正常的转换，还一直存在明显不同的意见，事实上，在所涉及的核心模块的精确性质这个问题上，也还是争论不休。我将在第八章回到其中一些问题的讨论上来。现在我要谈谈那些正在进行中的争论，来强调围绕信仰问题的许多难题的棘手性。信仰的归属比通常以为的要更成问题：信仰的普适性已经带来重重疑问；对所涉及的过程或所表征的状态，人们众说纷纭。然而这并不意味着在对至少一些现象的分析中不能取得进展，这倒不是说我试图从外部去解决人种学争论，也不是要去解决那些把认知心理学家分成两大阵营的争论。而是，我希望冒昧地提出一些意见，能把我称之为的信仰社会学（sociology of belief）及其史学研究方法清晰地展现出来。

在我尝试对古代希腊和古代中国作出一些比较性评论之前，让我先从对熟悉的英语用法作些评论开始。我顺便提一下，甚至在欧洲内部各国语言之间也有一些有趣的分歧，例如，对核心意思是"思考"的动词，比对核心意思是"相信"的动词要相对偏爱些。在英语中"我认为是这样"（I think so）在很多场合下使用，而对应场合下正常的西班牙表达是"yo lo creo"，法语是"je le crois bien"。此外，法语"信仰"（croyance）的使用比英语"信仰"（belief）的使用更为严格。但这里我不再继续谈论更多的这些分歧。

罗热（Roget）的《词典》（*Thesaurus*）*为词条 Belief 提供了三个整栏，有 386 个单词和短语被当作近义词列出，还交叉引用了 25 个其他词条。主词条中的许多义项分属于两个相互冲突的类别（尽管这是我的观点，不是罗热的），即**要么**是犹犹豫豫的赞成（例如，"处于某种印象下"、"推测"、"猜想"、"持有某种观点"等），**要么**是完完全全的确信（此处罗热在动词中包括了"当作真理"和"成为正统"两个义项，在形容词中包括了"信条的"、"独断的"、"按照教规的"、"教条主义的"和"权威的"等义项）。

---

* 指英国医师和学者罗热（Peter M. Roget, 1779—1869）编纂的《英语单词和短语词典》（*Thesaurus of English Words and Phrases*, 1852）。——译者

这样，关于信仰的陈述可能意味着确定性的缺乏，或证实一个声明的能力有限。我相信天要下雨了——但是我不肯定。如果你质疑我，那我也许能够提供一些理由——这些理由本身可以五花八门，从似是而非的民间看法（母牛们都躺下了）到科学（气压计的读数在下降）。很显然，毋需用一个专门的动词来表达一种犹豫的观点（我相信、我认为、我猜测之类），因为"天可能会下雨"（it may rain）很好地表达了这个犹豫的态度。实际上，"天将下雨"（it will rain）这个陈述，当用一种犹豫的声调表达出来时，它传达的是一种警告或一种可能性，而不是一种有关未来事实的陈述。于是将来时态有了一种新的实用功能，不同于你打电话去问时间，听到所谓的报时闹钟回答说"在第三响将是十点整"的那种将来时态。

但是，如果说位于义项连续谱的这一端，英语"相信"（believe）一词可以与"知道"（know）形成强烈的对照，是用来表达一种有限的给出证实或证明的能力，而在义项连续谱的另一端，这同一个动词也被用来表示坚信不疑的陈述。对于基督教三大信经没有丝毫怀疑，对于信徒作出的陈述"我相信上帝是圣父，上帝是圣子，上帝是圣灵"也没有半点犹豫。这里，理解这一陈述的含义比任何证明更为重要。实际上，正如在"使徒信经"（Apostles' Creed）、"尼西亚信经"（Nicene Creed）和"亚大纳西信经"（Athanasian Creed）之间关于那个问题的争议所表明的，信经书面陈述所用措辞的准确形式可能是一个具有重大意义的问题。然而这些争议不会用来自经验基础的证明来解决，而是通过神学争论和权威来解决。

虽然现在我本人不是一位信徒，但是我曾经被送进一所英国国教学校，在这样的学校里，对一位出生于名义上的英国国教家庭的人来说，没有别的选择，只能去参加礼拜，当然也没有别的选择，而只能在每个星期天的恰当时间面向东方一本正经地背诵信经。这个仪式在多个层面上发挥着多种功能，并且对不同的参与者来说"意味着"不同的事情。但在其中一个层面上它表示一种团结，表示属于一个团体，虽然这种属于的程度是被仔细地分级和控制的，因为一个人在一个冗长的程序——教义问答——结束并得到确认之前，他不会完全地参与到教会活动中去，这种教义问答被精确地用来测试信奉意义上的理解和信仰。

乍一看，这似乎有点非同寻常，同一个英语动词**既有**表示有限赞同的功能**又有**表示明显的无限赞同的功能。但是这个义项连续谱的两端拥有的共同点与它们的差异一样让人吃惊，那就是，被相信的东西不言而喻地被公认为是超越于完全的经验理由的。但是在犹犹豫豫赞同的情形下，可能给出经验基础，仅仅是因为——为了相信而不是知道——在完完全全确信的情形下那种类型的基础是不合适的，因为所有问题都是信念（faith）的问题。在第一种情形中，情势的不确定或完全证明的缺乏，导致声明（信仰，而不是知识）的降格，而在第二种情形中，信奉的力度越大，它就被带离直接经验理由越遥远。正如德尔图良（Tertullian）* 说过的："我信，正因其荒谬（*Credo quia absurdum*）！"这是因为关于基督的一切传说超越了信仰的范围，所以不得不相信它。

罗热《词典》中，我称之为完完全全的确信的绝大多数例子，都跟宗教信仰有关，并且尤其与基督教信仰有关——考虑到英语的历史和我们的文化传统——这一点毫不奇怪。但是他也展示了不同宗教中那些关于信仰的文章，并且也不仅限于宗教体验。一些宗教有——另

---

* 　德尔图良（约160—225）出生于北非迦太基，被誉为拉丁神学之父。——译者

外一些则没有——精心阐述的神学理论，在其中能找到关键的信仰条款。其中的一些条款的强调重点在于实践，在于参与宗教典礼和宗教仪式，而不在于持有某些见解。一些宗教有——另外一些没有——十分牢固的制度来管理入教的许可、控制行为和信仰、加强对异端的制裁。当然也不是只有宗教制度执行这样的功能。从前对无产阶级专政的信仰在服从党的纪律方面具有重要意义，而实际上反过来也是正确的：共产党员的身份意味着对共产主义信仰的承诺。然而，属于任何一个团体——政党、工会、大学和俱乐部——就得担负遵守局部规则的义务，对有些团体来说，忠于某些信仰条款是其关键，而在这件事情上的任何倒行逆施都会被解释成是一种威胁。

罗热《词典》中词条"相信"的各个义项中还有很多项被表示成或被赋予完完全全赞同的意思，对这些义项虽然还大有讨论的余地，但我现在想扩展我的视野，从现代转移到古代世界去，来提供一些试探性的意见，朝着我或许可以称之为信仰质疑之分类——信仰的可置疑性的分类——的方向前进。我对罗热《词典》的考察揭示了一个从犹犹豫豫赞同延伸到完完全全信奉的义项连续谱，并且我指出义项连续谱两端的共同之处，在于都默认被相信的义项超越了全部的经验理由。对于涉及宗教信仰的地方，我希望要记住的要点是，确定的信奉不是基于一种认识论层面上可确保知识的论证，而是基于对权威的信念和信任。记住我自己先前的怀疑主义评注，即在这个领域内进行跨文化比较研究的困难和危险，现在我要问，来自我最了解的两种古代社会——希腊和中国——的资料，在多大程度上符合上述图景，或使我们能够修正这种图景？

古代希腊和古代中国都形成了一个成熟的知识精英阶层，并产生了各种体裁的高雅文艺作品（虽然在两个古代社会中的体裁不尽相同，但允许我们自己首先在跨文化层面上使用"体裁"这个词）。古人对普通的和传统的信仰作出批评显然是可能的，我们可以从现存最早的以及以后各代的文献中找到很多这种批评的例证。然而表达批评意见的模式是千差万别的，而正是这一点为我的试探性分类提供了可能性。我们可以研究谁作出了批评，批评了谁或批评什么，尤其是基于什么理由而作出批评。与基督教相比，第一个共同的明显不同之处就是，无论是在异教的希腊还是古代中国，他们完全没有相关的制度来确保忠于对某种神的信仰。

考虑到我们的主要证据是文献材料，我们可以说无论谁都可能把他们自己打扮成批评公认观点的角色，这是不奇怪的，许多留名至今的作者都这么做过，不仅有那些被我们贴上（可能是不谨慎地）哲学家标签的人，还有那些例如历史学家和医学文献作者。在古希腊和古代中国，也是同样的情形，不仅仅是普通大众的观点被批驳为愚蠢（虽然在许多情形下，人们可能会怀疑他们是否真的如他们被说成的那么愚蠢）。那些人自认为他们对如何行为、对世界、对诸神、对仪式的效用比别人了解得更多，他们批评别人，批评他们的同行或对手，对于这些同行或对手而言，他们同样热衷于宣称他们的知识不在人下，而是超人一等的。色诺芬尼（Xenophanes）和赫拉克利特对早期作者〔包括荷马（Homer）和赫西奥德（Hesiod）〕的人身攻击是众所周知的，这个传统被延续下来，带着或多或少的强悍作风，贯穿于整个希腊哲学。在中国也是相类似的情况，《庄子》对孔子进行了嘲笑，而公元前3世纪的荀子用一章的篇幅（第六篇*）明确地、指名道姓地攻击了12位著名前辈，其中不仅包括墨家学派的创始人墨翟，还有子思和孟

---

　*　即《荀子·非十二子篇第六》。——译者

子，这两位都是孔子的著名信徒，荀子本人也常被包括在孔子的众多**其他**追随者之列。

但是对批评赖以展开的基础所作的考察，揭示出在我们可称之为认识论关怀和实用或道德的关怀之间，有某些重要的差别。让我先从认识论路线上的批评开始。虽然有一些例外，但在佛教传入中国之前，实在和纯粹表象之间的对照并未受到强烈关注。相反，希腊哲学家则反复使用这一两分法，宣称他们自己的理论图景给出了真理，而其他人的则被纯粹表象欺骗了。对巴门尼德而言，普通人生活在一个貌似真实（*doxa*）的世界里，与此形成根本差别的是他对真理的认识，他否认世界的多样性和任何变化。对于柏拉图而言，知识也是对永恒和不变的**形式**（Forms）的说明，而信念（*doxai*）是毫无希望地不可靠。但是，有关此类争论的特点是，它们原则上都由不断发展而又悬而未决的论战来加以解决。

那种希腊人击败对手的策略——指出对手在有关根本实在的问题上完全被误导了——不是中国古人喜欢用的批评模式，他们更通常的做法是从道德的和实用的考虑出发进行批评——当然这不是说希腊的论战中**没有**这种做法。毕竟主要是基于道德的理由，荷马和赫西奥德才受到色诺芬尼和赫拉克利特的攻击，很久以后又以同样的理由遭到柏拉图的攻击，柏拉图还对他的同时代人发起了严厉的攻击，他指责这些人，也就是诡辩家，是不负责任的教师。

但是荀子——回到我前面给出的例子——反复谴责他的批评对象缺乏道德，不能辨明基本的社会差别，所教授的东西对政府毫无用处，不知道正确的行为举止，等等。事实上，他在该篇的结尾用了一整段来叙述君子应有的行为和风范，与他所攻击的那些人形成鲜明的对照。[2]同样地，当他在别处批评流行的鬼神信仰和敲鼓、用猪做祭品的驱鬼方法时，他指出这是浪费物力和精力——换句话说就是行事荒唐愚蠢——同时也指出鬼神概念的虚假性。[3]* 而在第六篇结尾，荀子明白地表述了他的理想：他描述了一位"兼服天下之心"的贤明君主，换句话说，这位君主行事要公正，要为天下百姓谋福利。荀子的个人抱负则像他之前的孔子，要找到这样一位君主，然后做他的顾问。

在古代中国和希腊，存在着认识论层面和实用层面的两种质疑模式，这就排除了每一个古代社会只与一种质疑模式有关的任何一般性结论。然而，似乎有可能在我们从具有某种占优势的社会结构、制度和价值判断的两种古代社会和基督教西方社会中所发现的**首选**质疑模式之间，得到某些相关性。

在德尔图良采用的过度反认识论模式中，信仰是一种团结的表示，伴随着虔信和教会的权威。在那种情境下，质疑这一点是要冒着被开除教籍、逐出教会的风险。在许多希腊哲学家采纳的确定的认识论模式中，关于实在的对立见解在公开的辩论中较量，为名誉——实际上是为招到更多学生——而战，但是胜利属于能用知识而不是纯粹的信仰来证明其主张的人。当然**已经**给出了这种证明的人要接受一代又一代人的复审。我们在杰出的中国古代思想家那里发现的道德层面和实用层面的质疑模式，既不关注教会的权威，同样也不关注理性的争论，而只关注什么是有用的，什么能增进天下人的福祉。绝大多数中国的**道**（Way）的培育者的抱负不仅仅是个人实现，而是去对管理天下的方法施加影响，实际上就是去引起统治者们的注意，这些统治者

---

* 此处大致对应的《荀子》古籍原文为：凡人之有鬼也，必以其感忽之间，疑玄之时定之。此人之所以无有而有之时也，而已以定事。故伤于湿而痹，痹而击鼓烹豚，则必有敝鼓丧豚之费矣，而未有俞疾之福也。——译者

就是战国时代的国君，公元前 221 年秦统一中国之后就是皇帝。

在本章讨论的第一部分强调了判断信仰的困难，回顾了对信仰的心理学和哲学分析中的一些著名难题，简述了一些比较历史学研究的资料。在第二部分中，揭示了一些信仰的质疑模式和确认模式中的不同之处。我指出，质疑提出的方式和它们的含意具有重要的差别。如果谁想要否认被普遍相信的东西，就可能会被看作是对群体团结的破坏，这是一个起到了广泛威胁作用的主要因素。在每一个社会集体中都能碰到惹是生非的不合作者，在今天的科学共同体中很大程度上亦是如此，尽管他们的独特特征表现为，如果陈规打破者逃脱了惩罚，用他们自己思想的优越性说服了他的同行，或者至少说服了下一代研究者，那么他们的名声就能得到一个非常显著的提升。但是赌注仍旧很大，即使对没有成功的离经叛道者的惩罚有时不如对付宗教异端那么严厉。虽然如此，离经叛道的或者高度创新的观点，总是会被说成是一桩冒险的买卖。

既然如此，那么我们要问，为什么人们会选择去冒险呢？代价—收益分析（cost-benefit analysis）显然随着受质疑的团体或社会的权威程度如何和被认识到的纠正差错的紧迫性的不同，而发生变化。三种主要的考虑事项可以较好地说明这种紧迫性，这三种考虑分别是：被批评的东西正在危害国家，不道德的东西和错误的东西。

在第一条论战路线上，扭转局面的是那些将批评者宣布为社会中危险的破坏分子的人。与此相对，这些批评者将回击，除非他们的观点被接受，否则这个政府，这个国家，这个社会，就面临着灾难。古代中国批评者一次又一次勇敢地对源自当下政策的"乱"做出诊断。他们毫不犹豫地说出恢复秩序的见解，实际上中国思想家规劝其君主的纪录确实是引人注目的，一些人甚至为此付出了高昂的代价，不只是失宠而已，而是流放、宫刑和处死——他们自己和他们的家族。

对于那种关于政策的实用主义争论，可以再加进去一条更为直接的道德质疑，也就是说，被批评的观点是十足邪恶的，这甚至意味着对观点提出者更危险的人身攻击。质疑对手鼓吹的计划无益于或甚至有害于国家，是相对温和的做法。批评另一位政策顾问不道德或腐败，是更为严重的指控。你一般不会那么做，除非你对你自己的理由非常有把握，或者是要孤注一掷。[4]

然而第三条攻击路线在中国不大常见，但在希腊的一些地区发展得很好，那就是错误的信仰必须根除，因为它们是虚假的。这一诉求不是针对它们的无效和不道德，而是针对它们客观上的不真实。这种论战原则上把矛头对准信仰而不是信仰者。然而客观的批评和人身攻击之间的界线实际上很难把握。这条批评路线的主要希腊范例即苏格拉底（Socrates）的命运足够醒目地说明了这一点。

柏拉图让他书中的苏格拉底再三发出郑重声明，苏格拉底对战胜对手没有兴趣，也对任何特别的听众对他所说的东西可能产生的想法没有兴趣。他只关心真理——仿佛那是一个完全非个人的和客观的问题。[5]然而不管这些话是不是历史上真实的苏格拉底实际上经常使用的借口，我们只知道他在雅典同伙当中十分不受欢迎，这种不欢迎他的人数已足够多，因此当迈雷托（Meletus）和其他人提出怀有恶意的起诉时，人们投票决定对他判刑。根据雅典习俗，当他必须提出一项处罚来替换起诉方所要求的死刑判决时，起先他宣称他应该在市政厅[*]颐养天年，尽管他收回了这一声明并建议出一笔罚金作为对他的

---

[*]　这种希腊城邦的市政厅通常提供给首席执政长官居住，供奉着公共祭坛，也招待外国使节、著名的外国人和有杰出贡献的公民。——译者

惩罚，但是反对他而支持死刑判决的人数多于支持陪审团裁决的人数——拉尔修（Diogenes Laertius，II. 42）就是这么告诉我们的。

苏格拉底命运的寓意可能在于，只要涉及对观念的批评，那些持有这些观念的人总是要被牵涉进来，即使宣称批评是完全不针对个人的。唯一安全的可供反对的信仰是那些人们不再持有的信仰——但是谁会想要反对它们呢？同时，许多对过去人物的批评，无论在中国还是在希腊，欺骗不了任何人：人们清清楚楚地明白它们是以隐蔽的方式对同时代人发出的谴责。

我在上一章中的论点是，对一种单一真理学说的追求同各种不同的担保模式发生了抵触，这些模式在各种不同背景中都是适用的。在本章，我们考察了质疑信仰的可能性条件，首先强调了可能事关重大的不同价值标准，即团结、效用、道德和真理等，然后强调了对于最后一个标准而言，要实现客观的和人际的因素的完全隔绝是困难的，这种隔绝是真理的抽象分析所要求的，被看作是命题的一个属性，不管是谁陈述的那些命题。只要涉及不同类型的人和听众，对错误观念的怀疑会非常容易地被看作冒犯的理由。仅仅不赞同被普遍接受的信仰也会被认作是破坏团结，当这些信仰不是那么能够直接由经验证明的时候，尤其会那样。与同行团体——不管如何定义——成员的见解保持一致的压力因此总是很大的，对于批评的范围和直率程度，古代中国和古希腊都能提供令人注目的例证：即使在今天的多元社会中，甚至在科学和哲学中，我们也不应低估这种压力的强度，在科学和哲学中，客观真理这个抽象概念是最受珍爱的，并占据着最高的统治地位。

第七章
研究风格和共同本体论问题

与第四章中提出的问题——存在一种共同逻辑吗?——相伴随的一个问题是: 存在一种共同本体论吗? 所有的本体论学说关注的、针对的、成功地或不成功地描述和解释的, 是同一个世界吗? 或者我们应该承认世界的多元性, 每一部分都是独立有效的研究对象吗?

对上述问题两个反差明显的回答对应于——当然是比较宽泛地——两种众所周知的强烈对立的科学哲学观点, 多元世界答案对应于哲学上的相对主义, 单一世界答案对应于各种哲学实在论中的这个或那个分支。实在论坚持只存在一个世界可供科学来研究。所以在这个意义上, 如果我们发现西方人和中国人之间有不同, 那么他们必定是被看成是对同一个世界, 一个唯一存在的世界给出了不同的解释。但是与此相反, 相对主义者坚持真理是相对于个人和团体而言的。因此在这个意义上, 我们能够允许西方人和中国人真的就居住在不同的世界里, 更有甚者, 不再有一个单一的世界可以据之来判断对它们的解释是更为恰当或更不恰当。

如果我们关注早期中国和希腊的宇宙学，对澄清这些问题会有什么帮助呢？首先我将简要考察我们从古代中国和希腊的著述者那里发现的世界观中的一些差异的性质。这将引导我去对一些哲学问题以及它们如何与历史解读问题相联系进行反思。依赖一些熟悉的——也许有时还仍旧处于争议中的——科学哲学概念，也就是，所有观察陈述或多或少都是理论负载的和证据对理论的非充分决定（underdetermination）概念，我想提出关于证据的——关于是什么使一个理论成为一个理论的——多维度性（multidimensionality）和开放性（openendedness）主张，并对那种在任何情形下我们都知道那应该是什么的假设提出告诫。

我们需要区分不同类型的被说明项（explananda），也要区分人们所追求的不同理解模式。这也许是很诱人的想法：我们现代科学对于研究的是什么东西，以及应该如何说明它都能下断言。然而我将指出，它在一些情形中比在另外一些情形中更多地提供了一种指导。在下一章中我将提出动物和植物的不同分类体系问题。在这一章中，被说明项的可能案例包括了地球的形状、太阳的运动、日月交蚀、颜色、声音和整个宇宙。在其中一些项目中，如果寻求的是因果说明或预测，就可能有相对直接的答案，于是问题就在于它们实际上是否就是要达到的目标。但在其他一些项目中，不同的因果解释能够并必须在相同的总的主题名目下的不同方面中给出。当涉及宇宙学问题时，解释的任务显然更重。因此我们应该万分小心，对于原本旨在获得不知是何种类型的解释的那些问题不要预设答案，并且要认清，评估这些解释，可能比仅仅拿它们与我们现在以为我们知道的东西作比较，要远为复杂得多。

所有理论都具有透视性（perspectival），并反映了研究风格（styles of enquiry）。我会在适当的地方说明我对研究风格这个术语的使用与克龙比和哈金有何不同。[1]我赞赏对这个概念作最广泛的、尽可能的应用，不仅涵盖研究问题的界定方式和研究结果的表述方式，也可以涵盖为判定这些研究而作出的隐含假定，以及研究者的关键性兴趣和先入之见等。

很显然，一种世界观是否被接受，是不以它所包含的任何单个理论的对错而论的。但是当我们说我们必须与所展现出来的相关研究风格联系起来判断各种宇宙学理论时，这并不意味着在各种宇宙学理论中不存在能让我们开展比较的桥头堡。没有一种宇宙学理论是全然免受质疑的，对特殊天象的最好解释经常是一些争论主题。亚里士多德在《论天》（II ch.13， 293ª15 ff.）里记述了他的前辈提出的关于地球的大小、形状和在宇宙中的位置的争论，《后汉书·志第二》（3028—3030，参阅 Cullen 2000）记录了一次关于该沿着黄道还是赤道测量太阳运动的讨论。在这两个案例中，争论的参与者们都不赞成一套确定的问题，并都举出论据和证据为终结对手的观点——至少对一些参与者而言存在这样的观点——而战，或者形成一个临时的决议。不同的研究风格不构成不可通约的信仰体系或范式，不可通约性是一个我在前文反驳过的概念。假设的支持者提出的各种假设组成了一个更广泛的复杂综合体，对单个理论、概念和说明的评估需要在这样一个更广泛的复杂综合体基础上作出，不同风格的观念正可用于强调这种评估的重要性。

在本章分析的第一阶段，我们必须说，古代中国人和古代希腊人各自有着不同的世界观，**并且**他们居住在同一个世界上，这点似乎是很明显的。让我首先来处理不同世界观之间的差异，并考虑它们在多大程度上支持我们可把它们的提出者看作是居住在不同的世界里。

首先，一方面举亚里士多德为例，另一方面举《淮南子》为例，看两者各自持有什么样的宇宙学观点。[2]亚里士多德认为，月下世界的一切事物（就组成它们的物质而言）由土、水、气、火构成，而月上区域是由第五元素以太构成的，第五元素具有独特的性质，不热也不冷，不湿也不干，作天然的和永恒的圆周运动。亚里士多德的地球是球形的，与恒星天层相比小得可以忽略不计。

在《淮南子》中，地球是平坦的，笼罩其上的天的高度据其给出的明确估计为510 000里，1里大约有0.5千米。[3]该书对物理元素（构成万物的实体，它们本身是不变的）不是那么关心，而是更关注五行的循环。所谓的五行就是水、火、木、金、土，但我们对此要小心。我们把水翻译成water，对循环变化过程中的这种物质，并不是一种太好的领会。其真正含义正如《洪范》中所说的：[4]"水有向下、滋润的特性。火有升腾、光热的特性。木有枝曲干直的特性。金有顺从、变革的特性。土有播种、收获的特性。"*

亚里士多德和《淮南子》之间的区别，也不仅仅在于基本元素与物质状态之间的基本对照。亚里士多德看到的是在一个确定、永恒的世界中居住着各种动物。《淮南子》则关注每一种它所处理的主要动物类别（包括人类）的由来，并在总体上对它们的转化和变形更有兴趣，而亚里士多德则更多地考虑它们的本质。正如亚里士多德留意到了，这样的变形证明他的体系中有一些问题。[5]

当我们比较亚里士多德和《淮南子》编撰者有关地球形状的观点

---

* 古籍原文为：水曰润下，火曰炎上，木曰曲直，金曰从革，土爱稼穑。——译者

时，我们可以说这仅仅是对同一个被说明项给出的不同解释，在那个意义上是世界**观**的差异。但是当亚里士多德关注实体和本质，而《淮南子》关注过程和状态时，看上去我们似乎应该说他们想要给出其解释的东西是不同的，在这个意义上，他们是在描述不同的世界。但是无论我们怎样解决这个问题，我们显然不能就此停步。我们必须举出类似的问题，不仅是反映希腊人和中国人之间差异的问题，还要反映不同希腊人之间和不同中国思想家之间差异的问题。

举亚里士多德和德谟克利特为例。亚里士多德相信只存在一个单一的宇宙，但是德谟克利特主张有无限多个宇宙，这些宇宙在空间上、时间上或时空上相互隔离。亚里士多德把物质、空间和时间看成连续统一体，而在德谟克利特看来这三者都是由不可分割的物质——原子——构成的，因此人能够把握之。中国人也不是全都关注《淮南子》力求要解释的那些现象。孟子、董仲舒和王充可以说都有他们各自要解释的事物，并拥有各自不同的观点，还有我们在前文中提到的《庄子》，就提出了一个著名的问题，即我们所经历的现实是否只是一个梦。[6]

从某一个观点来看，这看上去似乎在我们手上有一堆繁殖增生出来的世界。然而从另一个视角来看，显然我们不能忽略如下这点：我提到的所有思想家，还有许多其他人，他们辨认、确定和解释的是同一个世界的共同特征，这个世界也正是我们居于其中的世界。亚里士多德和《淮南子》当然都知道日升日落、月圆月缺，尽管他们对于它们在大地上空的运行和它们的距离有不同的看法。对于希腊语"太阳"（*helios*）和"月亮"（*selene*）以及汉语"日"和"月"所指称的对象我们没有疑问，尽管这两个词的语义延伸、联想和象征含义，在希腊人和中国人之间、在不同的希腊作者之间和不同的中国作者之间，有非常大的变化与不同。对动物界也有不同的划分——例如包含在鱼类（*ichthus*）、贝类、昆虫类等主要类别中的内容是不一样的。但是亚里士多德和《淮南子》对收录其中的各种动物的描述是足够明确的，我们能够辨认得出（在一定限度内）他们在说些什么。

但是沿着这条争论路线前进得太远的话，显然是一个冒险。如果仅满足于通过宣称实在只有一个并到处一样——因而所有那些宇宙学理论的差异就能够被归因于对同一个世界的不同解释——来简单决定我们的问题，将会成为一个十足的朴素实在论者（naive realist）。如我在前面（第五章）提到的，让朴素实在论显得千疮百孔的根本缺陷在于，不存在通往所谓的普通实在的直接入口，不存在一个无理论偏见的优势位置来给出见解和对真理作出描述。通往实在的入口总要经由一些用自然语言甚至人工语言表述的概念框架作为中介。我们必须认清任何这种框架中、这种语言中隐含的和显现的假设，正是在那种语言中对实在的感知才得以表述。

因此不可避免地存在着文化的影响。然而这并不意味着**任何事情**都依赖于文化的或社会的或语言学的因素。正如朴素实在论者不能拥有一个通往"前概念实在"（pre-conceptual reality）的无中介入口一样，极端的文化相对主义者（cultural relativist）和社会建构论者（social constructivist）也不能（在我看来）容许宣称，评判被**认作**实在的事物的**唯一**标准，是由社团或群体内部一致通过的权威性条款。

被特别用在有关中国问题研究中的一种文化相对主义版本，是源自萨丕尔（Sapir）和沃夫（Whorf）的语言决定论（linguistic determinism），按照该理论，语言决定着，或以一种较弱的表述形式，引导和约束着对实在的理解。但是，基于对霍皮人（Hopi）*的相

---

　　* 居住美国亚利桑那州东北部的印第安人，他们以精湛的旱作技术、多姿多彩的仪式生活，以及在物品编织、制陶、银器和纺织等方面的精美工艺而闻名。——译者

关原始资料的再分析，现在这种观点无论在哲学基础还是经验基础上，都已经让人彻底不信任了，那些有关霍皮人的资料是萨丕尔和沃夫所援引的证据中非常重要的部分。沃夫声称霍皮人的语言中不包含指称"时间"的词汇，无论是明确的指称还是暗示。然而马洛特基（Malotki）对这个问题的详尽研究，已经使得真相彻底大白，霍皮人在表述过去、现在和未来三者的差别方面，无论过去还是现在，都没有任何困难。[7] 此外，对于中国本身的情形来说，沃迪（Robert Wardy）最近的著作（Wardy 2000）全面地推翻了萨丕尔和沃夫的见解，尤其是其中涉及《名理探》＊译者把科英布拉拉丁语版的亚里士多德《范畴篇》翻译成中文的部分。总而言之，这些中译本译者做得一点也不差，在许多方面都毫不逊色于最初的科英布拉的译者把亚里士多德的希腊语翻译成拉丁语所付出的努力。

其他还原论者的观点也举步维艰。每一个人都应该承认，科学家总是受到其他科学家所相信和认为的可接受事物的影响。但这并不是要支持这样的观点：真理只是当代的科学家们顺便提到它是真理而已。所谓的知识社会学强纲领（strong programme）[8]声名鹊起，很大程度上是它主张，错误的东西作为历史学家的研究主题，跟那些被公认为成功的东西是差不多的。但是似乎并不是所有对客观性的诉求，都能或应该被还原为对大多数人的一致意见的隐蔽的修辞学意义上的诉求。正如我在第五章所论证的，真理的确保程序在不同的背景和地域采取不同的形式，科学家的研究成果要经受或多或少严格的证实方法，这种证实不只是检验是否与流行的观点相一致——它可能还包括检验科学正统学说此前没有想象过的东西。

＊ 《名理探》由葡萄牙籍传教士傅泛际（P. Franciscus Furtado）与李之藻合译成汉语，于 1631 年刊印。——译者

于是，由于一种明显的自相矛盾，我们面临着两个方面之间的张力，即一方面要承认普遍性；另一方面要承认亚里士多德、《淮南子》和其他人所遇到的实在之间的差异性。为了向澄清和调和的方向前进，我们这里首先需要把更多的注意力转向理论负载的程度问题。没有一个观察陈述是全然与理论无关的，现今这个观点基本上已经被人们接受——虽然这种接受有时不能使这个观点免受诸如无用之类的攻击。更为重要的是，嵌进观察陈述里面的理论因素，不仅随着理论本身的不同而不同，还随着理论负荷（theoretical charge）或理论负载（theoretical load）的可大可小而发生变化。显然，在理论负荷较低的一端，对不同理论框架作比较的可能性就比较大。

"月亮不发光了"这句陈述，比"发生了月蚀"这句陈述，含有更少的理论负载，反过来，任何陈述如果嵌入了对月蚀事件的解释（这不一定只是按照地球插入到了月亮和太阳之间的方式来解释的，在希腊、中国和其他古代的和现代的社会中提出了各种各样的其他方法），那就含有更多的理论负载。

然后我们可以谈论希腊和中国对各种天文事件进行研究的某种**共同兴趣**，即使不同的观测者显示出来的**特殊**兴趣略有不同。比如，并非全部但有很多希腊人和绝大多数中国人，都认为交蚀是一种凶兆，并思索它们所昭示的含义。实际上，古巴比伦人在明确掌握了交蚀发生的周期之后，继续相信它们是一种征兆。[9] 但是，有时——正如一些希腊人和中国人所做的——对交蚀周期的掌握和预测交蚀能力的获得，会导致对交蚀的征兆意义的信仰发生动摇，或者甚至会导致直接否认这种意义。这反过来也致使那些进行天文观测或苦苦思索其隐藏原因的人在关注兴趣上发生转移。

在天文学的情形中，**我们**现在掌握的回推过去行星位置和日月交蚀的能力，让我们能够在清晰判断的基础上谈论古人所关注的和解释（**如果**他们选择这么做的话）的东西。有一些古代交蚀记录是假的，它们是为了政治、宗教或象征意义上的理由而被伪造出来。[10]但是其他大部分记录都是可靠的。当然，我并不是在否认对这些记录的释读总是很棘手的。文本有讹误吗？——这不仅仅是一个对被当作是一种预测的记录进行回推验算的问题。我们有多大把握确定所记录事件的准确日期？事实上我们能够明确地确定文本原意所指的交蚀吗？但是即使我们从来没有发现过（如我说过的）一种纯粹的不受任何理论影响的观察陈述（我们怎么能够？），我们还是可以把发现的描述用我们自己的理论，当然我们可以说在一定的精度范围内与实际发生的天象进行对比。但是——重复一下我先前的观点——这并不意味着我们可以假定古人所感兴趣的东西，跟我们现在感兴趣的东西完全一样，比如我们不能要求古人有最大可能的记录精度的想法。在每一种情形下，我们都有义务探讨一种对交蚀的兴趣是**如何**与更宽的图景相啮合的。

对理论负载程度的强调，能帮助我们找到一种方法，来对古代有关不同种类现象的说明中共同的东西和独特的东西作出适当处理。但是我们必须明白，首先这没有给我们定出一个严格的标准，始终只是一个程度问题；其次，在一些领域内（比如天文学）要比在另一些领域内（例如，对疾病的说明）相对稍微容易引入较少的理论负载。

但是如果我现在举出引自不同领域的另外一个例子，它将可用来说明让理论成为理论的东西是（很重要地）多维度的。对颜色的感知（我在第一章中提过）已经成为很多不同种类研究的主题。其中的一组著名研究是伯林、凯（Kay）及其后继者完成的工作，[11]这些研究旨在表明，尽管在全世界各种自然语言中发现的关于颜色的术语看上去具有很大的多样性，但是这些术语的构成遵守某些一般的规律。在（只有）3个颜色术语的语言中，这3个术语总是黑、白和红，在这个基础上增加的是蓝—绿，其他颜色也以一个规则的次序跟进，直到全部11个基本颜色术语。这个结果因而经常被提出来，作为支持某种跨文化普适原则的证据，许多基于这个模型的其他研究也已经着手确定设想的人类认知发展的基本特征。追随皮亚杰（Piaget）开创的、而由伯林和凯大大巩固的研究，研究人员宣布了在基础物理学、基础心理学、基础生物学，甚至依照（其他研究者中的）阿特兰（Scott Atran）的研究，还有基础动物分类学等学科中概念的模块采集中存在着类似的跨文化有效性。[12]

然而对伯林和凯的原创性研究的重要批评，至少是或多或少地动摇了他们的结论。他们的研究集中在色调上。在一定条件（诸如光照）下，土著居民被要求说出或设法说出展示给他们看的色系表或芒塞耳色块（Munsell chips）上各种颜色的名称。然而，这样得到的关于不同自然语言中的颜色辨认的结论，严重受影响于——如果不是取决于的话——提出问题的形式和拟定的调查方案。研究人员，或者至少伯林和凯在解释他们的工作结果时，得到的其实就是他们放进去的东西。这一点很容易证明，只要提到在有些自然语言中，颜色术语中的基本区别与色调无关，而是与譬如颜色的不同强度和亮度有关，或甚至与活体和死体、湿物与干物之间的差别有关。颜色术语可能与某种色调有关，并对应于色系表上某几个焦点颜色：但这不是它们原初蕴涵之意。在这样一些案例中，它们真正蕴涵的意思也许根本不会在色系表和芒塞耳色块上展现出来，人们注意到了这点，但是在伯林和凯的报告中对这一点根本没有给予重视。[13]

莱昂斯(Lyons 1995)追随康克林(Conklin)对哈努诺人(Hanunoo)*颜色术语的经典研究(1955)，把这些问题搞得非常清楚。哈努诺人没有专门的颜色词汇。但是有 4 个使用范围非常广泛的词汇 *mabiru*，*malagti*，*marara* 和 *malatuy* 可以被认为分别与黑、白、红和绿大致对应。这样，哈努诺人看上去是处于被伯林和凯称为第 3 语言阶段的例证，这个阶段有 4 个基本颜色术语，正好就是那 4 个。

但是这一解释没有能表达出来的是，尽管这四个词汇在某种意义上能够被称作颜色术语，无疑也能够用标准的颜色块和适当界定的问题诱导出来，然而，根据康克林的研究，对于哈努诺人，彩度变化不是区别颜色的基础。两个主要的变化维度，其一是明暗度，其二是干湿度[或称作新鲜度(鲜美度)对干燥度]。第三个变化维度是牢固度对暗淡度或褪色度，这再次说明了哈努诺人的颜色词汇表与哈努诺人的文化、兴趣和价值之间的相互依赖性。

一些研究在总的方法论方面存在的问题已经很明显了。如果研究者用预先设定了的他或她感兴趣的那些特性的问题，那么调研结果就会被歪曲。如果你向哈努诺人或任何其他人展示彩色块，他们会给出你能用色度来解释的答案，即使这些色块对他们来说是十分不自然的颜色，深入思考一下他们自己对那些术语的使用就能揭示这一点。其实这也不是只有像哈努诺语这样的语言才具有的奇怪或怪异的特征。古代希腊语(如 Lyons 1995 也指出的)也展示了类似特征。*Leukos* 经常被译作"白"，它与其说是一种色调，不如说是一个表示明亮的术语，譬如用来形容太阳和水——这两者共用同一个色调术语会让人觉得荒谬。再者，希腊词语 *chloros* 经常被译作"绿"，与其说它意指这

个色调，不如说它意味着新鲜的品质、生命力、生机勃勃。例如，它被用于形容血液。

以上分析已经有助于说明，不存在这样一个标的，所有的颜色分析应该尽力向它靠近。但是对于中国和希腊两者的进一步研究说明了，一旦经过某种思索，颜色分类法就因出于完全不同的考虑而发展起来，并与我称之为的大图景相符合。一种普通的中国经典分类法区分了5种主要颜色（白、黑、赤、青、黄；这种颜色分类对应于柏林和凯方案中的第4阶段，他们把现代普通话定为第5阶段，因为后者区分了蓝和绿）。但是这种分类部分是为了用另外的五元组合来说明事物的相关性，尤其是五行本身。亚里士多德把7个基本颜色术语与他的7种主要味觉联系在一起。更令人惊讶的是，他根据黑与白的简单混合来分析美丽的或吸引人的颜色，黑白的比例可以表示成小整数的比率，如2：1，3：2，4：3——显然，这是根据谐音的类推。[14]

总结一下我们对颜色的讨论：很明显，在不同的人之间，在人与动物之间，有各种各样不同的感觉器官。这不仅仅是一个产生色盲的问题，也是一个，譬如，二色视、三色视和四色视之间的差异问题。[15]但是，如果颜色识别是一件事，那么颜色术语挑选什么颜色以突出其地位是另外一件事，在这点上不同的自然语言展示了可观的多样性。但这不是一些术语体系比其他术语体系更精确的问题：而是，这种多样性反映了相关语言体系中人们的不同兴趣和不同的关注焦点。

对声音的类似研究可以有助于彻底阐明这一点。对声音的描述可能涉及整个音阶的一种或多种区分特征，音量、音高、韵律、"音色"（在音乐中叫做音质）、和声，而这些都是在进入到声音的更多象征性联想之前要考虑的。古希腊人和古代中国人恰好都对分析音乐和声有特别的兴趣（他们以相当不同的方式进行研究[16]），这个事实并不意味着和声是唯一值得研究的题目。现代和声理论恰好为我们准备好了去鉴赏这些古代和声理论的手段。然而潜在的声学被分析项与颜色的情形一样复杂。证据材料总是多维度的。在"没有观察陈述是与理论无关的"这一条上，我们需要再加上两条：证据对理论的非充分决定性；没有理论是完整的。

但是，现在让我来考察一下我们的历史阐释中一些哲学方面的含义。实证主义科学史观一头扎向了构建浓缩地展示科学进步的历史叙事的可能性。所有的历史阐释自然都是可评价的，但是那种类型的历史阐释带着一种先入之见，即根据后来理解的观点，去判定历史上谁对哪个问题的回答是正确的。实际上，这是李约瑟（Joseph Needham）宏伟计划中的一大部分，即回答问题：谁先得到正确答案——中国还是西方？但这掉进了我在第一章批评过的年代误植和目的论这双重陷阱。首先它假设了早期的研究者有跟我们一样的科学研究规划（例如，似乎他们对物质和变化的分析恰好是许多胡乱射出的子弹打中了化学这个靶子）；其次，他们应该已经知道朝哪里前进（一般来说就是我们的方向）。然而他们显然不可能知道科学会变成什么样子——今天的科学家们也同样不能精确预见他们自己的研究科目在 30 年或者甚至 3 年之后会变成什么样子。

作为历史学家，照我说，我们的首要任务是尽可能重建那些早期研究者自己如何展现他们在做什么，他们对问题的界定，他们对如何解决这些问题的想法，他们评估结果的标准。这正是研究风格如此重要的原因所在。我得非常老实地承认，这是一个相当模糊的表达，许多学者在不同的意义上使用它。克龙比一度被"思维"（mentalities）的概念吸引住了，他使用"思维风格"这个概念，根据诸如公设的使用、实验方法、测量、假说、统计和对起源的兴趣因素，来对近代早期科学发展的不同阶段作对比研究。在克龙比发表他的鸿篇巨制之前一段时间，哈金（1975）针对17世纪以后近代概率概念的引入所引起的差异，给出了一个非常有用的示范。古代概率概念只不过是一个关于什么通常是对的问题，或者如亚里士多德表述的，"在极大程度上"如此。当有大量的数据需要分析时，研究进行的方式、研究的是什么、结果怎么表述等，都为之一变。概率可以被赋为0到1之间的一个值——这个概念是古代希腊人和古代中国人完全想不到的。

在先前各章中，无论是否特别指出过，我们已经谈及了形式表象上的几个要点来展示不同的研究风格，这些要点包括对逻辑形式的兴趣、语言学和逻辑学范畴二阶概念的使用、公开敌对与珍视意见的对比和提议改革的更隐蔽的方式。但是现在为了这里的本体论问题，我们需要通过反思那些实质上起主导作用的思想、想象、兴趣和先入之见等如何有助于产生一个世界观，来拓宽研究风格这一概念的视野（参阅 Goodman 1985）。

让我通过回顾我开始提到的两种宇宙论者来说明这一点，现在不只是要考虑他们恰好持有的特殊观点，也要考虑各种影响——甚至构成——他们世界观的起主导作用的先入之见。亚里士多德的宏伟计划实际上难以提供概括性的全景图，因为它涉及如此众多的不同领域，从他称之为的物理学到诗学。但是在大多数领域里，他是在寻找原因（*aitiai*）或解释。他把原因分成四种类型：质料因、形式因、动力因、目的因（这些原因不仅可应用于物理客体，也可应用于事件和诸如政治体制或诗歌流派这样的事项）。这种观念（"四因说"）是不能被证明的，即不能从更高级的原理中推导出来：它们是（属于）那些任何研究都需预设好并用之来给出其证明的原理，他把它们存放在那里准备随时调用（参阅前文第五章第 65 页和下文第九章第 154 页及以后的进一步讨论）。确实，他认为他在确定所研究的不同种类的原因方面比任何一位前辈都做得更好。他认为他无法证明必定存在着最终的原因：所能做的（并且他确实这么做了）只是通过展示四因，以及通过批评，指出那些不考虑四因而做出的研究是不完整的这两个方法，来引荐它们。[17]

对这些概念我们是如此熟悉，以至于很容易低估它们给亚里士多德提出的世界观造成的影响。因为解释必须是针对总体的，并且按照固定的形式，它带来的结果是，短暂的、变化的和特例的东西被排除在解释体系之外——至少特例就是如此。变化本身经常（尽管当然不是总是）按照最后结果来评估。此外，他把宇宙看成是一个有序的整体，是具有不同层次的潜能和不同的达到善（它们的目的因）的方法的存在物（beings）构成的等级分明的整体，人类夹在众神和其他生物、动植物和下面的非生物之间。这样一个世界观不仅仅对他的物理学和动物学产生深刻影响，也构成了他的伦理哲学的核心。因为对人类而言，幸福就是依照我们拥有的最高能力，也就是理性，来生活。在所有这一切当中，我们必须采用他的观点来看看他在倡导什么：虽然采用他的观点，但不等于同意他的观点，这点是自然的。

类似的观点加上必要的修正之后也适用于《淮南子》。该书不关心用亚里士多德的方式给出演绎的因果说明。书中在足够多的场合下使用了"因此"或"所以"（故），或"由于这个原因"（是故），但是（公然地归纳道），这些因果说明依赖于对事物之间联系的把握或认识。卷三开头提供了一大堆这种例子（1B1 ff.，2A2 ff.，2B7 ff.，译文见修订过的 Major 1993：62 ff.）："轻清的东西容易团聚，重浊的东西不容易凝结。所以（故）天先成地后定。"又，"天的形式是圆，地的形式是方。方掌控幽晦，圆掌控光亮。光亮的东西吐出'气'，所以（是故）火是太阳光照于外，叫外景。"还有"火向上烧，水向下流。所以鸟飞向高处，鱼游向低处。同类的事物相互促动，主干和末节相互感应，所以（故）聚光镜在太阳底下可以生火。"在卷四中我们也发现了类似的模式（7B8—9，Major 1993：167）："万物都类似于它们的'气'，都对应于它们的类。所以（故）南方有不死的草，北方有不融化的冰。"*

这里探求的理解模式是联想的而不是演绎的。事物之间的联系控制着事物所经历的转化，这种联系是起主导作用的观念之一，引导着讨论并突显其风格。这里种类或类别，也就是"类"，不是安排成一种等级分明的分类学结构，而是谋划成事物之间的互相联络和相互关系。比如，五行中的每一项都联系着一组涵盖很广的项目，其中不仅包括（正如已经提及的）颜色，还包括基本方位、感觉器官、人体的主要内脏、某几种动物、农产品等，除了许多其他东西之外，比如还有生活在不同地方人们的性格。结果表明生活在中央区域的人拥有最好的性格：那里的人们"聪颖精明而善于治理"**。[18]

《淮南子》全书的焦点是事物的相互关系而非事物的本质。中心思想是（反复强调）五行、天地和具有各种各样表现形式的阴阳的互相依赖。正如在卷五"月令"*** 中，当君主本人的行为成为讨论的主题时，训诫公然变得有政治意味了。正如季节是按照星宿位置的变

---

* 此四处对应古籍原文分别为：清妙之合专易，重浊之凝竭难，故天先成而地后定。……天道曰圆，地道曰方。方者主幽，圆者主明。明者，吐气者也，是故火曰外景。……火上荨，水下流，故鸟飞而高，鱼动而下。物类相动，本标相应，故阳燧见日，则燃而为火。……皆象其气，皆应其类。故南方有不死之草，北方有不释之冰。——译者
** 古籍原文为：慧圣而好治。——译者
*** 《淮南子》卷五为"时则训"，与《礼记·月令》内容类似，作者此处对两者有所混淆。——译者

化做好编排，随着阴阳消长的规则循环而更替，同样，君主的行为必须遵守规范，根据季节更替来调整他的活动。有些月份适宜更为仁慈的处罚，另一些月份则适合更为严厉的处罚；有些月份适合贵族领受封地或者建造军事要塞，另一些月份则要避免这些事情。如果君主的行为背离了这些规范，后果将会是可怕的天灾人祸（倒不是说《淮南子》用这样的词语作出了这样的区分）。

在这一点上可以针对它们自身提出两项异议。考虑到亚里士多德和《淮南子》用如此不同的风格表达了他们世界观的政治影响，可能会让人以为在这两个案例中我们所论及的东西是十足神秘化了的——对季节、动物等等东西的描述纯粹是意识形态上的，把道德和政治上的评估冒充成看上去它们是自然的。然而，价值即使不是公然地属于政治的东西（尽管有时它们也是政治性的），也是为所有的科学所固有。此外，古代著述者从事他们的研究，其着眼的目标不仅仅是为了理解事物，更为了怎样生活。带着政治寓意的意识形态确实存在，但是这并不意味着这些宇宙学理论不是对理解体验的严肃尝试，这种体验涉及所有复杂事物的宏观世界和人体内部的微观世界。

第二项异议是第一项的延续，它批评这样一种想法：采用他人的观点来看看他或她当时在做什么就等于（在许多案例中）放弃了所有的批评态度。沉浸到炼金术研究中去，情况就变成你无法阻止你自己成为一位炼金术士，或者，引用一个来自人类学家卢尔曼（Tanya Luhrmann 1989）的活生生例子，她研究巫术（witchcraft），结果变成了一个巫婆（witch）。但是，第一点，我强调采用一个观点和同意这个观点这两者之间的差异。然后，第二点，当我主张理解异域思想体系的可能性时，我承认上述努力只有在如下情形下才是有道理的：我们能够从对亚里士多德和《淮南子》的深入接触中学到一些东西，很粗略地说，学到一种关于这个世界和人类在这个世界中地位的不同观点。

现在让我重述一下我在本章中的论述要点。在开始我提出了这样的问题：存在一种共同本体论吗？存在所有世界观都以之为目标的一个共同世界吗？这两个问题必须回答清楚。显然，不同的中国和希腊思想家——不只是亚里士多德和德谟克利特，《淮南子》和《庄子》，还有许多其他人——描述的世界有很大的不同。这些差异也不随着我们对东西方作出的某种一般性对比的结束而被揭示清楚了，因为希腊和中国古代宇宙学中的许多重要差异还没有得到考虑。

我们在不同世界观中发现的不同之处，部分与不同的研究风格相联系，这些不同的研究风格本身由不同的观点和不同的先入之见构成，它们受到来自文化、价值观念和意识形态的不可否认的影响。在这个意义上，相对主义作出了一些有效的论断。然而这只是部分的解答。首先使用理论负载度的差异，然后使用我称之为的材料的多维度性和开放性，我们能够支持这样的主张：尽管他们的世界观有差别，亚里士多德和《淮南子》的作者在某种意义上始终居住在同一个世界里，事实上也就是我们的世界。

对于他们而言，也对于我们，这个世界显然不能用一种理论中立（theory-neutral）的语言去理解。这个世界能独立于一种观点来定义，并不是说它在意义上是单一的。然而各种观点之间的差异并没有排除使那些观点能成为观点的那些要点之间的联系。这一点正是被说明项的多维度性容许不同的、但仍然相关的解释的基础。并不是所有的解释纲要、所有的观点都一样是可辩护的，或者对那些提出它们的人的同时代人而言看上去是同样合理。相反，它们经常是一些大辩论的主题。如我们所见，有时这种争论集中在技术问题上，如我从《后汉书》和亚里士多德那里引述的天文学和地球物理学的例子。但是更为常见的是，争论的内容包括更为根本的策略性问题，譬如试图给出什么样的解释，或者对人类在世界中地位的理解具有某种潜在含义的世界观问题，有关人类行为的问题，有关伦理的问题等。

在许多科学家和其他人看来，今天的科学应该关注前一类问题，并排除后一类问题。然而，虽然不牵涉伦理而从事科学研究是完全有可能的，但是，我已经强调过了，科学研究不可能不具有或多或少的理论负载的假设。此外，瞬息的反思也有助于提醒我们，今天的科学或宇宙学观念也常常被认为对我们的自我理解具有意义，尽管从大爆炸学说或人择原理（anthropic principle）或海森伯不确定性原理或达尔文进化论等出发，我们能推论出**什么东西**——或者甚至是否**能**合理地从这些学说中推论出任何东西来——就像任何古代宇宙学争论那样，也是一个争论不休的话题。这些问题与我在接下来的两章中要考察的不同研究风格之间的差异有关。

第八章　分类的使用和滥用

　　分类体系（systems of classification）对世界观的建构有什么影响？这样的分类体系在多大程度上形成了这种世界观的无争议的基本预设？或者它们在什么程度上成为那些使用它们的人有意识的反思和批评的对象？分类体系已经得到社会人类学家、认知科学家、哲学家、语言学家和历史学家的广泛研究。考察他们的争论对于澄清已经被卷进这一组研究中的基本哲学问题有什么帮助呢？这些基本哲学问题有：实在论与相对主义之间的冲突，不同信仰体系之间的可通约性（commensurability），科学与通俗信仰之间的关系等。有关自然现象和文化现象的比较资料，能够用来为实在的多维度性和研究风格的多样性提供进一步的证明。这将允许我们对前面四章提出的关于共同逻辑、探索真理、信仰的可疑性和共同本体论等问题进行深入的探讨，并作详尽阐述。

　　我们可以从一场著名的论战开始，这场论战源自一个两难困境，或者至少源自两种相互冲突的直觉。第一种直觉是自然类（natural kinds)具有跨文化的普适性。"自然类"包含些什么，可能还是有争议的：但显然是一些生物学上的东西，如动物和植物，也许可以被当作典型。所以，跨文化普适主义观坚持认为，譬如，狮子和老虎在全世界的动物园里都仍是狮子和老虎。

然而，第二种直觉是自然类的分类源自文化，或是一项文化工作。这是涂尔干和莫斯（Durkheim and Mauss 1901—1902/1963）的一个著名论题，此后汤比亚（Tambiah 1969）追随莱维-施特劳斯（Lévi-Strauss 1962/1969）又提出，动物对思考有益——也就是说有助于思考。于是，这一观点坚持认为，用"动物代码"（animal codes）来思考其他事物的方式，在世界范围内具有巨大的多样性。

我的策略是首先详细阐述和澄清这两种观点，对双方使用的一些证据和论点进行评估。然后我将进一步考察分类在我一直关注的希腊和中国这两个古代文明中发展起来的研究风格中所起的作用。这里我们必须研究的问题首先涉及对种类、类别和分类学领域本身所作的假设。比如，自然现象和社会现象的分类有什么样的联系？在什么程度上那些假设得到了明确的分析或质疑？有多少空间留给那些被确认了的、并要被融合进已存在的分类体系中去的新知识？或者这种新知识在多大程度上提示了对旧分类体系的修正？一些主张自然类的跨文化普适性的人已经假定了知识发展趋向单一的分类体系。来自希腊和中国的证据在多大程度上支持这样一个观点？然而如果它不支持，或在一定程度上不支持上述假定，那么，无论在已经确定的分类中，还是在分类观念本身当中，我们能否确认那些可以说明让分化持续进行的因素吗？分类毫无疑问是所有语言使用当中普遍存在的固有特征。但是，在多大程度上，必须仔细检修、甚至可能放弃已经存在的传统分类体系，会成为知识探索本身进步的一个必要条件？或者在多大程度上知识能够在这样一个体系框架内增长？

我们研究的第一步以如下这个生硬又简单的问题作为起点：自然类是不是跨文化普适的？对此问题的肯定和否定回答都有不同的表现形式：两者都有强和弱两种版本的表述。肯定回答的强版本认为，对（譬如）动物分类的了解在**所有**人类当中是固有的——或对应于一种认知模块（cognitive module）；弱版本承认，在绝大部分人类当中，对绝大多数动物种类而言，它通常是对的，但是不把自己束缚在一种普遍性当中。正如我们将要看到的，有时他们的主张是动植物分类单元的**等级**对所有人类而言都是等同的；但是有时他们的主张是关于认识到的动植物种类本身。[1]

上述问题的否定回答强版本认为，我们在各种不同文化中发现的关于动物的分类和其他自然类都纯粹是文化产物（等同于它们的社会归组的分类）；而弱版本仅仅强调文化是主要因素，但不是唯一起作用的因素。

很明显，无论是肯定的一边还是否定的一边，论题表述得越弱，双方和解的机会就越大，尽管无论表述得如何弱，他们可能在问题的重点、发挥作用的因素（自然或文化哪个更重要）等问题上仍然不能达成一致意见。然而，到我们的研究结束时，我们将会看到，需要对争论双方通常似乎都接受的假设，即生物学上物种观念本身的长久生命力，提出疑问。

当我们深入探究我们列举出的与这些主题有关的不同类型的证据和论点时，就需要作出进一步的澄清：但是有三点应立即被提出来。首先，在以下两种观念之间有很大的差异，一种认为存在（或不存在）分类的固有趋向；另一种认为存在（或不存在）用一组特别的属

（genera）或种（species）以特别的方式进行分类的固有趋向。是自然（或文化）支配种类（大体上）的结果——还是本身存在着种类的结果？一些普适主义立场的陈述与前者相一致，尽管通常他们意味着后者。至于那些种类是**哪些**，在普适主义者看来，通过反省，我们应该能知道（难道我们不能吗？）：我最初的例子是狮子和老虎。在文化相对主义者看来，恰恰相反，正是文化的多样性被引证来解释世界各地实际分类中假定的多样性。至于这种多样性**到达**什么程度，这是一个关键问题，但不是如人们可能会以为的通过经验的探究便可直接求解的。

第二点，相关联地，我们是在谈论我们在不同文化中实际发现的**明确**分类呢，还是在谈论那些分类中或表达种类间差异的自然语言中所**隐含**的论题呢？这些论题与人们**说**了什么有关，还是与人们**假设**了什么有关——这一点可以通过提出适当的问题或考察他们语言的其他特征来进行研究。因而，在有些文化中没有一个类同于"植物"的术语，然而，说那种文化中的人们同样能够认识植物，是没有问题的。人们可以推断他们即使没有这个术语但有这个概念，例如，如果他们仅对所有植物使用一种特殊的数字类别词［例如，对策尔塔人（Tzeltal）＊的研究报告中所指出的那样[2]］。因而一些（但不是所有）固有观念说（innatism）也承认人种学文献中在动物、植物和矿物的实际分类法上有相当大的多样性，但在隐含层面上赞成固有**普适性**。

第三，继续深入到这最后一点，明显的或隐含的普适性有没有抓住问题的要点？假定的普适性和科学的结果之间有什么关系？一些科学社会学家主张（如我已经指出过的），科学本身必须被相对化成是生

＊　墨西哥东南部恰帕斯中部的玛雅印第安人。——译者

产出它的共同体的产物。从文化相对主义观点来看，一个社会对动物和植物所作的分类与它的科学相一致，但是按照这种观点，就没有办法推论出科学是一种普适的非文化相对的现象。然而，在社会人类学和发展心理学领域内挑起争端的那些人没有几个是属于科学社会学家那一伙的。他们更倾向于采取一种朴素实在论科学观，尽管，固有主义者假定的或认为的普适性是否与科学相符合这个问题在朴素实在论观念上仍旧是悬而未决的。我将在适当的时候回到这个问题上来。

以上就是对相关问题的各种不同表现形式作出的初步澄清。被拿来使用的证据有三种主要类型，第一种是发展心理学家使用皮亚杰的方法对婴幼儿展开的研究工作，我们当然不必一定同意这种方法。第二种是对不同社会的实际分类体系进行分析。第三种来自人种学田野工作，这种工作与其说是在描述实际分类，还不如说是在研究使用这种分类体系的人实际上认识到了什么（这一点对应于我刚刚作出的第二个区别）。对于每一个范畴，可能想要调查的潜在研究领域是浩瀚无边的。在本次讨论的范围内，我必须作出果断的选择，不顾我因此会产生的偏见。在第一种情况下，我将大体上集中在凯里（Susan Carey）和斯佩尔克（Elizabeth Spelke）的工作上，第二种情况我关注C·H·布朗（C. H. Brown）追随伯林、布里德洛夫（Breedlove）和雷文（Raven）等人的经典论文而完成的工作，第三种情况我以阿特兰及其合作者的工作为中心。

凯里（Carey 1985）完成了一项影响深远的研究，该项研究又在与斯佩尔克的合作（1994）中继续推进，最后得到的是一个修订版本，在该项研究中她们宣称幼儿一开始不拥有一个对应于**生物类**（Living Kind）的核心区（core domain）。换句话说，他们最初不拥有一个朴素的固有**生物学**；而是拥有一个**生物**（Animate Being）区，既包括了人，也包括了动物，完全是在朴素心理学基础上组织起来的。起初，动物行为是用纯粹的心理学词汇——例如用需要、相信等词——来理解的，只有到了后来，儿童才明白生理学过程可能不靠心理学上的驱动，也就是说，那时儿童获得了一种与朴素生物学相对应的新认知模块。1985年凯里把那一步转折（transition）定在10岁左右，但10年后（Carey 1995；299）她把它定得稍微早了一点，也就是在六七岁之间，然而仍旧坚持朴素生物学比朴素物理学和朴素心理学来得晚。

这里从主要与我们有关的观点来看，有两点是基本的。第一点是（如皮亚杰本人所说的）我们研究的是儿童发育不同阶段之间的转化。就所谓的固有（hard-wiring，在这个意义上是指天生的意思）而言，在凯里看来，儿童似乎不是从一出生就被固有到生物学，尽管固有论者可能还是要声称儿童在某个特别的发育阶段被固有成能够获得朴素生物学。

转化开启了对起作用因素进行质疑的大门——这是我的第二个观点，这些起作用的因素实际上就是在发育过程中来自外部文化的可能输入。认知模块（一些人提出这个概念[3]）不一定要求是天生的：但是它们是怎么获得的，这点总是处于疑问之中。到底有多少促进因素来自外部文化环境？儿童从其成长起来的社会的自然语言中获得的东西到底发挥了什么样的作用？正如围绕凯里的结论所发生的争论所证实了的，西方的儿童发育研究争议不断。一些研究者对可能的文化偏差问题给予了应有关注，但是现阶段这种对非西方儿童的跨文化研究还没有成熟到足以提供决定性的证据，以辨别相互竞争的论题。然而，我们也许可以提及稻垣和波多野（Inagaki and Hatano 1993）对日本儿童发育做出的一些研究，研究结果似乎表明他们获得了一种独特的活力论（vitalist）概念，这个概念似乎受到了日本"气"（参阅中国的

"气"），也就是说呼吸/能量的影响。[4]

对各种自然语言中实际分类体系相关文献的参考，把我们带向了第二种主要证据类型。伯林等人（Berlin, Breedlove and Raven 1973）概述了数量相当可观的民间生物学分类资料，这些是人种学家在全世界进行广泛研究所取得的成果。这项工作以伯林和凯对颜色术语的研究（我在第七章讨论过）为榜样，模仿他们的研究方法并得到了类似的结论。主要的结论是，在世界范围内，有5级或6级如果不是普适的也是普通的人种学分类，这些分类支撑起并体现在各种各样的分类系统中。在5级分类版本中，这5种分类是：初级分类（unique beginner）、生命形式（life form）、属（generic）、种（specific）和亚种（varietal）。布朗（Brown 1984）发展了这一体系，提出了一个各类别获得的先后顺序——可是也应该指出，伯林本人在他更为晚近的书（Berlin 1992）中修正了他自己原先的一些见解。

我在上一章中详述了这个研究领域里的一般性方法论困难，这种困难主要源自研究者所使用的研究方案已经预设了他或她所感兴趣的区分。在对颜色术语的研究中，存在的问题是，当研究对象被展示了色块后，他们的回答就被解释成不同的色调，尽管他们本来使用的术语中对颜色的区分可能很不一样。所以，如果提出的问题中预设了已经存在的动植物种类或种群（就如研究者自己所确认的），类似的异议仍旧适用。答案将会与假定的自然类相匹配，即使这些答案可能不符合这些所使用的术语的原始含意。

来自我下一位证人阿特兰（我将简略提及）的一些容易使人失去戒心的评论，能够对一些方法论问题和一些跨文化人种学普适性主张所要面对的困难施加一些压力。正如我们将看到的，阿特兰本人与其说是对他研究的部落[主要是现代危地马拉佩滕省的伊察玛雅人（Itza-

Maya)〕中实际使用的明显分类学感兴趣，还不如说是对他们辨认出来的隐含种类感兴趣。但是在一篇文章的脚注（Atran 1994：336 n. 4)中，以及在1993年巴黎一次会议上他所做的口头报告的一些评论中，他提到了他首次到达研究现场时所遇到的一些问题。他获得了相当多的经费去研究伊察玛雅人，这是最后幸存在中美洲的玛雅部落之一。他的研究团队（人数几乎与他们要研究的对象一样多）本身是很了不起的，然而当他们首次开始询问他们的研究对象时，他们一筹莫展。这些伊察玛雅人的分类是按照野生和家养，可食用和不可食用，陆生、水生和飞禽等方式来区分的，对于阿特兰的研究计划（探索跨文化普适性）而言，看来是毫无希望的。只有在当他和他的队员开始问起伊察玛雅人关于什么种类的东西与其他东西"相配"（*et'ok*）的时候，他们才发现他们可从中推论出他们在寻找的相似性和差异性的识别。

我将在稍后评论阿特兰本人的论文。而现在先来看看与在伯林和凯的颜色术语研究模型基础上展开的人种学研究相关的一个关键点，即提问的设计会消除研究对象的**真实**兴趣。正如阿特兰本人最初的经历所表明的，伊察玛雅人的民间分类学（至少）展示给他的不是对动物分类的关心，而是关心对于**他们的**文化而言至关重要的那些对比性，例如，可驯养性、可食用性和栖息环境等。

然而阿特兰本人的工作又如何呢？他有着非常不同的关注点，他不关注从对问题——这些问题围绕着经确认的动物种群而设计出来——的回答中获得的明显分类法，而是关注从中抽出的隐含分类，他问什么动物与什么动物"相配"，什么与什么相似，它们的相似程度有多近。他对相似程度的分析是深奥微妙的：但其所用的方法有一些其他方面的问题。他的伊察玛雅人研究结果基于非常少的研究对象（1994 年论文中是 10 个，1995 年论文有 12 个，同时用了同样数目的密歇根学生作为对照组），而且这些研究对象必须训练（"使熟悉"）使用展示给他们的不同物种的名称卡。在有些情形下他们不得**不被教会**正确的名称：然后测试他们是否明白了，谁要是不明白，那么在随后的研究中就被弃用。更有甚者，他们还被问到他们如何给一些他们从来没有见过的动物（和其他物体）的"相配程度"进行分类。其中就有"知更鸟"（robin），但是对于有人提出的异议〔认为这个名称含糊不清，因为北美旅鸫（North American robin）和欧洲一种相当不同的鸟通用这同一个名字＊〕，阿特兰再次很不严谨地认为这没有关系。这两种鸟都是画眉，而知更鸟无论怎么说都更接近于孔雀而不是桃花心木。

把方法论方面的问题先放在一边，阿特兰的结论又如何呢？他声称，尽管在他的伊察玛雅人研究对象和他另外调查的一组密歇根学生之间，以及前述两者和"科学"——也就是进化分类学所表明的——之间，有一种高度相关性，他在 1994 年的论文的结尾处却挑战了这样的观念，即存在一种**朝向**科学的正态的概念收敛（normal conceptual convergence）。在别处，他也把他发现的跨文化生物学普适性与科学观作对比。存在着这样一种收敛，并且日益复杂的分类法伴随着日益增加的精确性，这两种观念从皮亚杰本人开始就已经在哲学和心理学领域广泛传播。

但是随之而来的问题（至少是关于科学的实在论解释）会陷入一个进退两难的困境。如果跨文化普适性与科学相符合，我们似乎都是天

＊ 北美旅鸫和欧洲知更鸟属于两种画眉。北美旅鸫身长 25 厘米，背部灰褐色、胸部铁锈色羽毛，栖息于落叶林和城镇中，以蚯蚓、昆虫和浆果为食。欧洲知更鸟分布在欧洲、西亚和北非部分，身长 14 厘米，背部羽毛呈橄榄褐色，腹部白色，脸和胸部铁锈橙色。——译者

生的科学家。那么由于我们的"核心认知装备"(core cognitive equipment),科学将变成是对我们一直知道的东西的确认[这个观点,加上其他的如乔姆斯基的"深层结构"(deep structures)观念,与柏拉图的"回忆"(*anamnesis*)说有明显的亲缘关系,柏拉图认为知识是一种"回忆",是永恒的智力**形式**(intelligible Forms)]。但是,把近年来发生在进化分类学中的争论描绘成纯粹是对那些相关概念或多或少的精确内省的结果,这似乎非常让人难以置信。稍后我将回到这场争论中来。

但是,如果研究的结果与科学不相符合,科学家如何来证明他或她自己的认知装备不正确呢?在这件事情上,看上去似乎有人在用这个"装备"玩游戏。

一条**中间道路**(via media)——我们的核心模块给了我一些但不是所有科学所告诉我们的东西,但还有更多工作要做——仍旧给两者之间的关系留下重重疑问。

阿特兰提到科学与他称作的"常识"之间的"割裂"(rupture,如他所用的词汇)问题,但是声称这不是什么是"正确的"和什么是"错误的"之间的问题。"而是,世界怎样(理想地)自身独立于人类观察者而存在,以及无论科学坚持什么样的实在而世界都怎样必然地显现在人们面前这两者之间的问题"(Atran 1995:229)。但是,为了了解世界本身是怎样的,我们作为人类没有别的选择,只能诉诸人类观察者,在这个意义上,这似乎看轻了人类对科学的投入。此外,那个表述还留下了未解的难题:假定人类科学家否定世界必然显现在所有人(包括科学家自己在内)面前的那种方式,那我们又该如何呢?[5]

而且,我们现在认为我们所知道的有关动物和植物的分类学,是高度复杂的，对于某些版本的跨文化普适性提议应该感到深深的忧虑。科学不只是拒绝了本质论（essentialism），也从根本上推翻了动物学和植物学的物种观念——以至于现在有了难以计数的文献，在此基础上迈尔（Mayr 1957，参阅 Mayr 1969，1982，1988，Hull 1965，1991，Stanford 1995）对物种问题进行了抨击。确实，在高等动物中也许存在着合乎逻辑的分类学上的进化顺序，但这一点在低等生命形式那里立刻就不适用了。正如贾丁和西布森（Jardine 1969，Jardine and Sibson 1971）所证明的，为了得到一种有序的分类学，所援引的相似性和差异性不得不先进行**加权**处理，而这一做法显然冒着循环论证的风险：你取出来的就是你放进去的。

贾丁和西布森确认了不少于 6 条标准，来决定什么样的种群应该被赋予一个物种的等级。它们是：（1）形态学，（2）生态幅度（ecological range）上的差异，（3）互交可孕性，（4）细胞学——比如染色体数目，（5）血清学，（6）DNA杂交的程度。尽管一些使用了不同标准的结果能趋于一致，但对所有的情形而言还远非正确。尤其对形态学标准和互交可孕性标准而言更是如此。如果仅仅使用基因流论证（gene flow argument），每一个无性生殖生物的个体都不得不被认作是一个物种，因为它们不输出和输入基因（Jardine 1969：45）。贾丁还对试图在像肠杆菌科和山榄科这样的案例中强行设置一个分类等级所造成的曲解作了评论（1969：50）。问题也不只是限制在物种层面上。在科层面以上，植物的**分级**仍处于深深的争议之中，尽管已经作出了非常多的努力，包括为此成立了国际性的委员会（例如，见 Lanjouw et al.，1961），来加强标准化。

以上是我对认知模块一些近期研究所作的快速概览，很难说对这项工作的丰富性和复杂性作出了全面公正的评价，但足够说明在这项研究中所牵涉的证据和所持有的见解的极其多样性。然而，在文化相对主义者这一边情况又如何呢？它也有强弱不一的假说吗？它也有概念上和经验上的难题吗？在 20 世纪 60 年代和 70 年代，从莱维-施特劳斯（Levi-Strauss 1962/1966，1962/1969）开始，经由道格拉斯（Douglas 1966，1970）、布尔默（Bulmer 1967）和汤比亚（Tambiah 1969）等人的经典研究，展示了"动物代码"（或者说很多动物代码更为恰当）如何被运用在各种场合，它不仅被用在动物上，也被用在各种各样的其他事物上。动物分类学通常关系到并揭示出血缘关系，婚配规则，以及有关亵渎和禁忌、宗教、社会和道德价值。但这些不是动物"有助于思考"的全部方式。动物之间被认识到的或假定的差异，经常被用来描述人类特征之间的差异以及那些想象出来的人种之间的差异。

但是，如果说这些总的趋势是非常普遍的，那么动物实际被拿来使用的方式却是千差万别的。例如，在古希腊和古代中国都有动物分别代表狡猾、欺骗、贪吃、淫欲、污秽、勇敢、怯懦、聪明、愚蠢、残忍、勤奋、富裕，等等，但是在这两种文化中，每一种情况不一定都用**同一种**动物。[6]此外，把其他人比作动物也是很常见的（这种做法在近代早期的欧洲尤其兴盛），但是不仅在什么人种更像什么动物的问题上有很多不同答案，而且基本的动物象征意义也是变化不定的，甚至只在欧洲内部也是如此。[7]

但是，跨文化普适主义者的问题是要为动物代码在世界各地遭遇到的实际多样性保留一切或足够的余地，而文化相对主义者的问题则反过来。文化相对主义者的优势在于，把在不同社会中发现的有关（比如）动物的实际观念，与这种观念在所讨论的社会的文化特异性背景——其价值体系、婚配规则、社会秩序或无论别的什么——中的运用联系起来。但是相反的弱势是，这有时让事情看起来似乎动物可以被拿来无论怎样使用都可以而**没有**约束，似乎文化可以照它的喜欢随意划定边界——然而他们实际上做的却是尽他们所能地使用当地的动物群，从狮子和老虎到穿山甲和食火鸡。超出本地动物群之外的文化代码单元也被构建起来，通常对应于可认识的动物种群，即使这些代码可能也包括"鬼怪"或"精灵"或传说中的动物，它们被看成是与其他动物等同的。

对于心理学和人种学方面的争论，我就从一个局外人的角度给出了如上这些评论，因为我不能声称在这些相关领域内给出了专家意见。我本人当然没有做过三年之久的实验去探测他们有无这种认知模块，我也没有深入到中美洲或任何其他地方去做过有关民间分类学的实地调查。但是，首先，面对这些争论所采取的态度当然与我提出过的基本主题有重要关系，这些基本主题尤其涉及不同的古代社会，特别是古代研究在什么样的条件下得以发展的分析，以及古代研究的发展可能处在什么样的约束之下；其次，反过来，从对古代世界的研究中得到的结论，可能会对那些争论中的更为一般性的问题产生影响。对于古代希腊和古代中国，我们都拥有他们表述得清清楚楚、明明白白的理论学说：我们确实掌握着一些针对这些理论学说的古代反思和批评，我们可以按照历史发展的过程来研究这些问题，并思考那些观点发生了变化的原因——这些变化是否朝着后来人们前进的方向，不论是在所研究的社会内部还是外部，这些都导向一种更为精确的解释。

古希腊和古代中国都积累了一大堆关于动物种类和植物种类的知识，包括诸如不同动物的妊娠期、栖息地和食谱、捕食和被捕食关系、繁殖方式等等问题。在希腊这一边，我们拥有极为著名的亚里士多德和特奥夫拉斯图斯（Theophrastus）的动物学和植物学著作。在古代中国，即使没有类似于希腊的系统著作，但是也有像《尔雅》这样的书中关于命名法的讨论，有关于草药和兽医学的专门著作，在《淮南子》中尤其对诸如动物生殖、它们的行为模式、起源和变异等问题进行着持续不断的思考。

但是，尽管在两个古代社会中，我们可以追踪他们对动物和植物所做的某种类型的研究的进展，然而他们在多大程度上被同样的兴趣和先入之见（换句话说，同样的研究纲领）所驱使，这是一个非常不同的问题。我们可以用这两个古代社会去测试与分类体系和分类观念本身的变化有关的假说。[8]持续不断的研究在多大程度上导致对传统假设作出修正？一直处于隐讳状态的东西在多大程度上被清楚地描述出来？这些古代社会的资料是支持跨文化普适主义假说，还是支持文化相对主义假说，或者表明了这两者都有问题？

乍一看就可以看出在中国和希腊对动物代码的使用方面显示出重要而广泛的相似性。我已经说到过动物种类——尽管不总是同一种动物——如何被用来表示典型的人类性格。同样的用法也被用来表示其他民族，这里我们要注意到汉语一个独具特色的特征，许多用来称呼异族的名词都带有他们所熟悉的动物的偏旁，猪（豕）、羊（羊）、"昆虫"（虫*）、无足爬虫（豸）和狗（犭）。尤其是最后的"犭"，有不少于9个著名部落的名称以它为偏旁（狄、犹、猓、猺、獏、獠、獯、狘**、猡），还有许多其他不大著名的部落名称也以它为偏旁。

希腊跟中国的第二点相似涉及关于生命的等级或层次的假设。一

---

* 此处作者原文为 hui。因为"虫"的甲骨文字形像蛇形，本读 huǐ，即虺，是一种毒蛇，从"虫"的字多与昆虫、蛇等有关。——译者

** 原文为 xiao，疑误，书末术语表中只列有 xian（猃）与之形近。——译者

般而言，在希腊——也曾经有过激烈的争论（Vernant 1972/1980，Detienne 1972/1977）——人类被夹在诸神和其他动物中间。人类与其他动物一样最终是要死的，但是他们由于其他的原因而与其他动物有区别，因为他们供奉诸神。在中国，人一方面经常与精灵或超凡的神做对比，另一方面则与家养的和其他动物成为对照。

此外，在这两个古代社会中，这些观念被编撰成典籍并成为明确而详细阐述的主题。亚里士多德思考生命能力（vital faculties）的层次。植物拥有营养和独立繁殖的能力。按照通常被表述的观点，[9]动物至少拥有知觉，还可能拥有移动、欲望和想象的能力。人类在上面这些能力之上再增加一条"理性"（nous），但是他们与其他动物一样拥有其他能力这个事实，决定了他们与其他动物的共同天性。诸神当然是不同的，因为他们只有一种能力，那就是理性。

这种对生命能力的分类不同于、但至少大致类似于譬如《荀子》（9：69 ff.）一书中设立的生命阶梯等级。在该书中我们读到："水火有气而无生，草木有生而无知，禽兽有知而无义，人有气、有生、有知，亦且有义，故最为天下贵也。"（参阅 Graham 1989：255。）希腊哲学家通过认知能力把人区别于其他动物，中国古代的思想家则通过是非道德观念把人区别于其他动物，这一点非常突出。

到此为止所做的希腊—中国比较产生出一些基本的相似性，他们都对动物和植物的分类以及它们的各种用法感兴趣。这种分类，无论在中国还是希腊，都决不是价值中立的，特别是动物代码，被用来表示不同种族之间的差异，这其中浸透了各种各样的道德评估和价值判断。

然而当我们更进一步更深入地来看时，一些基本的差异就开始出现了。如果我们以《淮南子》尤其是卷四中所用来对不同动物种类进行评述的框架为例，就会发现在某些关键方面与亚里士多德所说的非常不同。确实，亚里士多德对动物学分类的兴趣程度究竟几何，仍是有争议的。[10]然而他的动物学论文要做的是分析他所描述的动物学现象的**原因**，这点无论在哪里都是得到公认并且也是很明显的。他的动物学是他的"物理学"（*phusike*，对自然的研究）的重要分支之一，这点具有非常特殊的价值。正如亚里士多德本人在《论动物的器官》（*On the Parts of Animals* I ch. 5，644[b]24 ff.）中告诉我们的，如果我们付出努力，我们就能够学会关于每一种动物的大量知识，不只是人类这种我们最熟悉的动物，还有每一种其他动物，不管它的地位可能何等卑下。然而，他赶紧补充道，我们的研究应该主要指向形式因和目的因，而不是质料因。实际上质料因服务于揭示自然中的美。

《淮南子》卷四主要用于阐明它确认的5种主要动物类别之间的区别。它们是(1) 裸体的（这里视同为人类[11]），(2) 长羽毛的，(3) 长皮毛的，(4) 长鳞甲的，(5) 长介壳的(16A9 ff.，参阅 Major 1993：208 ff.)。* 我要指出的是，这里《淮南子》没有使用像"动物"(animal)这样一个包罗万象的词汇。经常用来指称非人类动物的词"兽"，在这里指长皮毛的；也没有使用"动物"（*dongwu*）这个词，它的字面意思是"移动的生物"，[12]其他可能用到的专业术语有"畜"，一般是指家养动物。然而，《淮南子》当然可以被认为拥有一个指称所有这五类生物的概念类别，其中（《淮南子》9B1 ff.，参阅 Major 1993：179 ff.)用到了成对的种差(differentiae)对照，包括：(1) 卵生和胎生，也就是西方分类中的卵生动物和胎生动物，(2) 游于水者和飞于云者，(3) 动物中的"啮吞者"和"嚼咽者"，这一对又

---

* 此五处对应的古籍原文分别为：躶者、羽者、毛者、鳞者、介者。——译者

对应于(4)身体上有"八窍"和"九窍"的动物。此外(5)"戴角"对"无角",(6)"膏"对"脂"*,(7)有"前齿"(门牙)对无"前齿",(8)有"后齿"(臼牙)对"无后齿"。这种以多种方式组合成的两两配对,与其说是提供了一种单一的两分法分类等级,还不如说是形成了一个复杂的多性状网络(参阅 Needham 1980: ch. 2)。

《淮南子》也涉及了这五类生物的**起源**问题,对后面四种("裸体的"除外)的每一种,其解释的结构遵循类似的模式。起先都始于一种传说中的或神话中的动物,这种动物的名称成为对应的每一类的名称。这样,"长羽毛的"类都是一种叫做"羽嘉"(Feathered Excellence, 16A11)的动物的后代,"长介壳的"则来自"介潭"(Shelled Pool)。这种最初的动物都各自生出一种特别种类的龙,并且各自传递了几代神话中有神性的生物(其中包括有凤凰和麒麟),之后我们才遇到了每一类中普通平常的"庶鸟"、"庶兽"、"庶鱼"、"庶龟",它们各自生下所有的"长羽毛的"、"长皮毛的"、"长鳞甲的"和"长介壳的"。"裸体的"和普通人类的起源故事与其他四种不大一样,它们没有经历龙的阶段,而是经过"海人"(Oceanman)和"圣人"(sages)。然而这个说法最后提到,所有五类生物繁盛于这个外部世界,按照它们各自的形态繁衍下一代。**

在这一解释中,有两个很醒目的基本特征,将会指明中国和希腊

---

* 此处原文为"肥"(fat)对"不肥"(non-fat),似乎不确。《淮南子》此处对应的古籍原文是"无角者膏而无前,有角者脂而无后"。按照《说文解字》:"膏者,脂也。凝者曰脂,释者曰膏。"——译者

** 与这一段论述大致对应的《淮南子》古籍原文为: 肢生海人,海人生若菌,若菌生圣人,圣人生庶人,凡肢者生于庶人。羽嘉生飞龙,飞龙生凤凰,凤凰生鸾鸟,鸾鸟生庶鸟,凡羽者生于庶鸟。毛犊生应龙,应龙生建马,建马生麒麟,麒麟生庶兽,凡毛者生于庶兽。介鳞生蛟龙,蛟龙生鲲鲠,鲲鲠生建邪,建邪生庶鱼,凡鳞者生于庶鱼。介潭生先龙,先龙生玄鼋,玄鼋生灵龟,灵龟生庶龟,凡介者生于庶龟。暖湿生容,暖湿生于毛风,毛风生湿玄,湿玄生羽风,羽风生煖介,煖介生鳞薄,鳞薄生暖介。五类杂种兴乎外,肖形而蕃。——译者

之间在分类方法、分类过程中起作用的兴趣所在，以及分类与种类概念本身等几方面的根本分歧。

（1）首先，在《淮南子》的这一卷或书中其他地方的解释中，在过去的有神性的或传说中的动物，或从来没有被看到过的动物，与普通的动物之间是完全**断裂**的，在这一点上这种解释失去了意义。相反我们知道，普通平凡动物其起源都回溯到传说中某一指定的动物。这当然不是进化理论，也不是那些与起源传说界线分明的我们称之为"动物学上的"兴趣。可是这并不是说，这些现存的主要种群本身的生存能力失去了意义。它们以明确的特征加以清晰地区别，并且，正如指出过的，它们依照各自的形态繁殖。然而在其内部给出解释的基本框架是关于变化和转化的故事之一。这当然不是一个关于物种的永远稳定性的故事。

几乎没有比这些与亚里士多德（至少）之间的对比更引人注意了。[13]他的动物学中表述得最为清楚明白的主要概念之一——虽然这常常是不言而喻的——是自然观念本身，它以某种基本方式构成了他的研究方法。首先他时刻保持着警惕，在动物学，也在其他地方，用一种轻蔑的态度反对那种具神话色彩的东西。他反复地批评那种"人们通常相信"、"据说"、"据传闻"之类的说法，只要这种说法在他看来是不可能的或荒谬的[14]——或者他干脆就暂缓判定并要求做进一步的研究和证实。一些特别的作者，不仅仅是诗人，还有像克特西亚斯（Ctesias）和希罗多德（Herodotus）这样的散文作者，都因轻信而受到他的谴责。希罗多德可能兴高采烈地给出了一个从诸神开始最后到人的世代谱系表，但那只是一种"神学"。幻想出"牛头人"和"人头牛"的恩培多克勒（Fr. 61），也好不到哪里去。[15]探索自然必须研究的东西不是这样的奇思异想，而是那些"始终或在极大程度上"是正确的东西，换句话说，就是有规律的自然过程。违背自然（*para phusin*）的事物是指一般规则的例外，而不是全然独立于自然王国之外。

（2）第二个根本的差异在于类别本身的变化性和短暂性。这次先从亚里士多德开始，确实他对物种永久性和稳固性的承诺到达什么程度的问题又是一个争议话题（Lennox 2001：ch. 6）。在他的动物学论著和其他地方，有一些附带提及的东西，让一些学者认为亚里士多德不是完全排除了动物物种发生变化的可能性，就像他当然也没有完全排除（事实上他是主张），在地球上陆地的分布和海洋的大小会发生变化，这是与他的循环变化观点联系在一起的观念，他认为这种循环变化会影响人类生活的环境，包括政治环境。[16] 但是，让我们再次抄近路穿过这些争论，无论哪一方都同意他的动物学论文的工作假设是：他所谈论的动物种类**是**永恒不变的。自然允许个体生长，这一点毫无疑问，但是自然类的种类**不像**自然类本身那样发生变化。

但是如果我们回去看《淮南子》，变化（change）、转化（transformation）、变形（metamorphosis）不仅没有被排除，而且它们是反复引起兴趣的评论主题。首先，有一些最初的转化，不同的种类从它们各自的创始者那里生出来。这已经表明所讨论的物种没有被想象成是一直固定和不发生变化的。在这里，我们还可以加上一点，那就是《淮南子》对不同物种一直在进行的变形的兴趣。确实，正如李约瑟表明的（Needham 1956：420），由于佛教的影响，在后来中国思想中，变形的思想得到了更大的发展。但那种影响不会出现在《淮南子》中，因为编撰该书的时间远远早于佛教在中国的兴起。然而我们的这个文本表明，古代中国人不仅对譬如昆虫的转化感兴趣，也对其他动物的转化感兴趣。例如，某种鸟据说（《淮南子》 9B3 ff.）会变成蛤。如何解释这样的观念是十分值得思考的主题。但是从一些中国分类体系——以及分了什么类——当中抽取出来的寓意是很清楚的。中国人的兴趣所在总体上当然不是固定的永恒的自然，而恰恰是自然的变化和转化。

亚里士多德在动物变形这个问题上用他所知道的或接受的资料作出了或好或坏的处理，这个事实证明了（我将论证这点）他在面对一些问题时他欣然愿意（至少有时候）在他的基本立场上作出一些转变。[17]但是让亚里士多德毫无疑虑地接受中国观察者所描述的动物变形与他们所预期的过程和转化完全符合，会让他稍微觉得有点不安。

于是，我们要面对这个至关重要的问题了，即中国人的分类和类别概念本身的问题。他们并没有做出自然和文化、推理（logos，一种合理的说明）和虚构（muthos，一种贬低意味的虚构）这样的两分法。但是他们用他们的"情"、用他们的"性"、用他们的模式或内在秩序（"礼"，用一小块木头或在玉石上做标记），甚至用他们的分类"类"，来表示对事物真正本质["精"，最初用于精米，有时被翻译成"本质"（essence），当然这不是亚里士多德意义上的]的强烈关心。上面最后一个术语"类"在《淮南子》里被用来表示5种主要动物种类，但是也会被用于社会组群——士（官员、绅士）、农、兵、商*——又会被用在君主和大臣身上，更为一般地分成"在上"、"在下"，社会秩序的基础通过这种方式得到了强调。[18]但是对"类"的进一步偏离其主题的用法也会出现在诸如数学中与几何图形有关的其他场合中，这也是一种分类，尽管这些分类属于转化的范畴。[19]

但是反复面临的关键问题就是这一点。这不只是把个别项一会儿划进这个分类、一会儿划进另一个分类那么简单的事情。更为根本的

---

* 一般更常见的四类是士、农、工、商。——译者

是，分类本身常常不是一些固定的实体，而是一些相对的、视情况而定的和互相依存的实体。阴和阳可作为突出的例子。它们不表示永恒的本质，而是不断变化的平衡或相互影响的外在表现。在此处是阴在别处可能就是阳： 典型的情况是阴阳互为消长。

类似地，我们注意到，中国人考虑事物的变化不是从其本质出发的，而是从其状态出发，他们考虑相克相生的循环转化。在相克循环中，木克土，土克水，水克火，火克金，金克木，然后又开始一个循环。在相生循环中，依次相生的顺序是木、火、土、金、水、木。而这五种的每一种都不是一种物质，确切地说是一种状态，并且不是静态的，而是动态和交互的。

同样，生物的种类或类别也不是固定和永恒的，物种之间的边界也不是不可渗透的。它们有历史，并属于这个不断变化的转化循环。

如果我回到希腊，我们发现术语 *genos* 和 *eidos*［正如许多学者已经强调的，这两个术语无论如何与"类"（genus）和"种"（species）是不相符合的］是在各种各样的语境下使用，既在自然这边又在文化那边使用，有时还跨越两者的边界，自然和文化的边界**确实**是希腊人想强调的。它们不仅被用于譬如动物和植物、颜色和声音的种类，也被用于政治体制、道德品质、文学风格和修辞类型。

希腊人通常很强调物种的边界，即使在物种内部是（并被认识到是）连续统一的。实际上，一些希腊思想家是在研究无限中的有限这样的名目下来构建他们的理论的。这些无限的东西包括了诸如声音、颜色和我们叫做温度而希腊人叫做冷热（或更冷更热）这样的连续体。[20] 在有些情况下，在这样的连续体中被辨认出来的有限或种类，与古希腊语这种自然语言对事物所做的区别直接相关。因此，亚里士多德对颜色种类的区分与通常的用法紧密相关。他关注白（*leukos*）和黑（*melas*）（这两个词所指的与其说是白与黑还不如说是明与暗），还有其他5种被认为是黑白的不同混合的结果的主要颜色。但是我应该强调一下，亚里士多德在谈论他提出的分类法时，当然绝不仅仅是自然语言的俘虏。

当他发现他需要新的术语来区分他识别出来的动物种类时，这一点就变得很明显。被他叫做"无血的"动物中的4种分类名词就是如此，在希腊，那种用法在他之前不曾被很好地确立起来。"无血的"这个词本身虽然也不是一个新造的词，但是这种用法却是一种新用法。例如，昆虫（*entoma*）字面意思是"切成碎块"，曾被用来指称供奉给死者的牺牲品。（主要）用来表示甲壳动物的 *Malakostraka*，字面意思是"软壳的"，很可能是斯珀西波斯（Speusippus）*生造的词，但是另外两个术语，表示头足类动物的 *malakia*，字面意思是"软滑的"，以及表示贝壳类动物的 *ostrakoderma*，字面意思是"拥有陶瓷碎片一样皮肤的"，很可能是亚里士多德自己的发明。

亚里士多德和特奥夫拉斯图斯的动植物分类系统非常清楚地体现出了他们对于种和类的总体期待，以及他们准备如何使他们的那些假设适合于他们认识到的观测事实。虽然亚里士多德对于什么是动物和什么是植物具有总体上的自信，但是他也明确地提出了这样的问题：动物和植物、生命和非生命的精确边界究竟在哪里？[21] 在这样的背景下，他在《动物的历史》（*History of Animals* 588^b4 ff.）和《论动物的器官》（681^a9 ff.）中甚至说自然在它们之间长出了一个**连续的**序列。面对某些海洋里的疑难动物，他实际上诉诸好几条标准而不只是感性认识来决定其动物性。他说，一些生物被他当作动物，是没有感性认

---

* 斯珀西波斯是柏拉图的外甥，古希腊哲学家。公元前347年柏拉图去世后，斯珀西波斯成为雅典学园（公元前387年由柏拉图建立）的继承者。——译者

识的：然而，既然它们能够脱离土地存活，所以它们是动物，尽管他知道对于其他一些动物，这样处理是不正确的，它们被定为动物，是按照感性认识的标准，而不是按能否脱离土地这个标准。

他的同行和继承者特奥夫拉斯图斯继续坚持他的传统，并提出了他的形而上学和科学的基本原则究竟是什么的问题，也就是说物种本身的概念问题。他的植物学文章经常提出这样的问题：什么样的差别可算做物种之内的差异？为了搞清楚这点，他研究譬如各种野生植物和家养植物之间的关系，退化的问题，人类干预的效果，通过杂交产生新的可育株品系。

在《植物的历史》（*History of Plants* I 3）一书中，他对最重要的种类，树木、灌木、小灌木和草本植物首次给出了一个四重分类体系（大约对应于 C·H·布朗可能会称之为的第三语言阶段）。但是他接着指出，他的区分只能大体上适用，实际上会有一些重叠的情况发生，有一些植物，在人工培育下似乎改变了其自然属性，譬如，一些灌木状的植物变成了树木状了（许多中国思想家显然会发现这个观念很对他们的胃口）。换句话说，特奥夫拉斯图斯具有一种敏锐的表型分化意识。得出的结论是——正如他说的——我们不应该试图做得太精确：做出的区分必须是可理解的，只在于提供一个简便易行的一般类型分类。

那么，对于我们开始提到的跨文化普适主义者和文化相对主义者之间的争论，以及这些争论背后潜在的哲学问题，这些对古代希腊和中国有关资料的快速叙述能告诉我们些什么呢？我们开始于一个单纯的问题：自然类，主要是指生物学上的，是跨文化普适的还是文化的产物？一方主张某种普适性是与生俱来的，或者说对应于所有人类共同的核心认知模块；而另一方声称现有分类体系中所发现的差异主要或全部是由文化需要或兴趣所驱动的。

很显然，**双方**都把种类或物种当作关注的焦点，或某种意义上的被说明项。但是这么做似乎无视了这样一个事实：科学在很早以前就指出了本质概念的错误，并质疑了物种概念本身。实际上，不存在"正确的"动物分类法可以用来指导所有的分类努力。正如我前面说过的，实在是多维度的，这一点为不同的研究纲领提供了空间。不存在一个无中介的通往实在的入口。但是，像动物分类学这样的古代研究，指示出这些古代研究之间关系的各种不同点，却无需去假设：这些古代研究图式构成了全然不可通约的思想体系，因而在它们之间互相的可理解性是不可能的；相反地，每一个理由都否认上述假设。

但是，不同的研究图式与不同的研究纲领相关，这一事实并不意味着它们不能用他们所采取的不管什么研究纲领来客观地作出判断。当你掌握了譬如 DNA 或形态学要点之后，你显然能够获得一个或多或少更为精确的动物分类学。实际上我们还能够为各种符号体系（symbolic systems）中的正确性挪出更多的空间，尽管对于它们的正确性的判断，所依据的与其说是精确性还不如说是合适性。

此外，我们现在可以看出，你甚至不需要现代科学就可对物种概念本身提出质疑。对于中国人而言，"分类"经常是与其他事物相关的，且视情况而定，而一些希腊的明确分类带来了一系列困难，譬如动物和植物之间、植物内部的分界问题等，并且他们显然认识到了一种无边界的连续体。

这些古代反思也许会激发我们对自己进行批评性的反思，反思我们对分类的某种热情之源，反思它的**多样性**，反思它的**夸张**之处。分类学上的先人之见有它的过分之处。当然，我们能够明白分类不仅是有用的而且是必然的。学会一种自然语言，就是要学会一整套用于区分事物、划分它们边界的分类体系——没有这些我们便无法处理我们的日常生活。稳固的社会边界无疑有助于人类团体组织的生存，尽管一些社团似乎还需要这些边界比其他的更为稳固，而另外一些社团则完全不容许任何放宽和侵蚀它们边界的行为。不只是认知科学家会认为，能迅速区分狮子和老虎具有进化上的优势——他们一边也没有停止沉思：分类是否互为关联的，或者甚至也许是由文化导致的？

然而我们应该明白，首先，分类本身具有非常不同的形态和规模：这是有关多样性的要点。林奈分类法**多多少少**适合于不同的资料。在解释其他人的分类法时预设这样一种分类类型同样是有风险的。艾伦（Ellen 1993）特别提出，按照分类学模型对土著提问并看他们的回答，这种处理通常忽视了给出答案的实际交流情形中的语用学问题——那种想要帮助提问的人种学家并满足他或她的期待的强烈愿望。*A* 属于 *B* 类，*B* 属于 *C* 类，也许会或者也许不会得出 *A* 属于 *C* 类这样一个认知观念，还有其他一些传递性失败的例子，宣告了分类学的失效，并指向一种非分类、非层级、多性状和连续性的基本分组。[22]

因此，对多样性首先必须给予应有的重视；其次我们应该警惕，这种重视不能过度。一个最为明显的例子就是把动物种类用作一种方法来理解和强调不同角色、团组、种族和性格特征等之间的社会边界。当动物代码强调性格特征并使得这些特征看起来比它们实际上还要更为稳固和永久，这就变成一种陈词滥调了。阿喀琉斯（Achilles）* 必定

---

*　希腊神话中的人物，出生后被其母亲握脚踵倒提着在冥河水中浸过，因此除未浸到水的脚踵外，浑身刀枪不入。——译者

一直像一头狮子，即使当他为普特洛克勒斯（Patroclus）＊哭泣的时候。此外，语言本身确实依赖于对差异的区分，但是差异既存在于连续体中，也存在于不连续的种类中。许多现象（例如年轻和年老）的渐变性可能被以离散的量子跃迁的名义所掩盖。

对分类的热情还有数不清的源头。但是它们所起到的约束作用是多种多样的，有时它们彼此巩固加强，有时它们也会互相冲突，有时这种热情首先会遭遇对物种形成观念的强烈抵制。在那一点上，有时自然的某一小部分比另外部分运转得更好。我们不需要像波洛尼厄斯（Polonius）那样应付那些云，[23] 因为我们可以诉诸足够充分的理由来区分卷云、积云和卷积云等等。我们也不需要像特奥夫拉斯图斯那样去应付那些石头，他经常仅仅根据石头的产地，譬如某个特别的山脉，来确定它们的类别。在连续谱的这一端，自然运转得比较好，我们得到了一部分化学知识。但是在另一端，只有连续体存在着，自然没有提供有标记的分界线，譬如光的波长、音调、温度或气味。

物种的规则（换句话说）很宽泛，但是它失效了。现代生物学以最显著的方式展示了这一点。但是——正如我已经指出的——它不需要现代生物学来揭示。古人对物种和本质的反思，已经为对共同的分类观念作出的不同类型的批评、不同分类思想的发展、对每一个物种概念本身的质疑等等，提供了必要的途径。这并不是说，我认为在我所引述的古希腊著述者和古代中国作者同用染色体和 DNA 工作的生物学家之间，有任何连续性。我一点也没有这个意思。实际上，从其所产生的影响角度看，许多这些古代思想是胎死腹中的。[24] 然而，这些古代著述者至少开启了一个探索的过程，在这过程中共同的假设被拿

＊ 希腊战士，在特洛伊战争中被赫克托耳（Hector，特洛伊最后一位国王的长子，特洛伊战争中的英雄）所杀，后其朋友阿喀琉斯为其复仇。——译者

来检视，看看是否需要修正。对事物的分类或分组如何才能做得最好最精确？这个问题被公开提出来征求解答——实际上今天它仍旧保持着这个状态。

当动物和植物的类别为可能的研究提供了特别丰富的材料时，有一点是明确的，就是当在希腊和中国开始更为系统地反思时，对于他们发展起来的研究方法，没有什么是不可避免的，没有什么是命中注定的。反之，在每一个古代社会中，都利用了不同的机会来修正对动植物分类和分类本身的理解。其中一条路径是强调自然/文化的区分，在自然这个领域里，主要追求稳定的本质、类和种——尽管有一些人认识到，实际上一些难处理的事实材料破坏了这个追求的目标。另外一条路径从一开始就承认互相依赖、相互作用、过程、反响、转化等，然而也通过关联来寻求秩序。

很显然，当亚里士多德和《淮南子》的作者开始深思动物种类和动物行为的有关问题时，并没有一堆显而易见的真理，以某种方式强迫他们接受。但是他们所做的也只不过是提出一些符合于他们的先入之见的理论而已，这种先入之见是建立在他们所生活的文化中的社会关系和价值观念之上的，更别论已经隐含于他们所说的语言之中了。

让我简明地来总结一下这些要点，首先关于语言。我提到了亚里士多德在制定动物分类表时生造了一些术语。在中国，也是如此，当有关动物和植物的知识增加时，需要新的名称，于是它们被创造出来，尽管这基本上是皇帝或皇家权威人士的职责所在。但是，无论在哪一种情况下，我们都不能说这些观察者是他们自己自然语言的俘虏。

然后是关于分类的不可避免性。我谈到在希腊和中国的动物分类之间有一些重要的相似性：双方都大量使用动物来表示不同的人，在这两种文化中动物分类都是层级式的或有高度价值负载的。然而，在另外一些极为重要的特征方面它们显示出区别。首先是争论和讨论进行的方式的问题。亚里士多德经常直截了当地拒绝其他博学的作者提出的东西或大家公认的东西。在他努力展示对该领域的精通时，他显示出众所周知的希腊人的好斗倾向——尽管这一点在特奥夫拉斯图斯身上较少体现。与此相反，在《淮南子》中，即使有些叙述是很标新立异的，但是在行文中它们并没有被特别凸显出来。《淮南子》（卷四）提出了一种特别的动物五重分类法，这与该书下一卷讲述的五行有关联。然而没有一处行文中提到它的分类方案与别的观点不一样在哪里，尽管我们知道在《尔雅》中有另外一套五重分类法，[25]并且我也提到过，关于"裸体的"一类所包含的动物有各种各样的观点。

因此，就有效的类别和分类的概念而言，我提出了希腊和中国之间一个宽泛的对比，前者强调稳定的本质，后者关注过程、转化和相互依赖。在某种程度上，这一对比可与这两个古代社会中明显的价值标准联系起来。许多希腊人的确表达了政治稳定的重要性——即使，或者可能部分是因为，不稳定性至少是希腊古典时期城邦政治生活中的一个显著特征。此外，希腊知识分子在与他们的对手的竞争中努力保卫确定性和永恒的真理。与此相反，相互依赖不仅仅是中国分类观念一个总体上的关键动机，也是为君臣、父子、夫妻、老幼、贵贱等各种社会关系而特别描绘出来的一种理想。

然而，如果认为亚里士多德和《淮南子》的作者在他们对动物的考虑中只是根据一些假定（不论这些假定有多深地扎根于各自的文化之中）便宣告了他们的结论，那是很荒谬的。这将难以适当处理我刚刚提到的中国人的考虑当中体现出来的诸多分歧。最值得注意的是，这将难以解释亚里士多德和特奥夫拉斯图斯在面对那些他们认为是疑难的资料时，如何质疑他们自己的有关动物和植物之间以及它们各自内部的牢固边界的假设。

我们正在讨论的古代分类学方面的努力带有许多它们产生于其中的文化上的、价值体系上的和意识形态上的特征。但是它们也展示出一定的可塑性和开放性，就对物种概念本身提出疑问而言，这质疑了共同的假设，这个假设加剧了跨文化普适主义者和文化相对主义者之间的论战。古代研究的确总是以一种看起来明确或隐蔽的方式在进行，而我们已经看到希腊和中国古代研究人员的研究方案在许多重要方面是有区别的。然而，获得的结果不总是可预测的，也不总是古代研究者自己可预测的，这些结果因此也揭穿了那两派极端主义者的虚假本质，一派主张在动物学分类之下有一个普适的共通观念，另一派主张动物学分类都是直接由文化因素决定的。

第九章
对实例论证的支持和反对

用**实例**进行论证的例子，给我们提供了进一步的机会来考察对立的推理风格，并探索我们在第四章中提出的关于共同逻辑观念的跨文化适用性的问题。使用实例论证的模式跟分类法一样多种多样。有作为通用规则的实例，作为例证或支持的实例；有作为模型或模式的实例，作为应该追随的榜样或应该避免的反面典型的实例——我们可以与用来指引整个库恩的研究纲领的范式作对比；有用做比较的实例，这时它们扮演了或表现为类比的角色。我们有用于教导、开导、启发和证明目的的实例，它们遍及语法、逻辑、政治、伦理、文学体裁等各个领域——这里只提及其中一些可能会涉及的领域。

本章的研究目的是要评价这种实例论证的各种强弱不同的用法，并由此来清楚地展示出它们帮助构建的相应研究风格。与此相关的关键问题之一，涉及所期待的或所要求的争论结果的明晰程度。我们可以通过实例研究，来追踪这些支配争论结果的某些明确规则的表述所达到的效果。事情的结果将会是，这个问题与其说是在两种所谓的可选的形式逻辑之间的对比（我在第四章中讨论过的问题），还不如说是在一种更为形式化的和一种更为非形式化的推理模式之间的对比。一旦某种有效性的准则被确立起来，人们可以利用它们，以使某些论证模式成为占据优势地位的论证模式，并贬低其他没有满足它们的标准的论证模式。但是，正如我们将看到的，在我们必须考虑的各种变化多端的论证语境中，演绎的严密性和明晰性展示了它们的力量的同时，也暴露了它们的缺陷。

在我们对说服的非形式技巧进行分析时，我们需要关注的不仅是某些论证规则的有效性，还有更为一般的沟通交流的语用学问题。这一点包括两个方面：说出来的话里还隐含了什么；按照相关规则和合作规则（见前文第四章），哪些可被认为是被理解了。它还可能包括如下诸多问题：人际关系，交流双方之间的社会地位，交流发生的场合在多大程度上因袭了某种传统和惯例。参与交流的人员以及地位确实要考虑在内，但是可能显得重要的，与其说是整个文化之间的差异，还不如说发生在譬如庙宇内、宫殿里、法庭上、议会中或市场上等场合中的交流行为之间的差异。

在中国古代文献中，实例使用的丰富性和多样性达到如此程度，以至于想进行一次全面考察也无法实现。然而必须要作出某些尝试，来说明这种实例使用到了什么程度。我们将始于一些可能显得十分熟悉的类型，然后转入一些相当令人吃惊的例子，再进入中国和希腊比较的第一步。

首先，在整个实用背景的范围内，实例在中国古代文献中被援引来作为先例，用来帮助决定或影响政治和战争的决策过程，用来处理法律中的是非对错和刑罚判决方面的问题，用来帮助医学上的诊断和治疗等等诸多方面。[1]政策的讨论经常以这样的方式展开：通过征引先前的案例，或声称它们与手头讨论的政策相类似，来明确表达有利的结果以鼓励其推行，或说明可怕的后果而阻止其推行。自《春秋》和它的注释本例如《左传》往后的编年史著作的主要功能之一，就是作为一个有用的历史案例的宝库。[2]

在成百上千的这种论辩型实例用法当中，我们只举一个具体的例子，这个例子来自司马迁《史记》（87：2541—2542）中记述的秦相李斯的故事。当时有一项法令要求所有外国人离开秦国，不是秦国人的李斯本人也受到这项法令的威胁，因此李斯向国君上书，首先列举了大量实例证明秦国的君主采纳了大量来自秦国之外的建议。他尤其详细列举了秦穆公、秦孝公、秦惠王和秦昭襄王统治时期实施的军事上成功和有利的联盟，他总结说："假如从前这四位君主拒绝客卿而不接纳，疏远贤人而不重用，这就会使秦国没有富利的事实，也没有强大的威名啊！"*［由道森（Dawson）翻译成英文。］

尤其是在法律范围内，对先前判例的收集经常体现出一种系统化——到了这样一种程度，以至于我们在《汉书》中看到一条抱怨说，他们的这些大量判例破坏了把问题简明化的目的，并导致了混乱。腐败的官员正在利用这些判例的多样性为他们自己的私人目的服务。[3]当然，一个特殊的先例是否适用于一个具体问题，从来不是全然无可争辩的，一些像董仲舒这样的法理学家的卓越名声，就是建立在他们对这些问题的阐释技巧上的（Bourgon 1997）。

有时，经常是在具有哲学色彩的对话中，会从真实的或想象的例子中抽取出一种更为普遍的寓意来。孟子的基本主张是人性本善。为

---

* 古籍原文为：向使四君却客而不内，疏士而不用，是使国无富利之实，而秦无强大之名也。——译者

了证明这点，当他提出"人皆有不忍人之心"时，他问道，如果人们看见一个小孩要掉到井里了，他们自发地会做什么呢（2A6，参阅 A. Cheng 1997）？他们的第一反应会是害怕和同情，这种自发的害怕和同情完全不是要有意巴结孩子父母，也不是出于要在邻里当中展示美名的愿望，也不是嫌恶孩子的叫声。 *

　　我们自己对这些情形中的实例引用的第一反应可能会是觉得没有问题。但是，有一点是很要紧的，即不要低估这些实例论证拥有的开放性能够并确实被蓄意利用的程度。当实例被看作是一种论证风格时，这是它至关重要的特征。在有些情形下，从这些实例中要得到的训诫决不是清晰明了的，而是看上去有点含糊其辞或模棱两可，这一点有时是有好处的，不仅显得谨慎而且还富有启发性。对当前的问题而言，实例论证的现实意义不是单一的。

　　以孟子给梁惠王提供的建议为例（1A3）。梁惠王抱怨他精心细致的国政没有带来他期望的国家繁荣，尤其没有能够像过去许多贤王乐于见到的那样吸引他国人口来到自己的国家。孟子以合梁惠王心意的战争例子作答。假设在战斗中有两队士兵，刚一交战，有一队逃跑了100 步才停止，另一队只逃跑了 50 步就停止。跑 50 步的有资格去嘲笑跑 100 步的吗？梁惠王肯定地说没有，孟子总结说所以梁惠王不应该期待比邻国有更多的人口。 ** 显然，这两队士兵都应该受到指

---

　　* 　此段论述的有关古籍原文见《孟子·公孙丑上》：人皆有不忍人之心。先王有不忍人之心，斯有不忍人之政矣。以不忍人之心，行不忍人之政，治天下可运之掌上。所以谓人皆有不忍人之心者，今人乍见孺子将入于井，皆有怵惕恻隐之心，非所以内交于孺子之父母也，非所以要誉于乡党朋友也，非恶其声而然也。——译者

　　** 　这一段孟子与梁惠王的对话古籍原文见《孟子·梁惠王上》：梁惠王曰："寡人之于国也，尽心焉耳矣。河内凶，则移其民于河东，移其粟于河内。河东凶亦然。察邻国之政，无如寡人之用心者。邻国之民不加少，寡人之民不加多，何也？"孟子对曰："王好战，请以战喻。填然鼓之，兵刃既接，弃甲曳兵而走。或百步而后止，或五十步而后止。以五十步笑百步，则何如？"曰："不可，直不百步耳，是亦走也。"曰："王如知此，则无望民之多于邻国也……"——译者

责，这两队逃跑的士兵**可以**被用来暗示梁惠王也远非完美。但是这一点没有清楚地说出来：实际上如果需要的话是可以否认这个暗示的。当然这里他可能稍有欠缺的地方是没有具体说明。所提到的逃跑士兵只是一种拐弯抹角的暗示，把解释的活都留给了别人。

无需清楚明白地说出来也能把握其意思的能力，以及实例与类比论证的一般优越性，这两点通常是一些中国哲学文献某些场合下进行明确评论的主题。在《论语》(7.8)中，孔子曾说，他只教那些有着强烈求知欲的学生。如果他教的学生不能举一反三，那么他就不会再教他了。* 在《说苑》(11.8，87.22 ff.)中有一段说到，当惠施被人批评说他不把话直接说明白，而是用比喻时，他的回答是用进一步的比喻或实例来阐明他的观点。如果某人不知道"弹"是一种什么东西，你告诉他"弹之状如弹"，这就根本没有说清楚。但是如果告诉他弹像一只弓，但是用竹子做弦，那么他就会明白了。** 当然这并没有给出实例论证的形式分析，但是恰如其分地用一个实例充分说明了实例的实际用处。

然而，当涉及在一些实际场合当中提供建议时，西方人的反应可能会是要求在实例所指的这一点上说得更为清晰明了，在一些中国数学文献中，所举的实例则是尽可能具体：但是它们与它们要举例说明的一般规则之间的关系在某种意义上是令人迷惑不解的。《九章算术》本身由大量有关专门问题的提问和解答组成。但是这些解答（它

---

* 相关的古籍原文为：不愤不启，不悱不发，举一隅不以三隅反，则不复也。——译者

** 相关的古籍原文为：客谓梁王曰："惠子之言事也善譬，王使无譬，则不能言矣。"王曰："诺！"明日见，谓惠子曰："愿先生言事则直言耳，无譬也。"惠子曰："今有人于此而不知弹者，曰：'弹之状何若？'应曰：'弹之状如弹。'则谕乎？"王曰："未谕也。""于是，更应曰：'弹之状如弓，而以竹为弦。'则知乎？"王曰："可知矣。"惠子曰："夫说者，固以其所知谕其所不知，而使人知之。今王曰'无譬'，则不可矣。"王曰："善。"——译者

们实际上是正确的）是如何获得的，通常不是该书本身要讨论的主题——所用到的不同计算方法之间的关系也不是该书的主题——不过这两点理所当然是从刘徽开始的注释家要努力解答的问题。我稍后将回来分析这些问题中所展示的数学推理风格。

有一点令人印象深刻并且反复出现，就是中国和古典希腊以完全不同的方式对历史上的实例进行引述。首先，这一点关系到对远古图像的建构。在中国，被公认的上古传说故事在各方面很少有变化，有关君主的形象既有因他们的贤明（尧、舜、禹）而可作为仿效对象的，也有因他们的残暴（桀、纣）而应引以为戒的。希腊人则没有贤明君主，可以用来以同样的方式去回顾，因为他们的黄金时代属于一个全然不同的上天众神的安排。这显然不是单独个人统治的时代，而他们这些普通凡人也不能被用作榜样。此外，当考虑到用历史上的教师作为榜样人物时，孔子因其一生行事而成为许多人（尽管当然并非所有人）的激励者。至于苏格拉底，则因他的死亡及其生平成为柏拉图、色诺芬尼和后来斯多葛学派哲学家的榜样（参阅 A. Cheng 1997）。还有，第三点相关的差异涉及那些传递权威性训诫的文献的地位。古典时期的希腊没有什么文献具有《春秋》或《诗经》那样的经典地位。[4]

那些绝对的否定自然需要一些合格的证据来支持。荷马的史诗当然被当作文学天才的巨著而受人尊敬，他描绘的人物提供了各种性格类型的英雄榜样，内斯特（Nestor）是一位贤明的顾问，奥德修斯狡黠机智（*metis*），埃阿斯（Ajax）和阿喀琉斯代表两种类型的勇气，前者坚忍顽强，后者鲁莽激烈。虽然被如此作为灵感和反思的源泉，但是荷马和赫西奥德都未曾达到过中国经典所曾达到的令人惊异的支配地位（Nylan 2001），反之，这两位经常是被人批评甚至奚落的话题。

像中国人做的那样，希腊人为了论证之目的而引用实例的例子当然是一点也不缺乏的。这些实例可能来自实际发生的事情或虚构的情节，或来自历史，或来自神话传说，或来自那些——方便起见——不能明确归为上述任何一类的东西。菲尼克斯（Phoenix）试图说服阿喀琉斯平息他的愤怒，讲述了一个关于梅利埃格（Meleager）的冗长故事〔《伊利亚特》（*Il* 11 529 ff.）〕，后者拒绝为埃托利亚人而战（这与当时阿喀琉斯的情形很相似），结果导致了灾难性的后果。类似地，在希腊古典时期演说家的演讲中，以及我们在希罗多德和尤其是修昔底德的《历史》（*Histories*）内找到的演讲中，充满着各种与当时情形相对应的实例，它们都具有各种不同程度的说服力。

就像在中国著述者之间的情况那样，在一位希腊作者和另一位希腊作者之间，他们求助于实例的频度、偏爱的实例类型和通常要从实例中得出的训诫的明晰程度等等，都理所当然地会有所不同。但是他们思考的过程毫无疑问是大致相同的。

在古代西方军事思想中，公元前1世纪罗马作者弗隆蒂努斯（Frontinus）的四卷本《谋略》（*Stratagems*）一书达到了这方面的顶点，该书的全部内容就是从希腊和拉丁文献及历史中精选出来的大量实例。例如，第1卷第1章就是13个"隐藏军事计划"的案例。第1卷第5章给出了不少于28个"逃离困境"的实例，大部分是罗马人的例子，但也包括了6个希腊人和4个迦太基人的例子。与之形成对照的是，《孙子》一书中对战争艺术的讨论在定位上似乎比弗隆蒂努斯更为抽象一点，并更易于提升为一般性的军事理论：这个例子可以被用来摧毁有关在中国人的思维中更多的是关注特例这一通常的偏见，并且这也并不是唯一的例证。[5]

毫无疑问，中国和希腊的说理者都很好地意识到，许多策略可以用来反驳对手对实例的使用。实例的相关性和适用性会受到质疑：

它能被解释成支持你自己而不是你的对手；它能被用另外的反例来压制或击溃。例如，在像《战国策》这样的文献中，充满着这种和那种类型的实例论辩策略和实例反驳策略，而《盐铁论》中的大量讨论便是通过"大夫"和"贤良"引用各种案例互相辩驳向前推进的。在其中一个回合的辩论中，大夫提出论点说，禹和汤也不得不对付洪水和干旱，这说明就是在圣明君主的时代，上天也会制造这种灾祸（因此，潜台词是，当今管理层不应该因为时下的灾祸受到责备）。对此，贤良反驳说，当周公修行正身（具有真正的美德）之时，天下太平，没有荒年，风调雨顺。[6]*

对正例和反例的类似引用在古希腊也很常见。但是一些希腊作者发起了一种完全不同的质疑类型，这种质疑不是针对在这种或那种语境中使用这个或那个实例，而是针对全部建立在实例基础之上的推理。对各种各样实例使用的情况进行明确分析之后，揭示出这种推理方式，从严格有效性的观点来看，具有某种根本性的缺陷。这里正是形式逻辑开始介入的地方。亚里士多德在《前分析篇》和《修辞学》当中通过对他称之为的"范例"（*paradeigma*）的分析，最早担负起了这一责任。

然而，我们首先需要考虑当时两方面的背景情况，一是较早时期，尤其是柏拉图，对用实例进行推理在总体上所作的分析，二是对使用特例推理的怀疑。对于后一种情况而言，希腊人对引用权威榜样的怀疑可以看成是希腊人在一般意义上怀疑权威的一部分——尽管我

---

* 参见《盐铁论》卷六"水旱第三十六"。大夫曰："禹、汤圣主，后稷、伊尹贤相也，而有水旱之灾。水旱，天之所为，饥穰，阴阳之运也，非人力。故太岁之数，在阳为旱，在阴为水。六岁一饥，十二岁一荒。天道然，殆非独有司之罪也。"贤良曰："古者，政有德，则阴阳调，星辰理，风雨时。故行修于内，声闻于外，为善于下，福应于天。周公载纪而天下太平，国无夭伤，岁无荒年。当此之时，雨不破块，风不鸣条，旬而一雨，雨必以夜。无丘陵高下皆熟。"——译者

们必须认识到不是所有希腊人都持有这样的观点。[7]人们在早期就认识到，神话人物的多价性（polyvalencies）和不一致性，破坏了其作为模范的因素。把宙斯（Zeus）引作父亲和国王权威的支撑者的麻烦是，他本人的不孝行为毁掉了他作为一个榜样的形象：宙斯推翻了他的父亲克罗诺斯（Cronos），而后者阉割了他自己的父亲乌拉诺斯（Ouranos）。早在公元前五六世纪，色诺芬尼和赫拉克利特可能已经指责荷马和赫西奥德把不道德的行为归于诸神（正如 Xenophanes Fr. 11 中所载）；但是希腊神话传说绝不会因此得到净化而变成只是道德修养故事集了。

柏拉图也同样批评那些在他看来是不正当地利用了神话传说的人。但更为重要的是，他也向对某种论证模式进行抽象分析和评估这个方向跨出了第一步。首先，在他的对话中的不同关键部分，针对那些基于想象（eikones）、纯粹似是而非或可能（pithanologia）或相似性（homoiotetes）等情况而作出论证的情况，他给出了多种警告。例如，在《智者篇》（231a）中，他借那位埃利亚来客之口提到，就总体上的相似性而言，它们是一个"狡猾的种族"，人们应该对他们保持警惕；在《斐多篇》（Phaedo 92cd）和《泰阿泰德篇》（162e）中都强调了只是基于想象或类比的大概论证和正确的证明（apodeixeis）之间的差异。

然而，正如鲁滨逊（Robinson 1941/1953）、戈尔德施密特（Goldschmidt 1947）和其他人在很早以前就指出的，柏拉图尤其在两种特别不同的场合中，通过他称之为的范例的形式，对实例论证也起到了正面支持的作用。首先，形式是各种特例模仿或仿效的模型〔例如，《理想国》（Republic 592b）〕，在这个意义上，**形式**本身就是一些范例，尽管我们到底如何理解这种"仿效"或"分享"，是对柏拉图作出阐释要面对的核心问题也是最有争议的问题之一。然而，与中国进行比较之下，确定无疑的并且最为重要的一点是，在这位以及许多其他希腊作者看来，理想的范例是**静态的**而不是动态的。确实，为了避免最后弄得无法模仿，希腊人的模范一般倾向于**不发生改变**。

因此，一方面，在清楚的模型和明显的特例之间，开始出现了一条本体论和认识论的鸿沟。另一方面，那条鸿沟不能不被逾越，确实也不是不能逾越的。柏拉图并没有否认**任何**认识物理世界的可能性，因为毕竟他本人在《蒂迈欧篇》中就提供了一种可能性。在他的书里，可感知的宇宙被形容为（存在物的）"至伟、至善、至公、至美"（92c），又被描绘成是造物主或**工艺师**的劳动成果，而造物主或**工艺师**是在预先存在的无序中产生出秩序来的。

但是"范例"也担任了另外一个不同的角色，尤其是在《智者篇》和《政治家篇》（Politicus）中，范例具有说教和启发的双重功能。在后一篇对话中，那位埃利亚来客通过提供一个范例来说明范例本身。[8] 他举儿童学习阅读的情形为例。当他们学习辨别字母时，先从音节最短、发音最容易的学起，他们还没有能力辨认更难的组合词，于是最好的教法是"先指导他们去认那些他们能正确辨认的字母的发音，然后把它们调整到他们还不认识的发音前面，然后把它们并排放在一起，指出在两个组合词中共同存在的相似之处和性质"（《政治家篇》278a f.）。

上述范例恰到好处地演示了范例的说教功能，其中教师显然知道哪些是容易的、哪些是难的，并能够指导学生从易到难进行学习。但是，在《智者篇》和《政治家篇》中，所选择的范例（钓鱼术、编织法）不仅仅是提供了一种用来寻求定义的实用方法，而且实际上是与这两篇对话所进行的实质性探讨密切相关的，也就是说分别紧紧扣住了智者和政治家这两个主题。譬如，我们被这样告知，在编织艺术和政治才能之间有重要的相似之处（《政治家篇》308d ff.）。对于政治才能而言，需要能够把各种不同因素统一起来组成一个政府。但是，如果这种理想看上去似乎与某些中国思想尤其是儒家传统思想非常接近的话，那么我们也不应该低估为了实现这样的统一而所用的手段上的差异。柏拉图不能也没有仅仅依赖于政治家性格——他们的美德——的影响，来为普通公民提供一个可以仿效的理想榜样。然而，辩证家似乎能够并确实把范例用作一种启发式的而不仅仅是说教式的功能，在他们事先不知道被比较的特例之间有什么共同之处的情况下，他们会进行这样的启发；在他们事先知道的情况下，也会那样做。

在亚里士多德分析论证模式时，也使用了"范例"这个术语，这显然不是偶然的，他显然认为范例论证模式劣于严格的三段论演绎证明法。对于柏拉图主张的**形式**是一些具有模型意义的范例，亚里士多德拒不承认，把它看作是一种胡说和纯粹诗歌式的隐喻（例如，《形而上学》991ª20 ff.）。

在他对修辞论证的分析中，亚里士多德区分了三种基于范例的论证类型［《修辞学》（II 20，1393ª22 ff.）］。第一，对过去事件的引述；第二，比较（*parabolai*，这里列举了所谓的"苏格拉底式的"论证，譬如，政治学被拿来与射箭和航海这样的艺术或技术作比较）；第三，故事或寓言［*logoi*，在这里列举了伊索（Aesop）的动物寓言］。以上所有三种情况都要求一个特殊案例与要说明的案例相似，不管这种相似是被假定的还是被声明的。由于这个原因，范例论证在修辞学中只是归纳论证（*epagoge*）的补充，就像另外一种主要类型的修辞论证，即三段论省略式（enthymeme），是严格意义上的三段论的补充。[9]但是在修辞论证模式和严格的演绎论证模式之间，存在着根本的一般性差异，那就是前者基于可能为真的前提，后者基于必然为真的前提。

亚里士多德就这样对一些最常见的论证类型提出了双重反对，这些论证类型曾经出现在希腊思想中，并且实际上在任何一种语言中的任何一种人类推理模式中都可以列举出这样的论证类型来。首先，范例论证被亚里士多德划归为修辞学类别，并被拿来与严格的哲学推理作不利的对比。其次，范例论证和归纳论证两者都附属于它们对应的演绎论证模式，即省略三段论和（严格）三段论。在《前分析篇》（II 23，68^{b}15 ff.）中对归纳论证进行讨论时，实际上它被以一种令人吃惊但很有效的策略**还原**成三段论。亚里士多德声称，为了让一个归纳论证有效，归入一个普遍规则之下的**所有**特例都必须经过检验。这就是我们叫做完全归纳法的论证方法，它经常受到批评，首先是因其纯粹地堆积例子（似乎它们的数目是至关重要的）的愚蠢行为；其次是因为无法确保任何一次归纳都**是**完全的（从演绎论证的立场来看这是归纳论证的核心问题）。

在这一点上，与来自其他传统的一般论证分析进行比较是值得做的事情。希腊人在早期所作的这些分析，并不是独一无二的，因为印度人和中国人也进行了同样的分析，尽管中国人的研究还引出了额外的解释难题。关于对举例、类比等用法的讨论，墨家逻辑的残篇特别向我们提供了令人意犹未尽的一瞥。在格雷厄姆（Graham 1989：154 f.）提供的重构文本中，从"强盗是人"开始一步一步解释推进，最后得到了"杀强盗不是杀人"＊这样一个结果，其中涉及如下术语的解

＊　见《墨子》卷十一"小取第四十五"：盗人，人也。多盗，非多人也。无盗，非无人也。奚以明之？恶多盗，非恶多人也。欲无盗，非欲无人也。世相与共之。若若是，则虽盗人人也，爱盗非爱人也，不爱盗非不爱人也，杀盗人，非杀人也。——译者

释："举例，就是拿其他事物使此物更让人明白。对应，就是把类似的辞、句放在一起而得出并列的推论。引证，就是说：'你能这样，那么，我为何不能这样呢？'推断，就是利用一个人不曾接受的事物中和已接受事物中的共同点，来使他接受他不曾接受的事物。"[10] *

这样的文献至今仍给读者留下了大量艰难的释读工作，但是没有很好地体现在其他现存的中国古代作品中的逻辑学兴趣，在这些文献中明显展示出来了。我们看到了一种明确的论证模式分类的开端，尽管这种分类在多大程度上是与有效推理分析结合在一起的，还是一个不清楚的且有争议的问题。为什么这些墨家的研究看起来没有被人继承下去，对这个进一步问题的回答同样也是不清楚的且处于争议当中。人们倾向于认为，古代中国思想的主流更关心论证的内容而不是论证的形式，但是这只是一种对问题的重新叙述而不是解答。这种重新叙述忽视了我们所看到的对说服心理学的有力分析（例如《韩非子》中的例子，参阅前文第四章第 52 页），这种论断可能只是反映了我们现在的知识状态和我们在知识根源上的偏见和空白。

至于主要来自尼也耶学派（Nyaya school）**。的印度逻辑学，[11] 它与亚里士多德逻辑学的普遍相似之处和特别差异之处，都将在此处揭示出来。前者与论证的分析有明确关系，而后者表现在实例论证所承担的不同角色方面。尼也耶逻辑被相当具有误导性地叫做尼也耶"三段论"，它依次展开为五步。第一步，有一句断言（标准的例子就是："山上着火了"）；第二步，证据（"那里有烟"）；第三步，例证

---

* 此处古籍原文为："辟"也者，举他物而以明之也。"侔"也者，比辞而俱行也。"援"也者，曰："子然，我奚独不可以然也？""推"也者，以其所不取之同于其所取者，予之也。——译者
** "尼也耶"在佛教经典中译作"因明"，近代译作"正理"。——译者

（"无烟不起火，起火必有烟，例如在厨房里看到的情形"）；第四步，运用（山上着火的例子），第五步，结论（"因此山上着火了"）。当然，这里一切都依赖于烟与火的**不变**联系，这种关系叫做*vyāpti**。它不是通过归纳而是通过在第三步引述的一个例证来确保。

从亚里士多德非常不同的兴趣立场来看，他会十分看不上这样一种分析。亚里士多德在《前分析篇》中关注的不是可以推理出结论的论证步骤，而恰恰是有效性的形式条件。至少在那种语境中，他强调对于归纳而言，**所有的**特例都必须经过检验。尽管在别的地方（例如，《后分析篇》71ª6 ff.、《题论》105ª11 ff.和《修辞学》1356ᵇ12 ff.），当他较为松散地说起从特殊性到普遍性的推理过程时，他忽略了这个条件，但在《前分析篇》II 23 他的形式分析中，他强调为了确保这一步的有效性，归纳必须是完全的。

此外，在《前分析篇》的下一章（II 24）中，他从同样的立场出发处理了范例，更确切地说是例证。他说**不要**立足于所有特例（69ª16 ff.），可是为了满足形式有效性的条件，这恰好是必须立足于其上的基础。因此他说这既不是从部分到整体（归纳论证所要达到的目标）的论证，也不是从整体到部分（演绎论证所要达到的目标）的论证，而是从部分到部分的论证，因为它只是把得自于一个特例的一般规律运用到另一个特例上而已。但是这里我们也应该指出，对于归纳而言，亚里士多德接下去的分析涉及**一般**规律，这些分析与其说是建立在范例基础上，还不如说是归纳基础上，至少当归纳是完全的情形下是如此。

---

* 该梵文单词有如下6个义项：a. 扩散、渗透；b.（在逻辑上）遍及；c. 一条普适的规则；d. 充满、丰富；e. 获得；f. 遍在（作为神的一种属性）。——译者

这番归纳对演绎、不完全归纳对完全归纳、或然前提对必然前提、修辞论证模式对证明论证模式的多重降级（multiple downgrading），为我们尝试理解希腊人对范例推理的反应提供了最重要的关键要点。但是在对这个问题冒昧给出评价之前，我们应该补充两点，首先我们一直关注的《分析篇》和《修辞学》还远非已经给出了在这个主题上亚里士多德思想的全部图景；其次，在这个领域内——照例——还有远远超出亚里士多德思想范围的更多希腊思想。

就亚里士多德本人而言，他作品的三个方面有助于修正此前所展示出来的主要负面图景。首先是他本人特别在逻辑学中对实例的广泛使用；其次，他对实用推理的解释；第三，他对更宽泛的论证的认可，这种认可要比他本人在《后分析篇》中给出的一些分析引导我们所认为的更为宽泛。

因而，首先，正如耶罗迪阿科诺（Ierodiakonou 2002）最近所强调的，亚里士多德在整部《工具论》（*Organon*）中大量利用了具体的实例。在《前分析篇》中对实例的一种反复使用是为了举例说明与有效性相关的要点，也就是说，用例子展示在什么样的推理形式中、在什么样的前提组合下能产生正确结论。他一再地对关系的特殊模式给出具体的解释。这一点确实没有什么奇怪的，而且可以说这与《题论》（157ª14 ff.）中所表达的意见完全符合：实例，尤其是熟悉的例子，有助于把问题说清楚。尽管所涉及的主题是不同的，我们甚至也可以与《修辞学》（1394ª14 ff.）中的评论进行比较：在三段论省略式之后列举一个实例，就具有很大的说服力，而如果放在结论之前，就需要列举许多实例，因为它们看上去更像一种归纳。

但是除了它们在获得明晰性方面的用途之外，更为要紧的是要看到亚里士多德实际上也运用实例来**确立**某些结论。特别在下列三种情形下他是这么做的。首先，在否定意义上，单一一个反例（counter-example）当然就足以反驳一个概括。其次，在更为复杂的情形下，当他对每一种推理形式中的前提组合都不能形成三段论的情况进行分析时，他频繁地使用实例，经常成对地使用，来说明情况就是如此（见《前分析篇》28ᵃ30 ff.，37ᵃ38 ff.，以及 Ierodiakonou 2002：145—148 引述的其他例子）。第三，在《前分析篇》II 2—4 中他再次大量使用实例来说明，在那三种推理形式的每一种情形下，从错误的前提如何能得出正确的结论。因而，虽然一个实例不足以产生一个必然的普适命题，但它能够并且确实经常有助于（a）反驳一个一般陈述和（b）表明一种可能性。

其次，当亚里士多德讨论所谓的实用推理（practical reasoning）时，经验的作用得到了适度的重视，而这一点是很要紧的，因为在经验/推理的两分法中，实例经常——尽管不是全然地——算在经验的一边。确实，亚里士多德明确地表示过，在某种情况下，基于实例的实践经验可能比理论知识更有价值。例如，他说某人知道白肉（light meats）有益于健康但不知道哪些肉属于白肉，比某人知道鸡肉有益于健康但不能给出理论解释，要更少可能得到他想要的结果——也就是健康［《尼各马可伦理学》（*Nicomachean Ethics* 1141ᵇ16 ff.）］。

此外，亚里士多德对欠缺自制（*akrasia*）的分析，集中在把特例作为特例来认识的问题上，也就是说，它受到某一条一般规则的支配（《尼各马可伦理学》1146ᵇ24 ff.，1147ᵃ5 ff.，ᵇ9 ff.）。在某种意义上，当问人们如何会违反他们自己的更好判断或被欲望所"征服"时，他说他们当时缺乏的或没有自觉地意识到的，是特例受到一般规则支配这一判断。

我们通常会想起在《后分析篇》（II 19，99ᵇ22 ff.）最后一章提出的、但没有给出满意答案的基本问题：从对特例的理解出发如何确保知识的普适性。对此，他声明：关于如何做到这一点，他不能给出明确的说明，尽管这一章明确提出了这个问题。实际上，亚里士多德展示了与这个问题有关的一些考虑。然而从另一个观点来看，我们可能会注意到，从一系列各种各样的特例到普适的知识，在这个过程中增进的固然是一种抽象性，但是对应于那种多样性而言，可能有一种信息的损失。在那个意义上，特例可能比从它们抽象出来的普适性含有更为丰富的信息。但是，当然也没有什么法则可用来判断这种增加的抽象性是否能补偿所损失的丰富性。

第三，在他自己对有关证明法的评述中，在他的实行中，亚里士多德有时会违背，并且是有意违背，他本人在《分析篇》中为哲学推理的最高模式而确立的严格模型。虽然这些模型要求一种必然性，但是在各种情形下，既在《形而上学》中，也在各种物理学论文中，他明确允许较为宽松的（*malakoteron*）、或多或少不那么精确的（*akribes*）甚至多多少少不一定必然的（*anankaion*）证明模式（*apodeixis*）。[12]此外，当论证的有效性要求严格的单义性时，他认识到他的许多重要理论概念，例如包括真实和可能性，不可能根据"属加种差"（*per genus et differentiam*）的方式给出一个明确的定义。相反，它们是通过把握不同案例之间的类比来获得理解的。[13]

虽然亚里士多德是对推理模式进行形式分析的第一位希腊人，但他显然不是唯一的一位。斯多葛学派的逻辑学不能说已经从亚里士多德的责难中挽救出了用实例进行推理的论证模式。但是，它关注的论证模式的焦点在于命题之间的关系，而不是词项之间的关系，通过对这种论证模式的分析，给证明中的单个词项留出了空间。[14]此外，在它的纪念符号和指示符号理论中，它允许有比《后分析篇》中所给出的更为宽泛的推理方案。[15]

　　更为重要的是，希腊化时期有大量思想家恢复了比较法作为推理的一个关键要素的地位。在这些哲学家当中，伊壁鸠鲁派 (Epicureans) 哲学家提倡和实践了一种基于相似性的推理方法，[16] 而在医学理论家当中，所谓的**经验主义者**则立足于"同类相推"（*metabasis tou homoiou*）。因而，在塞尔苏斯（Celsus）的《论医学》（*De Medicina*，序言 27 ff.）一书的**经验主义**方法论解释中，我们被告知，他们拒绝探寻疾病背后的原因，并且提出，一名医生应该把他的治疗建立在他对必须处理的病例和他所经历过的其他病例之间的相似性的认识基础之上。[17]

　　按照上述这些在逻辑学、科学方法和其他方面的提示，希腊人在主要问题上并没有取得一个权威的甚至适度稳定的一致意见，现在我们可以回到亚里士多德贬低范例论证的要点上来了。从某种观点来看，他的这一步骤似乎没有什么好奇怪的，那不过是代表了他对严格演绎推理的条件进行分析之后获得的必然逻辑结果。当一个结论从一个实例传递到另一个实例时，只有在这两个实例都属于同一个一般规则的情况下，这种传递才是合法的。

　　形式有效性当然是一种推理上的优点。然而《分析篇》的计划不仅仅是要确保有效性，而更是要确保真理、实际确定性和不容置疑性，而且如果我们探究是什么在引导着**那个**目标，那么我相信，[18] 答案中需要包括的东西远不仅仅是对思维严格性的值得赞誉的渴望。首先是柏拉图，然后是亚里士多德，他们所要追求的是，在那些雄辩家、诡辩家、政治家、诗人和其他自诩的**真理大师**所提供的东西前，确立他们的高贵哲学探讨风格的优越性，他们两位采用的路线都是强调纯粹的说服（对此可以发表所有的反对意见）和严格的证明之间的对比。[19] 从我比较支持的一个观点来看，对于希腊人为什么不同寻常地追求确定性这个问题的部分答案，在于希腊知性生活中的竞争性。什么才会产生不容置疑性，对此的分析部分地受激于如下这种认可：它将在与对手的论战中提供某种王牌。如果你能做到这一点，那么对手实际上不得不承认失败而你的胜利得到了保证。

但是，付出的代价是高昂的，而我们现在必须着重提出的问题是，它是否太高昂了。亚里士多德之确保不容置疑性的雄心壮志，应该被看作越离常规的——甚至是对随后的西方思想的一种破坏性影响——或者，如果不是越离常规的，至少是一种不恰当的唯理形式主义（intellectual formalism）吗？或者（正如一些人已经论证过的）它是一种构建哲学和科学之典范的基本要素吗？如果是前者，中国人是否应该为其避免了这种对正道的可悲偏离而受到祝贺呢？如果是后者，我们是否该因中国人安于缺乏必要严格性的论证风格而怜悯他们呢？

为了在这些问题上取得一些进展，我们必须问在什么情形下，亚里士多德和其他人赋予严格证明的那些条件才能令人信服地得到满足，这些条件不仅包括了有效性和单义性，还确保了那些自明的不可证明的初始前提。亚里士多德本人在《后分析篇》中引证了动物学、植物学还有数学上的例子，尽管他实际上的动物学论文显然没有一点迹象表明，他试图通过推理的公理—演绎模式来给出结论。在他的动物学论文中，就是疑似的公理化陈述也都是难以得到的：甚至在给出定义的场合，羽翼丰满的动物种类定义的例子实际上就从来没有给出过。相反，亚里士多德动物学推理的核心在于他对诸如"消化"（pepsis）[20]之类概念的多重运用之探索——涉及对类比推理的认可，而不在于对《前分析篇》中提出的完全归纳法或《后分析篇》中提出的公理化，进行模仿或甚至为之做好准备。

数学毫无疑问为公理—演绎推理提供了一个更有前途的领域。欧几里得的数学证明在形式上自然不是一种三段论。然而它不仅在演绎这一点上，而且也在清晰界定它的出发点、定义、公设、共同观点等方面，与亚里士多德的推理模型相一致。在这一点上，不仅是最为著名的欧几里得本人的《几何原本》，而且阿基米德的一些著作也是如此，尽管阿基米德的术语，以及某种程度上还有他的公设概念，与欧几里得的在某些方面有所不同。此外，就算他同意欧几里得书中的某些内容，他也无需胸怀欧几里得原来可能拥有的包容一切的雄心壮志。

由于像欧几里得和阿基米德这样的人物所展示的一些令人注目的成果，因此那看上去似乎维护了亚里士多德式的公理—演绎风格。但是我们必须弄清楚这些成果中的哪些归功于这种风格，在什么地方是独立于这种风格的。显而易见，所用到的有关公设达到了一种高度明晰性，尽管正如萨皮斯（Suppes 1981）和其他人所指出的那样，从现代的标准来看，希腊数学公理化还是相当不完善的（参阅 Mueller 1981, Knorr 1981）。然而两位数学家都成功地对一些关键的基础公设和基本原理作出了清晰的界定。其中最重要的有：（1）欧几里得的平行公设，（2）穷竭法（method of exhaustion）所依赖的比例定义，（3）阿基米德的连续性公理，（4）他在证明杠杆定律中所用到的公设。[21]

在这些例子中，一个蕴含的主张就是所陈述原理的自明性——这些操练的最终目标，我们说过，就是不容置疑性。然而实际效果却是，至少对于平行公设而言，最终引起对这条假设本身的地位问题的关注（见前文第三章第 34 页和注释 5）。早在古代，有些人，诸如普罗克洛斯，就认为平行公设不应是一条公设，而是一条待证明的定理，而到了 18 和 19 世纪，如我已经提到过的，一种类似的观点最终导致

古代世界的现代思考

了对非欧几何的探索，并且有效证明了声称这一公设是不可否认的断言的局限性。让不可证明的事物变得清晰明了，可能就是想要使之成为不容置疑整体的建构中的一步。然而荒谬的是，有时候它带来的效果是让人关注那些可以提出质疑的要点。然而我们能够看到，让基础或第一原理变得清晰明了，不仅对于那些声称它们是不可辩驳的人，而且对于那些力图挑战它们的人，都是非常重要的一个步骤。

因此，从表面上看，公理—演绎模型的采用导致了基础假设方面的更大明晰性，而更大的明晰性正是作为基础假设所必不可少的基础。但是，数学推理方面的真正工作却往往在别处——例如对于穷竭法而言，不在于它所依赖的陈述，而在于对那种方法本身的运用。

实际上，正如内茨（Netz 1999）最近指出的，并且在我看来也是很有说服力的，演绎论证的结构强烈依赖于字母图解（lettered diagram）的使用，其依赖程度达到了图解结构就是证明结构的核心这样一种程度〔正如希腊术语"图解、证明"（*diagramma*）一词所暗示的程度〕。而且，图解当然属于特例："令 *ABC* 是一个三角形"、"令 *ABCD* 是一个圆"、"令 *ABC* 是直线 *AC* 和抛物线 *ABC* 围成的一个弓形"，等等。[22] 然而，研究这些特例，自然不是为了它们的特殊特征，而是为了它们所展示出来的可概括特性（generalizable properties）。[23] 这一点具有至关重要的意义，然而它也可能是有疑问的。至少在原则上，尽管在实践中有时是有问题的，但那些证明仍然是不失一般性的，即使证明是建立在特例基础上。

在上述这些问题上，与中国数学的比较和对照是意味深长的，我想继续和展开已经在第三章中概述过的论点。实例在古代中国数学推理中具有什么样的作用呢？对此人们可能会认为《九章算术》专门关注那些纯粹的实际问题，譬如测量一块田地的面积或计算建造一个土方需要多少劳力等等，林力娜（Chemla 1994，1997 以及即将发表的著作）最近的研究令人信服地指出，《九章算术》的兴趣其实经常具有相当的一般性。问题情境的具体性——给出其专门解释的那些数字，诸如"宽 4/7 步，长 3/5 步"（I 19）——不应该产生误导，尽管说实话，在过去许多人都被误导了。而书中提到的像"3⅓ 人"（I 18）这样明显的不可实现性，应该已经能阻止任何人把这本书单纯地看成该领域内技术人员的实用手册。还有，在关于挖沟（V 5）的问题中，给出的答案是需要"7 $\frac{427}{3064}$ 人"，* 表明这里关注的兴趣是给出方程的精确解，而不是问题情境中的有形物体。这当然并不是要否认《九章算术》中确实具有的实用兴趣，只是要强调这些实用兴趣不是这部著作特有的兴趣。

然而，讨论的结构在某些方面是相当使人迷惑不解的。鉴于在一些西方数学教科书中，问题以一般性的术语来描述，当然也列举具体的例子以说明之，并且有时还进一步给出要学生自己解答的例题（也许还可以从书末的一个独立单元中查找到答案来检查他们的解答），而我们在《九章算术》中看到了相当不同的结构。书中以提问的形式给出了一系列具体的问题，以"术曰"（"方法——或运算方式——说"）的措辞给出解答，但是经文本身（相对于传文而言）通常很少或不给出答案如何得到的讨论。

计算程序和实例的选取也许显得十分任意——直到我们看清楚它所要研究的是所选取的具有**典型意义**的案例之间的普遍联系。自然，选取它们不是为了它们本身，而是为了它们所例示的普遍联系，尽管这些联系有时仍然是比较隐讳的，而不得不从各种具体情形的比较当

---

　　* 此三处古籍原文分别为：广七分步之四，从五分步之三……三人三分人之一……七人三千六十四分人之四百二十七。——译者

中抽象出来。

与对《九章算术》的这种认识相符合的是，刘徽的注释可以看成是对包含在原书中的有关兴趣的拓展和进一步的明确化，这些兴趣在于对所选取的问题以及用来解决它们的程序的可概括性，以及把相关讨论统一起来的内在联系。[24]他再三提醒读者注意用于不同算例的运算法则的相似性，包括那些在属于原文不同章节的那些算例间的运算法则的相似性。他在不同的问题、尤其是不同计算程序之间经常进行的交叉引用，说明他确实看到了贯穿于全文的**同一种**普遍联系。因此，这里有两个层次的普遍化，首先涉及《九章算术》本身各节中用具体特殊的词汇表达出来的问题情境；其次与各节之间的相互联系有关。

由此产生了两个问题。第一个，在早期中国数学中这种实例使用模式出现的频度如何？第二个，对于我们理解中国数学的推理风格有什么样的影响？在我对第二个问题提出一个试探性的比较研究意义上的建议之前，对于第一个问题我可以作出两点简单评述。

首先，对林力娜提出的论点的主要支持当然来自《九章算术》的注释传统。她承认《九章算术》本身并没有提供太多直接的陈述，来让人确信它也享有刘徽注文中体现出来的对问题和算术交叉引用的可概括性的兴趣。它通常断然地停留在特殊问题和对它们的特殊解答的层面上——把它们之间的联系留给读者去建立。然而这一点似乎并不是一个主要障碍，因为在这点上，看起来我们没有**更好的**办法去理解《九章算术》，只好遵循刘徽提供的引导。否则，正如我提到过的，我们在阐释《九章算术》中展示出来的一系列光秃秃的具体问题和解答时，将无从着手。除非确实是出于一般兴趣，并且这些算题被用来示例说明这一点，否则为什么选择这些而不是其他一些？此外，应该进一步指出，我们不应该把算经原文看成是为了专门的实用目的而写的，刘徽为此再次提供了至少是间接的支持。刘徽在卷五第 15 题对没有直接用处的"鳖臑"*和"阳马"的研究进行评述时，他毫无疑问地向我们确认了他自己所达到的超越纯粹实用目的的认识。[25]然而，在此也必须公平地处理这样一个事实：刘徽提到的下面这一点，可能说明他本人在某种程度上缺乏一种自信——似乎他不得不为他的兴趣道歉——因为他有时对抽象推理（他称之为"空言"）表露出一种不情愿。[26]

其次，我们必须承认《九章算术》中使用的某些具体数字，在某种意义上，也就是说在它们不精确这一点上，很难能够被认为是具有典范性的。这方面的一个主要例子就是把 3 作为圆周率（或 π）数值的标准假定，对此，刘徽给出了一个扩充讨论，不仅指出这是不正确的（因为 3 是六边形的"率"，也就是**六边形的**周长和直径之比率，所以它不能又是圆的周长与直径之比率），而且还给出了一个更好的圆周率近似值。这里我们处理的数字显然不是被作为一个范例，而是被作为一个近似值——实际上对于选定的任何有限数字而言都是一种近似值。虽然《九章算术》在这里是从给出的一个正确公式开始的——也就是圆的面积等于周长的一半乘以直径的一半[27]——但问题的具体化不可避免地伴随着近似，在这个意义上它导致精度损失。

我的试探性比较研究的建议，明确地关注由此产生的问题，即在实例推理基础上得到的结果的可概括性问题。如果我们还记得前文提出的，例如，在欧几里得或阿基米德的作品中，许多实际的数学工作是用图解来完成的，而这些图解本身都是特例（并且这些特例的地位因而便类似于《九章算术》中我们仔细考察过的实例），在这个意义上，我们也许

---

* 实际上"鳖臑"属于卷五第 16 题讨论的问题。——译者

可以说，希腊和中国数学的推理风格比通常公认的要**更接近**一点。

然而，它们继续分化出来的不同之处在于，它们在证明或确认所得结果的正确性时，尤其确认这些结果的可概括性时，采取了不同的优先路径。希腊数学（至少）在欧几里得传统中沿着公理化的路径推进。尽管其中的一些只是装点门面的——纯粹为了给人留下深刻印象而设计出来的——它的说服作用依赖于它与某种推理模型相符，而这种推理模型被认为具有可靠的不容置疑性。

但是对于刘徽而言，他所要做的，首先是探索《九章算术》一书中各章数学推理之间的关联，然后是探索该书各章与其他文献（甚至包括《易经》及其各种传文）之间的关联。这是他在序言（91. 1 ff.）中给出的信息，在序言中他提到了数学的不同部分所源自的单一原理（"端"），或分支所依附的本干（91. 7 f.），他在注释中进一步强调了这个意思，此前我们提到过他特别关注把运算（例如 I 9，96.4）中的"指导原则"（"纲纪"）说清楚。这也并不是刘徽一个人要实现的抱负。在《周髀算经》中也已经在寻求"言约而用博"（24. 12 ff.）的方法了。人们需要掌握"相互沟通的相似方法"，而区分愚笨与聪明之人的，确切地说，是"能区分类从而达到整合类"（25. 5）的智质。[28] *

但是这两种中国古籍所展现出来的思维运作方式，本质上都是类比的或综合的（参阅 Volkov 1992），把在不同特例中展示出来的相同基础原则分离出来，并证明它们的适用范围不只限于那些特例。实际上，这些原则的开放性——外推和延伸它们的适用范围的可能性——被认为是它们的优点之一（正如刘徽序言中所说，91.9），因此，对于

---

*　此处两处古籍原文分别为：同术相学，同事相观……能类以合类。——译者

任何为了保证有效性而需要的归纳完全性之类的想法，它们全然显得漠不关心。正如完全归纳远离了这些中国数学家的头脑，他们也完全没有意识到需要罗列出几条公理，以便在某种程度上可以确保整个体系的不容置疑性。反之，一些希腊数学家则不能满足于不能自明的公理（从这些公理出发，原则上可以推演出整个数学）；中国数学家追求的是"简约却周详"＊，以及那种能够让数学技艺的各个不同领域融会贯通的东西（刘徽，91.8）。可以说，这让实例的作用变得更为重要。因为这并不是说它们的有效性能够从普适的或者确保的原则中推演出来，而是说它们提供了必要的手段去了解共同的原则。

对于我们来说，试图去建立一些一般规则来指导哲学和科学中实例使用的合法性或别的什么，将会跟某些希腊人所做的一样，是一件深受误导的事情。此刻，对于假设的考察、对于一般化步骤或特例的考察、对于模型的建构或它们的运用和确认、对于归纳和演绎、对于启发和证明，对于所有这些，统统不能在**一般意义**上作出什么断言，也不能在查明有关的领域现状和特殊的问题情境**之前**作出什么断言，这些特殊的问题情境构成了各种各样我们可能会感兴趣的研究类型。想要制定这种规则的野心，实际上给一些希腊思想烙上了一种具有特征性傲慢倾向的印记。与此相反，我们论证了，使用实例的真正本质通常在于启发性和开放性。[29]

可以作出最后三点评述以结束这一章的研究。首先我们能够开始理解为什么一些希腊人以最严格的公理—演绎证明法的名义贬低实例论证的地位，因为在标志着希腊人的智力生活的竞争性的论战中，他

＊　古籍原文为：约而能周。——译者

们为了胜利所需要的不是一种启发性而是一种确定性。如果确定性得到了保证，那么就确实赢得了胜利。运用实例的省略暗示进行论证的风格，也许是具有说服力的，但不能证明结论。

其次，我们已经注意到，并不是所有的希腊人都选择那一条路线，因为有一些人明确支持坚定地建立在经验基础之上的方法论，并且甚至一些公理—演绎模型的鼓吹者在他们的实践中也大量使用实例。

第三，我们可以说，在对公理的探索中有一些有益的认识，至少它确认了演绎结构的基础，并使之明晰化。那一点确实有它的用处，甚至在那些基础被描绘成是不可质疑的东西的地方，这些基础之上的东西也须经受那种正当的探索。实际上，许多希腊人跟中国人一样非常流利地引述实例。证明和对证明进行分析的这一种希腊传统，在某种程度上背离了它们自身的初衷，反而证实了一些实例在多大程度上被用到它们能发挥作用的竞争性场合去赢取胜利。

第十章
大学：它们的历史和责任

高等教育机构在科学研究的发展中总是扮演着一个重要角色，在今天更是如此。然而，在西方和中国，它们是以相当不同的方式发展起来的，在发展过程中，它们的一些最初目标如果不是被遗忘了的话，也是慢慢变得不再受到重视。在本章和下面两章中，我的主要目的是利用历史，不仅要设法来理解某些我们依旧面对的智识上的或哲学上的问题，而且要弄明白我们能从对历史的分析当中学到什么，这些历史对于我们应该如何处理我们现代情境中的一些诸如教育、伦理和政治问题，也许会具有重要的借鉴作用。

谈到高等教育，有一些教训是警示性的——当大学不能严格律己或不能自立以抵抗来自包括政府在内的外界压力时所发生的那些事情。但是至少还有一些寓意是积极的，我们可以从中吸取力量。首先，中国人的教训之一是如何评价过去，尽管也不应该忽略现在和未来。其次，希腊人的教训之一是如何评价教育本身——与评价它所能提供的职业资格相对。同时，也是第三点，我们可以反思无论过去是什么情况，我们现在毕竟成了一个整体。任何一个国家，无论多么强大，都不能孤立存在，2001 年 9 月 11 日的事件以最悲剧的方式让美国人认清了这一点。在当前全球化日益加剧的形势中，大学为国际合作提供了最好的机遇之一。

对于西方，我愿意承认传统的观点（参阅 Rashdall 1936），即把我们的大学起源追溯到中世纪晚期巴黎、博洛尼亚和牛津等地的一些重要学院。在一些情形下，它们的历史可以上溯到公元 11 世纪。这些大学与众不同之处是它们授予学位。文学士和硕士因而就获得了合法认可的资格证书。更为重要的是，在法律、医学和神学领域内颁发的高等学位，为那些想在这些领域内努力爬上职业顶层的人，提供了关键的资格认证——因此，有史以来首次出现了现代意义上的完全**职业化**。

于是，中世纪大学的功能之一，就是确保和控制那些职业领域内未来的成员人数。但另一个功能是在所谓的文科领域，包括三艺（trivium，语法、修辞、逻辑）和四艺（quadrivium，算术、几何、天文、音乐），提供一种基础教育。学生入学时可能不会超过 12 或 13 岁，而且如果他们本人不是富人的孩子，那么他们需要有富裕的赞助人。建造让学生住校并接受附加监护的学校是次要的，并且它是后来——尽管不是太晚——才发展起来的。一些巴黎的大学可以追溯到 12 世纪（Schwinges 1992：214）。

那些中世纪大学在相当多的方面应归功于较早的形式组织较弱的教育模式，以及更早的学院，特别是雅典那些重要的哲学学院。最著名的是柏拉图学园、亚里士多德的吕克昂学院、基蒂翁的芝诺（Zeno of Citium）建立的斯多葛学府（Stoa）和伊壁鸠鲁学园，它们都建立于公元前 4 世纪或公元前 3 世纪早期，尽管还有许多其他小学院。如果我们想要了解西方高等教育的起源，我们必须回溯到这些希腊学院，而且我们必须清楚在某些方面它们与中世纪的大学是很不相同的，更不要说我们今天熟悉的大学。

第一个最基本的不同点是，那些西方哲学学院不颁发学位。因此，那些加入这些学院学习的人，不是为了最后能获得一种有助于他们进入职业生涯的合法认可的资格证书。他们进入这些学院学习，是因为他们珍视学院教给他们的东西。我不想否认这里有追逐名利甚至谋求势力的因素。在公元前 1 世纪西塞罗（Cicero）的时代，对于家境好的年轻罗马人来说，到雅典去接受教育是很合时宜的事情，西塞罗本人当然也是这么做的。此外，你在学习过程中不仅可以学习哲学，还可以学习修辞学，后者对从事政治和法律职业来说是非常有用的。因此那时不全是为了学习而学习——尽管这只是在很大程度上，的确会让中世纪的学生感到非常惊奇，更别说现代学生了。

但是那时没有学位，没有考试，也没有设置课程。换句话说，年轻学生除了通过他们对学到的东西的**理解**，以及他们对所研究问题进行共同探索的参与之外，没有其他正式途径来给老师或同时代人留下深刻印象。那种理解和参与通常以**口头**方式进行。古希腊的学生无需写文章交给他们的老师修改。在古希腊—罗马时期没有那种笔头考试，而这在中国古代是招募新官员的基本方法。因为没有设置课程，古希腊的学生只要他们自己觉得还值得待下去，就可以在学院里想待多久就待多久。亚里士多德就是这样从 17 岁进入柏拉图学园，一直待了 20 年。

在某种程度上中国人会对下面这种情况感到迷惑不解：希腊的哲学学院深陷于彼此的争吵之中，实际上，除了伊壁鸠鲁学派作为一个例外之外，在许多学院**内部**也有大量争吵，相互敌对的教师竞相提出他们自己的观点来说明学院——以及学院创始者本人——应该代表什么。学者们有时谈论像斯多葛学派这样的学院里的异端成员，但是有很重要的一点需要强调，在无宗教信仰的背景下，异端的含义完全不等同于基督教信仰一度和其他信仰形成相互竞争的局面的含义。异端（*hairesis*）的原意是"派别"（sect），或进一步从字面来解释是"选择"（choice）的意思（von Staden 1982）。对于柏拉图主义、亚里士多德主义、斯多葛主义或其他什么主义，那时不存在一种需要强制推行的权威解释。那时候原先是不存在权威的。

因此，那些古代西方的教学机构与后来它们的对应机构，在几个基本方面显示出很大的不同。它们是私立的，不是国立的，很少或不受政府的资助，至少直到罗马帝国时期以前都是这样，此后，雅典的主要哲学学院的领导者开始接受捐赠。[1]

这种与政府保持相对独立的情况既有优点也有缺点。至于优点，明显的一点就是可以自由地决定研究什么和怎么研究。确实，思想自由结出的一些果实可能会让我们颇为惊异于它们的怪异或夸张。一些希腊哲学家想要否认变化的发生。另外一些则提出极端怀疑主义的观点，认为不仅没有什么能够被认识，甚至纯粹的信仰也没有可靠的基础。同时，他们能够并确实质疑同时代人的宗教信仰——例如相信诸神具有人类的外形。他们质疑各种不同政治体制的得失。没有多少社会的或道德的传统或习俗能够逃避他们的苛查，而所有这些激进的质疑只是偶尔会给他们带来麻烦，例如苏格拉底就给自己招来了麻烦——即使这样也没有一个教会组织来公开起诉他，起诉这件事留给了一些私人个体来做，当然在动机上部分是出自个人的恶意。

我们注意到的一些理论上的夸张可能与存在于个人和团体之间的

竞争有关。作为一位哲学家，或者甚至是一位医生，为了制造名声，你不得不经常提出一些古怪的假说或荒谬的论点，来把大家的注意力吸引到你身上。同时，你的同时代人就是你的判官。他们对你的印象才是真正的关键。作为一位教师，你提供的教育必须名副其实、货真价实。如果你做不到这一点，你的学生就会用行动来作出他们的选择：离你而去。他们不会因为他们离开了就得不到学位而被禁锢在教室里。所以，一切都依赖于把学习和研究看成具有其**自身价值**来接受。我们甚至发现，哲学家（也许并不令人吃惊地）声称它们——学习和研究，尤其在哲学方面——对幸福而言是必要的，如果你忽视哲学，就不可能获得圆满。把这种声明先放在一边不管，剩下的基本要点是：所提供的教育，必须被教师，同样还有学生，看成是具有其自身价值的，因为如果不是这样，那就根本没有什么动机去教和学。

现在该轮到介绍中国高等教育的一些主要特征了。首先需要提醒一点。在许多标准教科书中，你会读到所谓的稷下"学院"（Academy），该"学院"由齐国国君创立于公元前 3 世纪*。但是"学院"一词在这里属于用词不当。[2]用于帮助我们理解这个机构的模型应该是战国时期的其他一些宫廷。当时有野心、有权势的国君和大臣常常养着大量客卿，这些客卿通常是三教九流的一群人，其中有提供娱乐者，甚至有招募来的刺客。稷下团体中包括了相当多的学者（诸如哲学家荀子），但是他们在那里主要是为齐国国君增添荣耀的，并且也提供建议——但并不讲课。可与之类比的不是柏拉图的雅典学院，而是他向西西里僭主狄奥尼西奥斯二世（Dionysius II）那次倒霉的

---

* 一般称"稷下学宫"或"稷下学派"，因其位于齐国都城临淄（今山东淄博东北）稷门（西边南首门）附近而得名。一般认为它创建于齐桓公（公元前374—公元前357 在位）时，也有人认为创建于齐威王（公元前356—公元前320 在位）时；复盛于齐宣王（公元前319—公元前301 在位）时。——译者

拜访，希望说服他成为一位哲学之王（philosopher-king）。

然而，几个其他的中国教育机构还是具有重要地位的。中国的"家"在运作上有点像希腊的学院，当然并不会完全一样。自战国以后，这个术语的含义经历了相当大的转变〔见奇克森特米哈伊（Csikszentmihalyi）和尼兰（Nylan）即将发表的论著〕。它可能仅仅表示"家庭"（family）的意思，而在与众不同但很有影响力的《史记》（130）中记载，司马谈称那些把譬如法律看作是治理国家之关键的、具有哲学倾向的学说为"法家"。但是从东汉以后，它被用来指称某一群学者，他们的主要职责之一就是保持和传承大师的教义，即"经"。

我们应该指出，首先这是一种基于课本的学习：学生背诵课文，并且只有熟记课文之后，才能指望开始解释其中的意思。此外，他们崇尚传承和维持，而不是批评。确实，不管是墨家的教义还是经典的儒家教义，在它们各自的传统中，总是会有分歧的解释，但是这些争议不是那些传承教义的团体需要存在的基本理由。然而，中国的"家"与希腊的学院确实具有一个共同的特征，那就是学习本身被赋予的价值，实际上是赋予经典本身的价值。[3]

但是我必须提到的下一类教育机构是一种非常不同的现象。在公元前2世纪晚期，一种由国家主办的用于培训人才来管理日益重要的政府行政事务的高等教育机构，在中国出现了。这种机构负责指导政府的各个方面，甚至可以说生活本身的各个方面。我在前文提到过最值得注意的机构，如钦天监之类的皇家天文机构，承担历法的编制，观测和解释各种天文现象——这个机构自始至终延续了2000年，直到最后一个王朝清朝。

但是从一开始，中国的国家教育机构就有5个特征，这对于我们理解它们的作用来说是至关重要的。（1）它们受到官方和国家的资助——这一点与希腊的哲学学院完全不同，虽然亚历山大城博物馆确实也受到了国家的资助。（2）主要的中国学院教授的课程都是经过仔细选择的。从公元前136年起有5种经典成为核心课程。[4]（3）如我已经指出的，它们的主要功能之一是为行政事务任命培养合适的合格毕业生：在这个意义上，学院是面向求职的，并且毕业生的期待是担任官职。实际上，在《论语》中就已经烙上了"学而优则仕"的倾向性标记了。（4）入学是受到控制的。学生当然总是必须满足某种非正式的必要条件，起初要求性情温良、家世清贵，从公元600年往后，学生入学要通过一种变得日益严格的书面考试制度。这一点允许了某种向上的社会流动性。一些家境不是很富裕的孩子能够进入学院学习，通常从省一级的学院毕业，进入到位于首都的皇家学院。但是这一点也不应该被夸大。来自社会最底层的孩子没有办法竞争到入学机会。最后，（5）毕业生通过进一步的考试之后才得以毕业。我们今天如此习以为常的考试制度就是中国人的发明。

主要的皇家学院的成功可以从它的毕业生人数的指数增长来判断。据估计，在公元前124年大概有100位毕业生，但是250年之后，相关资料提到的毕业生人数为30 000人。虽然提供的教育主要集中在对经典的掌握上，但是，技术问题，例如关于数学和天文学方面的题目也包括在考试范围之内。[5]不过，仍然一如既往地强调对"君子"的培养，君子们举止端正，博通五经，并能充分认识到这两种造诣之间的相互依赖关系。对此我们不应感到太过吃惊。在欧洲的大学里，那些要被授予学位的毕业生一直也要被正式证明其品行端正并且考试成绩合格。

因此中国和西方的高等教育历史侧重于某些明显且基本的要点。

政府权力的卷入照我说是好坏参半的事情。没有持续的政府支持，希腊的哲学学院是极度脆弱的，其中的大多数在它们最终消亡之前就都进入了衰败期。然而它们同对应的中国学院相比，也同被行会控制了的中世纪的西方继承者相比，在智力机动性方面具有更大的空间。中国的国立教育机构获得了稳定可靠的支持，但是为此付出的代价是要设置固定的教学方案。这一点当然会有不利的后果，例如，关于皇家天文机构内部的工作，尽管有非常优异的实测天文学记录，但是在很长时期里理论方面的事项一直停滞不前。

留给我们今天的一个明显问题是，如果你享受了政府的津贴，那么在决定你自己的课程和研究计划时、想要改革创新时、实际上还有批评政府权力本身时，你就有可能不得不丧失掉一些自由。如果正是他们提供了财政上的资助，就会让一个开明的政府认识到，扶植重要的人文和科学方面的高等教育机构是他们自己的长期利益所在。那些政治家如果自己就是（甚至那些不是）高等教育的受益者，就**应该**明白支持这种教育机构的重要性。如果大学要领导各个知识领域的研究，那么它们必须不满足于过去全体公认的那些知识。然而，无论在中国还是在西方，大学确实有时候更强调保持和维护，而不是革新。

一种经常性发作的结构性缺陷在于，那些精通了课程、顺利通过了考试、并在此基础上牢牢地坐上了教授位置的人，可能会不愿意承认老观念被淘汰了、需要作出改变，即使他们自己就担负着他们学科发展的主要责任。在中国，儒家和新儒家思想不时地对教育形成一种束缚，虽然有些时期佛教思想是占主导地位的意识形态。在西方这同样是一个间歇性发作的难题，至少自从基督教罗马皇帝查士丁尼（Justinian）在公元6世纪取缔教授异教哲学以来便一直如此。12和13世纪对亚里士多德的重新发现带来一阵改革之风，但是，教会对此的反应是一阵恐慌，并在 13 世纪再三地禁止亚里士多德的思想，即使在那个世纪末他的作品已经成了巴黎大学文科课程的主要构成部分了，禁令还在重申。

如果说这一点证实了一些中世纪西方大学的独立性和思想开放性，那么接下来的发展会说明这不是唯一的倾向。亚里士多德本人转而变成不仅拥有荣耀的地位，而且成了控制大学课程的铁腕——因此，三四个世纪之后，改革者的主要努力不得不变成去批评亚里士多德主义，也就是在 13 世纪曾经被当作智慧的宝库而受到过如此欢呼的同一种亚里士多德主义。

我们能够发现类似的保守倾向，不仅在文科和哲学课程的控制中发挥作用，而且甚至也在医学课程中发挥作用。这里同样地，科斯岛的希波克拉底和盖仑在西方的重新发现最后导致他们获得登峰造极的权威地位。甚至，特别是盖仑的理论受到 16 世纪解剖学家如维萨留斯（Vesalius）等人工作的成功质疑之后，他的论文继续被用作医学院的主要教学内容。为了获得学位，牛津大学的医学博士攻读者被要求详细阐释从盖仑到 17、18 世纪的医学文献段落。即使当所谓的"新条例"（New Statutes）在 1833 年被引入之后，医学学士学位仍然必须要通过一次强迫性的考试，考试内容针对四位古代作者〔希波克拉底、阿雷泰乌斯（Aretaeus）、盖仑和塞尔苏斯〕中的两位。那些负责医学课程的人显然坚持认为，他们的后继者应该像他们自己那样精通古代医学文献，即便那些作品中严格意义上的科学内容在很早以前就被淘汰了，这一点至少在解剖学和生理学这样的领域里是成立的。以上情况确实为一个一直存在的问题提供了雄辩的证词，也就是说，教师们可能会更热衷于把学生转变成像他们自己一样，而不是鼓励学生去开拓进取、勇于创新。

从中世纪晚期,经过文艺复兴到所谓的科学革命这段时间里,关于欧洲大学变化多端的命运和影响,还有许多可以讲述。但是现在让我直接跳到当前。从多种角度来看,我们现在都生活于后科学革命和后工业革命社会,这个社会与我们的祖先——无论他们生活在世界的哪个角落——曾经面对的一切已完全不同。科学知识和技术的爆炸性增长令人惊叹,科学满怀通过技术之运用来增加物质财富的雄心。人们常说今天活着的科学家人数超过了历史上所有科学家人数的总和。至于那些受雇于技术工业、直接从事应用工作的人,他们的数目又远远超过了科学家的人数,这倒不是说纯研究工作和应用工作之间的区分有多严格。

古代大学被迫作出调整,以提供适应这个新世界的高等教育,这个过程可谓步履维艰又疑虑重重。其中一些问题与大学本身不能深刻反思它们在现代社会中的位置有关,但另外一些问题则源自社会本身的各种影响产生的压力。让我首先来关注西方的大学,谈谈这两个方面的问题。[6]

从大学内部来看,许多大学已经慢慢适应了包括科学和科学以外的知识爆炸的特殊挑战。大学能够提供的课程确实已经显著增加。在以前,以剑桥大学为例,直到 19 世纪中叶,学士学位攻读者能学到的科目只有数学和古典文学——确实每一个毕业生都被预期能胜任这两者(Searby 1997:205)。现在课程的选择非常之多,而所有这些都是有好处的。然而,负面因素也在起作用。首先,新开的课程压倒性地趋向与求职就业有关。其次,这些新课程趋向于日益专门化。没有人能够否认,许多甚至绝大多数学科的复杂性程度需要专门化。然而那样做会并确实常常意味着加大各个系和学部之间的隔阂,有时还造成一种更宽广视野的丧失,而更宽广的视野正是高等教育的目标。

大学里的系冒着变得愈发自闭的危险，它们对来自其他系和学部的竞争有一种过度的警觉。每个系都趋向于要求越来越高难度的专门技能和专业知识——这种要求针对学生，也针对新招募来教学的教师。这事情本身没有错，只可惜通常没有一种作为补偿的核心影响力来抵抗这种系内的压力。这种被看作核心权力的东西更多地与大学在政府面前的形象有关。稍后我将回到这个问题上来。

　　但是有一点是非常清楚的，大学课程形式需要作出重大调整，一方面以应付每一个学科不断增长的专业化，另一方面要应付水平普遍下降的大学入学准备工作，中学本来应该能够提供这样的准备。美国的大学面对中等教育的类似情况，在一段时间以前转而设置了一种非常宽泛的、在英国标准看来是非常肤浅的第一学位课程，这种课程有大量的科目组合方式可供选择。但是这种做法常常导致一种支离破碎的感觉：该学些什么课程，如何建立这些课程之间的内在联系，这些事情都留给了学生自己去做——因为大学老师自己不再管这事。更糟糕的是，大学有时提供了上面两种倾向中各自最差的一面，一方面不能提供形成大学教育核心的内在联系，另一方面也放弃了那些更为专门化学科的大部分严格性和精确性。

　　对于专家自己而言，要做的事情是在他们自己的大学本科水平的教学中努力成为一位更加博学的通才。这一点是不受欢迎的，因为这样做会被贴上业余爱好者的标签——尽管成为一位博学的通才并不意味着肤浅，而是意味着善于建立学科间的联系。不幸的是，博学通才并没有能够赢得职务聘任委员会的多少信赖。然而，我们的前辈**都是博学通才**，而如果仅仅是对从艺术到科学的全部知识知道得较少，那不是我们不去尝试的借口。历史教给我们的第一课就是，大学应该再次更为严肃认真地继承这一理想：大学（university）是探索和传承**普**

遍（universal）知识而不是破碎的专业知识的地方。

为了达到那个艰难的目标，我们无需更多的职业培训课程，它们固然有它们存在的理由，以满足某种需求，但是它们对于学生应该获得的更宽广的知识图景从来不能作出多少贡献。更宽广的知识图景应该由数学、自然科学、社会科学和人文科学这四种核心学科组成。其中对于最后一项人文科学，一种对文学、世界史和文化多样性的广泛而真诚的学习应该放在第一位，尽管我们必须认识到语言障碍使得做到这一点变得格外困难。理想情况下，对于上述的四个领域，学生应该被引导着去了解一点每种知识的前沿工作情况，以及这种前沿工作是如何形成的。为了能真正做到这些，现在的介绍性课程内容将需要作出很大改变，在这个意义上，教学的重点将不再是如何把学生带领到专业化的下一个阶段去，而是让他们理解每一门学科是如何构成的，学科之间的关系，以及它们各自是如何对普遍知识作出贡献的。

但是与外界压力造成的问题比起来，西方大学本身自检失灵的问题就显得微不足道了。这无疑是一个地方性问题，但是这仍然不是我们忽视它或不敢面对它的借口。主要的困难来自某些占据高位的人坚持把高等教育看作一种日常用品，而把大学本身看作教育工厂。但是你怎么能够知道，对于学生来说，学习比如生物化学或天文学或甚至古代哲学中的哪一个更有价值呢——我的意思是对于学生本身而言，而不是从他们获得的学位会让他们在将来可能挣到多少工资的角度来说。他们——我还是指他们本身——离开教育工厂大门时增值了多少？这些问题是很愚蠢的，但是它们具有极大的普遍性。

经济责任自然是必不可少的。消除铺张和浪费毫无疑问是既困难又重要的，因为既得利益集团会把过度的供应当成一种标准。历史表明，大学教授克隆他们自己的愿望是很强烈的，而这种愿望通常不是为了他们学科发展的利益。而大学并没有充分有力地抵制成本—收益分析的模型，而这个模型如今正强加在我们头上。

教育不是一种日常用品。相反，它是一种基本的人类价值。应该进行小学和中学义务教育的观念，已经在世界范围内得到公认。但是有一种经常性发作的对**太多**教育的担心——至少在欧洲是如此——认为高等教育是一种奢侈，应该按比例供应。我们应该强调，恰恰相反，尽管你会受到**差劲的**和愚蠢的教育——**这样的**教育已经有太多了，而真正的教育使你不可能拥有太多，因为它提供给你实现自我的能力，帮你形成受用一生的学习方法。大学能够做的就是提供这种最紧张的学习经历，对于那些经历过这种感受的人来说，甚至在他们离开了学校之后，这种学习方法还可以用于他们的进一步学习。对所有人，也就是说对任何有愿望、有动力和有毅力接受教育的人，都应该能得到这样一种高等教育。就像所有人都应该得到适宜的卫生保健一样，教育是仅次于卫生保健的事情。

这种观点无疑会因其过分的理想主义色彩而受到批评。那种普遍的高等教育如何才有可能供应得起呢？而对此的一个反问是：任何一个国家怎么可能不去提供条件让其青年男女的潜力得到最好利用呢？在这一点上，许多发展中国家似乎比一些西方国家更为关注这个问题。对不那么年轻的人，情况又会怎么样？尽管起初人们一致认为前景暗淡，但是一些新型高等教育形式，还是专门为那些希望在较大年龄时接受兼职教育的人们而推广开来，在此，我们的理想主义也许应该受到一些鼓舞。一个例子就是"全国推广学院"（National Extension College），另一个例子是"开放大学"（Open University），它过去常被叫做"广播电视大学"（University of the Air），这两个例子在英国都取得了极大的成功——实际上在许多其他国家也都建立了类似的教育机构。

应该也会给理想主义者带来力量的最后一个特征，涉及高等教育的国际性。科学家已经——不管是有意识地还是无意识地——展示了这一条道路，因为科学知识已经变成了真正国际化的东西。而在一些文科领域，也显示出一些类似的突破国界的迹象，尽管进展还较缓慢，并且在一些科目（例如文学）上比在其他科目上要取得进展会更为困难一点。但是这不仅仅是研究不存在国界的问题，那些从事研究的人总能从最广泛可能的国际性合作框架中为他们的研究获得一切有用的东西。

无论是雅典的古代哲学学院还是中国的哲学派别，它们都不曾在一个我们今天需要的国际化条件下看待它们的使命：我将在最后一章中回到有关的政治含意上来。但是它们显然在基本原则方面为大学教育的目的确立了里程碑。那就是，学习关于这个我们生活于其中的世界的知识，既包括我们今天从宇宙学到微生物学展开研究的自然界，也包括人类文化和社会构成的世界；有关我们的文学、哲学、艺术和音乐的多样性的知识；学习我们的历史，我们来自哪里，现在我们在哪里、我们是谁；最后学习进行自我批评，进而对社会进行批评，哪怕我们依赖社会供养我们。这一点总是成为高等教育机构的两难选择，而大学需要并捍卫其如下角色：大学不是守护人，也不只是公认知识的传播者，而是重要的批评者和改革者，其重要性是其他任何事物都难以企及的。

第十一章 人性和人权

在什么基础之上（如果存在这样基础的话），人们可以宣称作出了客观的道德判断？在什么原则之上，个人和社会的关系得以调控？那种经常作出的关于善和恶、对和错的主张，是否只是反映了主观的感受、直觉、假定或者作此主张者的自身教养——更别论他们的偏见和赤裸裸的私利？在这场论战中，目前起着核心作用的两个概念是人性（human nature）和人权（human rights）。然而，正如我将在这一章的第一部分要论证的，这两者都值得怀疑。然而，我们也不应被迫在这些问题上采取一种相对主义立场——正如我将在本章第二部分要论证的。确切地说，对于人性论，我们应代之以公平和公正；而对于人权的论调，我们需要代之以对责任、约束和义务的关注。我在这一章中的目标是再一次探索对早期思想的研究能够为当前 21 世纪的问题带来什么启示。

在这项研究中，我们面临的主要困难在研究的一开始就出现了。在第八章有关分类的讨论中，我已经提到文化的巨大多样性，这种多样性尤其由特别的习俗、实践、法律和政治安排等行为处世方面的不同观点构成。正是这种多样性被用来证明在任何领域内进行客观分类的困难，其中包括诸如动物和植物这样的自然类，在这点上人们可能会说，文化相对主义在更为一般的意义上为科学相对主义提供了一个模板。别人关于正确行为的观点应该被记录下来而不是被责难，西方观察者不应告诉他们该做什么，这是人种学田野研究一开始就确立的关键假设，正是这些假设把人种学家与其他人例如传教士区分开来。然而，这些人种学家自己的同胞——包括那些非常热心地参与了这种研究的人——的方案只是慢慢地才引起重视。有关人种学家的作用和责任从那时至今都一直是许多自我反省的主题。[1]

不仅人种学，而且历史学也同样有助于向那些认为人权和人性概念具有跨文化普适性的人提出质疑。让我首先来简略处理一下人权，然后再转向更基本的人性问题本身。

诚然，自从1948年《世界人权宣言》发布以来，这个概念就得到了广泛的公认。然而，对于基本权利到底应该包括哪些，显然还存在着大量的争议和混淆。对某些人而言，人权包括了携带枪支的权利。但是在何种情况下允许这样，以及必须有什么样的适当管制——因为这肯定是需要的——这些方面都留下了很多未解决的问题。关于言论自由的权利则有更广泛的统一认识。但是同样，也不能包括那些煽动暴力或者鼓吹难以容忍的政治观、宗教观和种族主义观点的权利——因此问题变成了定义可容忍和不可容忍的临界点（特别参阅 Dworkin 1978）。

尽管关于人权的讨论现在非常普遍，但这不过是回到了17世纪，它有明确的西方起源。这不正是一种典型的西方输出吗？一些非西方人士的确已经表达了那样一种观点，并且基于那些理由拒绝人权的普遍适用性，而来自第三世界的另外一些人则对关于基本人权由什么构成的争论作出了很大贡献（Bauer and Bell 1999，Angle 2002）。如我在前文提到过的，没有必要为一个概念加上一个期限。但问题是这个概念本身能追溯到多远。古代中国人和希腊人是否曾经提出过我们倾向于将之看成是与人权有关的那些问题——如果是这样，他们又是如何处理的呢？

在这两个古代文明里，像我们今天一样，总有些人肯定比其他人更为公正无私。在中国，责任的焦点在于家庭而不是单独的个体。一个人的错误行为经常牵连他或她的整个家庭。社会地位界定了你可以和不可以做的事情。对所有人的"仁"（humanity）是儒家理想中的一条重要价值标准。而这意味着各种义务——行为要端正并且要和你被界定的社会角色相符合——而不是特权。

在希腊，不同个体的法律地位也不相同。例如，妇女受男性家长的控制，当然，作为他们财产的奴隶也受他们的控制。当某人死后没有留下儿子或者确切地说没有子女的情况下，有相关的法律规定财产的继承问题。尽管在某些城邦（诸如戈尔廷），女儿也有继承权，但这不是普遍的规定。在雅典，寡妇成为"女性继承人"（*epikleros*），但是这意味着其他男性亲属可以与她结婚然后占有这些财产。此外，还有涉及人身侵害和杀人的法律，尽管奴隶是受害者，但所犯罪行一般是针对主人而不是针对奴隶自己而言的。在古希腊社会，绝大多数奴隶是一种可移动财产，被当作家具和牛羊那样的占有物而不是人来对待。妇女凭借她父亲是公民、母亲是同样的代理公民（proxy citizen），自己最多也是一位代理公民。关键的一点是她们不能行使任何政治职责。

毫无疑问，在两个古代文明的任何一个，一种具有操作性的人权概念都会延伸到适用于所有人（参阅关于希腊人的著作 Burnyeat 1994b）。所讨论的问题牵涉到法律和公正。的确，亚里士多德记录了一场关于奴隶制是自然的还是不自然的辩论，但是这完全没有实际的作用，因为根本没有任何废除这种制度的行动。斯多葛学派提出了让世界上所有人都享有公民权的理想，而墨子提出的是"兼爱"，[2]但两者都只是停留在理想层面。这两个古代文明都表明一个重要的结论，即当讨论有关法律和公正的问题时——考虑到这两者之间的差异时也是如此——很少或没有什么说法表达过这样的意思：人**本身**有某种不可剥夺的特权。这当然并不意味着人权的观念是有缺陷的或无效的，但这的确表明了人权是一个近代才有而不是在古代就被关注的事情。

因而我现在要转到关于人性这个更基本的问题，而这立即因如下事实而变得复杂起来：正如已经提及的，我们不能假设本性（nature）这个概念本身是跨文化普适的。相反，本性这个概念源自希腊语的天性（*phusis*）一词，就如我已经证明的，它是在一种明显的辩论术的语境中作为本性的意思引入的。它被用来标明一些专门领域，所谓的自然哲学家（*phusikoi*）借此用来标榜他们是那些领域内的专家，他们利用它来反驳传统主义者假定的地震或疾病等现象是因为神灵介入的观点。既然所有这些现象都有一种本性并有一个天然的起因，因此自然主义者争辩说，传统主义者的观点是一种分类错误。

与此形成对比的是，譬如，古代中国没有一个对应于本性的概念。他们谈论"天地"——也就是宇宙——他们用"万物"一词来把握事物的多样性，他们还讨论自发地发生的事情，称之为"自然"，这自然表示没有人类干预的意思。但在古代他们没有一个明确的关于自然本性的分类，也没有把自然本性看成是一个处理一个确定主题的研究领域。然而，他们确实谈到（如我在前文第八章第126页提到的）事物固有的或天生的特性"精"，并且他们还有一个进一步用来表示特性的词"性"，这个词可以用在人身上。

因而，我们已经对这部分历史研究进行了重新表述。最重要的问题关乎以下两点：首先是有关人类和其他动物之间差异的各种观点，然后是不同人群之间的差异被如何描述出来（对此我们可以随便指出一些已被认识到的男女差异的观点）。古希腊人或者古代中国人如何思考他们自己和外来人即异族人或"野蛮人"之间的关系？

作为开始，我们可以先回顾一下在我们的分类研究中得到的观点。我提到过，《淮南子》区分了五种主要的生物类型，其中有一类是"胈者"，对应于人类。虽然文献本身没有声称这是在给出一种**动物**分类，但是人类在这里显然包含在其他动物之中，尽管他们在起源上不同于其他四类动物而显得有点例外。他们不是源自龙而是源自海人。[3]在《荀子》中我们再次看到人类的特殊性得到了强调，荀子说尽管人类与其他动物（与兽类和鸟类）共享有"气"、生命和知识，但人与其他动物的区别是道德层面上的"义"。[4]因此这里也明显说明了人类这个类别与其他动物不同，但是与它们共有某种属性。此外，"仁"在让一个人成为真正的人的意义上，那就是仁慈，是"儒家"的核心德行之一。

但是人性天生为善还是为恶，是延续好几代人的争论的著名辩题。[5]孟子主张人性本善，告子主张人性本无善恶，而荀子争辩说与生俱来的人性是恶的——在文化发挥它的教化功能之前。因此，正如我刚刚提到的，在荀子的观念中，"义"是人的标志性特征，或者说，是唯一的道德潜质，为了把它变为现实，人需要受到教化。

对这个问题的争论用一种类比的方式展开。据载（自然是由孟子本人），告子把人性比作流水，本无意于向东流还是向西流——孟子用来反驳他的一个类比是指出水自然会向下流。我在第九章中引述过的一个著名段落中，孟子（2 A6）用任何人看到一个小孩将要掉到一口井里去时都会做出的反应，来证明我们都拥有一种帮助人类同伴的本能。荀子则从他的立场出发，进一步使用了孟子用过的一个比喻，孟子认为具有某种品质的木材可以派上好的用场，但是荀子强调为了派上好用场，木材必须被工匠加工过，甚至改造过。人性事实上就像弯曲的木材一样必须被弄直。因此这个类比暗示的结论是荀子自己的主张，即人天生不是善的，而是恶的。简而言之，为了**变成**善的，人必须受到教育、培养、同化和教化。

汉语词汇"人"，就像希腊语"人"（*anthropos*）一样，通指所有的人，包括男人和女人。但是在某些方面，中国人的性别观念与古希腊的性别观念很不相同（Farquhar 1994，Raphals 1998，Furth 1999）。诚然，有大量的中国文献强调了在社会层面上两性之间的距离和差异，也有大量的文献反映了其男性作者持有的男性优越性和男孩继承（男性）血统的重要性等观点。但是还存在着这样一种重要差异："阴"实际上经常与女性联系在一起，而"阳"则与男性联系在一起，这两者的**相互依赖性**是被着重强调的。它们中的一方绝不能完全脱离另一方而存在。一位老人相对于一位年轻人，在社会地位上可能表现为"阳"，但是在身体耐力方面与之相比就表现为"阴"。在不断变化的循环中，当"阳"达到极大的时候，"阴"就开始重新壮大，反之亦然。许多希腊人用高等事物**独立**于低等事物（例如主人独立于奴隶）的观点来思考对立性（polarities），而中国人总是反过来强调它们的**相互依赖性**。

对于希腊人关于性别差异的观点，我已经提到过希腊女性，公民的女儿或妻子，拥有一种明确受限制的法律地位。然而，众所周知的是，有一些著名的希腊人把女性看成是他们的同类。在赫西奥德的书中，普罗米修斯（Prometheus）盗了火种并给了人类之后，潘多拉（Pandora）是作为惩罚送给人类的第一个女人。在潘多拉来到之前，人类无忧无虑、无病无灾地生活着。[6] 洛罗（Loraux）的题为"论女人之种及其某些部族"（*Sur la race des femmes et quelques-unes de ses tribus*）的经典论文举例分析了塞莫尼德（Semonides）将不同动物范例用于刻画不同类型的女人性格。母猪、母狗、母狐狸，都是用非常负面的词汇来描画，就是蜜蜂也不总是好的，因为在对她进行描述之后塞莫尼德立刻重述了那个普遍寓意：女人是男人的祸害。[7]

柏拉图以另一种荒诞的想法讲述女人的起源。在《蒂迈欧篇》的宇宙论结尾处，他提到女人起源于胆小男人的轮回转世。尽管在《理想国》中保卫者既有男性也有女性，但柏拉图反复说女人更为软弱。在《蒂迈欧篇》中柏拉图甚至用哲学术语来解释女人的天生不稳定性格。她们的问题就在于，她们的子宫就像一个独立的活生生的动物，在她们体内动来动去，表达着一种不可控制的欲望。[8] 不足为奇，《蒂迈欧篇》的读者会顺着这个意思得出结论：她们需要由她们的男人来控制。

人们可能会认为，亚里士多德对动物学的广泛研究，会让他更少持有那些明显狭隘的观点，确实，他的动物学论文中充满着对动物行为的详细描述，包括了对某些动物种类——熊、猎豹——的雌性通常比雄性更强壮更勇敢的认识。然而他再三指出，雌性苦于无力产生精子（而雄性却能够），她们对生殖的主要贡献是她们提供的生长物质——而雄性既提供形式因也提供动力因。[9]

一些希波克拉底医派的医生认为，就像有雄性精液一样，也有雌性精液，但是即使是他们也认为后者弱于前者。他们中的一些人关注这样一些问题：是否有女性特有的疾病，他们能否相信女人自己告诉他们的关于她们自己身体的事情。[10] 但是在男性作者占压倒性多数的所有希腊文献中，雄性和雌性之间的不平等是一个以各种幻想的和理性化的变奏反复出现的主题。

即使当中国人和希腊人都给出了"人"这个分类，然而他们区分男性和女性的趋势还是很强烈的——尤其在古希腊更是如此。那么他们对待非中国人和非希腊人的态度又如何呢？希腊人和中国人都有一种把他们自己与其他民族形成对照的明确意识。对于希腊人来说，那些不会说希腊语的人只是"野蛮人"而已。在中国，我在前文提到过，他们把那些与他们交往的其他民族命名为都带有动物偏旁的名字，这些偏旁有猪、羊、虫，尤其是狗。[11] 冯客（Frank Dikötter）的研究（1992）已经表明中国人种族观念是如此根深蒂固和持续永久。那当然并不意味着中国人认为非中国人都是（例如）狗。但是在中国人的宇宙结构学（希罗多德的也一样）中，在文明世界的边境线以外，有一些非常奇怪的生物，例如，他们不仅是"长毛发的"人，还有其他一些生物，有的只有一条腿，有的脑袋长在胸部，有的没有肛门。

然而，我们必须回到希腊社会的一个特征上来，这个特征在古代中国远没有那么突出，那就是奴隶制度。尽管古代中国的经济严重依赖于各种形式的不自由劳动力，但是它没有像希腊古典时期和希腊化时期那样使用过奴隶。中国人并不大规模使用奴隶，就是万里长城这样的大工程，也是通过征召劳动力来建造的；他们也没有公共奴隶来行使警察权力，就像锡西厄人（Scythian）在古代雅典所做的那样。中国人给予罪犯和他们家庭的惩罚，实际上通常是家庭中所有人口的惩罚，是很严厉的。尽管如此但是也有例外，在非常早的商代，中国人并不把奴役战俘（更别说其他时代的中国人了）作为理所当然要采纳的系统性政策。相当一部分希腊人则欣然假定有些人——尤其是野蛮人——是天然的奴隶，尽管接下来的问题是如何把他们辨别出来。亚里士多德会让我们相信大自然会喜欢辨别天然的奴隶，但是他不得不承认，那些具有自由之身的人并不必定具有自由的心灵［《政治篇》（*Politics* 1254^{b}27 ff.）］。

不论我刚才说了些什么，希腊人和中国人通常都认为有一些生物学特征是所有人共有的，人类也被某种共有的道德潜能联系在一起。但是他们都没有在这些想法基础上提出详细的建议来说明该如何生活或如何对待其他种族。对这两个问题的思考又必须用到其他资料来源——无论是明确的理论还是隐含的假设。

亚里士多德宣称人天生都是政治动物，更严格地说是居住于城邦的政治动物，然而就像他的许多定义一样，这一个也是一个极其标准的循环定义。他很清楚绝大多数人并不生活在城邦里，虽然那是他们的不幸。在亚里士多德看来，所谓幸福和幸福的真正实现，就是一个自由人能够作为一位哲学家和公民生活在小范围的面对面的政治社会中。这让希腊化时期斯多葛学派的芝诺发展了阿那克萨哥拉（Anaxagoras）的见解，即哲学家是世界公民（citizen of the world）。尽管如此，这仍然是根据**公民身份**（citizenship）这个概念来诠释那个理想的。

然而，"世界公民"的说法既然如此动听，我们必须问问这种所谓的公民到底属于一种什么样的**国家**（参阅 Schofield 1999）。斯多葛学派认为，我们作为一种理性动物，分享着作为统治宇宙本身的主要因素的理性。这一切都非常好，但是在真实世界里，不存在跨民族的政府组织，来为我们所有人都分享和参与到下议院、上议院、法律机构等类似组织中去的这样一种图景，提供实质性的支撑。芝诺本人面临的实际政治环境是，政治权力已经从古典时期的城邦转变为希腊化时期的王国，这些王国由亚历山大大帝的后继者统治着，他们互相之间争夺着亚历山大征服的领土。后期斯多葛学派的哲学家确实直接经历了一种统一的制度，即绝大多数世界都被置于罗马帝国的统治之下〔有一个阶段确实是由斯多葛学派哲学家马可·奥勒利乌斯（Marcus Aurelius）* 统治〕。但是那也只为曾经是古典时期城邦公民核心特权的那种政治自决留下了很少的余地。

即使在奥古斯丁（Augustine）的天国（City of God）图景里，当公民概念——又一次提出了一个普适理想——被基督教接管并作出调整时，公民身份到底意味着什么，这仍然是一个悬而未决的问题。对于这个概念针对**所有**人类的普遍使用——把基督教和异教信仰区分开通常被描述为是一个关键突破（Baldry 1965）——我们必须牢记这尤其受限于两个约束条件。第一，如果说我们都有一个不朽的灵魂，有一些会得到拯救，另一些则不会——他们的公民身份被没收了。第二，还有一些更深一层的复杂——即使不是令人为难的——因素，它们中的一些产生于耶稣基督出世这一历史事件之前，一些则产生于之后。

各种类型的乌托邦观念在希腊—罗马世界里产生出来，同样人们也认识到乌托邦思想是一种无用的思索。伴随着自然（*phusis*）的客观性的强意义，出现了一些不同的观点，其中通常作为自然反面的"礼法"（*nomos*）一词涵盖了法律、习惯、习俗。人类礼法的极端多样性被一些人意识到，并被用来削弱那些在对和错问题上的任何客观性声

---

* 古罗马帝国皇帝（公元 121—180），斯多葛学派哲学家，在希腊和拉丁文学、修辞、哲学、法律和绘画方面均受到良好教育，公元 161—180 在位，期间战乱不断、灾难频繁，大部分时间在帝国的边疆或行省的军营里度过，著有《沉思录》。——译者

明。因为一些"法律"由弱者发明出来制约强者，而对于另外一些法律则存在一条最高原则，这就是公正原则。[12]柏拉图是我们有关公元前*5世纪到公元前4世纪争论资料的主要来源之一，他持有第三种观点。他认为人类的法律和立法者当然应该服从和模仿宇宙和自然的安排以及宇宙中秩序和理性的真实表达。

人类文化存在着深刻的差异，但宽容并没有尾随着这一认识而来，因为它会并确实习惯性地伴随着一种明确的希腊优越性观念。怎么对待别人，更多地归因于政治权力的真实性，而不是对待人宽待己亦宽这种愿望的深刻理解。当希腊人熟悉的世界被置于罗马人的有效控制之下时，他们不得不承认罗马人是相当例外的"野蛮人"。然而他们的宽容方式不只是源自对他们共享的人性的一种希腊共识，也是来自一种他们别无选择的感觉。

与此相反，中国人从来没有在文化上敬畏过外来的力量，中国人对其他族群表现出来的宽容，起初来自一种很容易获得的他们自身的优越感。他们从来没有想过例如任何其他族群的政治安排可能会对他们有所借鉴。我提到过，在近代以前的中国，在所有的政治理想中，没有一个比得上一位贤明君主的仁慈统治，这一点从来都没有疑问。但是与此相关的一个概念勾起我在前面提到过的一个话题。就如阴阳互相依存一样，贯穿于所有社会阶层的相互依存性对文明的中国古代生活也是重要的，**互相**依存是君臣、老幼、男女（尽管这自然不会延伸到汉人和非汉人）之间的基本规则。这样一种相互依存遍及事物转化的过程，这里中国人的微观世界—宏观世界彼此**共鸣**的思想，与一些希腊人的自然与礼法彼此割裂成一条**鸿沟**的思想，形成鲜明的

---

*　原文省略了公元前的字样。——译者

对照。

尽管我们今天面对的问题初看起来如此不同于那些古代世界的问题，但是我们可以利用我们的历史分析来获得关于这些问题的有用思考。我们能够学到的最显而易见的一课是，被描述为一种人类理想的东西往往只是反映了提倡这种理想的人群的利益。即使当这些想法并不表示社会中某个特定部分的狭隘利益，它们通常也反映了更为一般的政治经验。对于天下福祉的理想，所有人都应该为之作出贡献，而君主本人尤其应该如此，这个理想反复回荡在中国人的历史经验中，就好像希腊人以公民之作用为中心的观念反复回荡在他们的历史经验中一样。

如果是这样，我们的历史研究着重提出的一个警告，就涉及现代社会中我们自己偏爱的有关人性、人权和民权的讨论。因此，输入到其他社会的东西，看上去是某些西方价值观念或至少没有充分去西方化的价值观念。我们自然毫无疑问能够返回去恢复希腊人和中国人的理想。而对他们的理想的反思能够帮助我们拓宽讨论问题的基本框架。

古代希腊人和中国人属于，我们也仍然属于，一些如果不是破碎的那也是脆弱的社会。尽管他们都以不同的方式认为一个人的地位依赖于他或她是谁，但是他们相信我们都应该扮演好我们作为家庭、村庄、城市和帝国中一员的角色，这是我们在我们的同伴面前应尽的道义。在古代世界中当然也可以举出一些具有侵略性的个人主义例子来，但在那时这种个人主义一定会受到谴责，也许这种谴责有时是无效的。但是现代人谈论得很多的权利在古人看来也许就是一种具有侵略性的个人主义。关注公平、公正和责任，比只谈论权利能提供一个更宽广的基础来处理有关问题。

既然未经批判地使用西方价值观念的危险性是显而易见的，那我们最后不得不问：我们该怎么办？面对各种习俗和对错观念的极大多样性，我们可能会倾向于用一个轻松的办法来解脱，那就是否认道德上会有任何客观性。然而这么做显然无济于事。把例如杀婴、奴隶制、酷刑和女性割礼说成在世界上某些地方是正当的、而在另外一些地方是不正当的，首先就是一种语无伦次。这类实践活动有时得到了宽恕，这个事实并不意味着我们必须或应该宽恕他们，尽管我们当然必须去研究并试图理解这些活动**为什么**得以实施。然而理解不是同意，更别说支持。

针对我们提到的这些问题，我们必须采取一个立场。但是采取一个什么立场呢？来自亚里士多德的三种洞察值得牢记在心。首先，否认绝对的道德原则并不意味着否认了可以并且应该被看作普通而不是普适规则的原则。其次，虽然我们需要一些原则作为标准，但是行动总是特例。为了决定怎么做，我们必须极度小心地检查与这个特例有关的所有详情——这倒不是说存在着什么规则，在我们对这个问题作出最好的判断之前，可以据此决定哪些事情是相关的。

第三，回到第四章讨论的主题，我们应该清楚，我们推理的**方式**反映了我们是哪一类人。对于推理和性格相互独立的假设，在我看来亚里士多德很令人信服地证明了它们是互相依赖的。当要确定在多大程度上是事出有因的时候，一位吝啬的人不是会倾向于利用一些论点来证明缺乏慷慨之心是他或她性格中的一部分吗？当评估勇敢行为的风险时，怯懦的人不是倾向于夸大它们吗？尽管这是一位希腊哲学家对那种相互联系作出的推测，但性格和理解之间相互依赖的观念在中国哲学那里也能找到例证。尽管孟子和荀子在人性善恶问题上有不同意见，但是他们都认为"义"和"知"的不可分离性。[13]不同时拥有这两者的圣人是不可想象的。

确保我们需要的普通原则的唯一方法是从诸如公平和公正这样的观念出发，这些是正义的基础。[14]作为出发点，我们可以举譬如杀人不对这个观念：杀害小孩毫无疑问是不对的，处死罪犯也不对，我同意这个观点，尽管别人可能不会同意。但是自我防卫中的杀人可能会被认为是正当的，即使这经常（正如我们熟悉的）被用作相互进攻情况下的一种借口。还有一些其他情形，杀死入侵者也会是一种过当反应。在安乐死的情况下，当临终病人要求死亡时，问题的困难之处在于：这是他或她的真实想法吗？他或她能够决定吗？但如果他们不能作此决定，那谁能作此决定？然而，没有人能够怀疑，结束你自己的生命与结束别人的生命有质的不同。

类似的分析也可应用于痛苦，笼统地说，就是一些被确认为坏的东西，尽管对造成痛苦的（非）道德评价是随着语境和意图而变化的。医生试图治疗病人时可能带来必要的痛苦，为了预期中的治愈，医生的做法被证明是正当的。刑讯逼供者为了获得信息、为了控制局面或出于纯粹的虐待而利用生理上和心理上的痛苦，在任何地方都会被公认为是一种邪恶的做法。在这中间还有许多混合的情形：它们包括，为了努力迎合一种与美有关的文化偏见而自虐，并且也在某些文化规范的名义下虐待他人——正如女性割礼的情形。

不存在一个解决这些重要问题的简单规则。但是，即便不存在完美、精确的解答，也不意味着没有正义。也就是说，这并不意味着没有办法来区分更好和更坏的解答，来区分看上去更为公正和不大公正的解答。对这些作出决断的困难必定**总是**让我们停顿踌躇。但是这不应该允许导致全然的判断中止，更别说彻底的不作为。在这个领域

（尤其）也如在其他领域，评估无论如何是不可避免的。因而，我们担负着需要有自知之明和进行自我批评的特殊责任，对此又有大量的中国和希腊实例有助于强调这一点。在这个任务中，我们能够进行自我帮助的方法之一，恰好就是去研究其他文化中和其他时代的其他人是如何处理这些问题的。

我们能够从古希腊恢复的东西，是平等原则的至关重要性，即使这个概念比在希腊严格应用于公民时要宽泛得多。我们能够从古代中国学到的是他们创造的相互依赖的职责感和共同拥有的义务感。作为对占优势的现代极端个人主义者的权利语言——我们就是据此根据权利提出我们的要求——的一种制衡，我们反而应该从各种义务开始，包括承担我们的全球义务，培养一种更为积极的基于责任的基本价值观。[15] 通过研究古代中国（许多其他古代社会中的一个）的历史经验，我们能够认识到达成团结一致所具有的巨大优势，即使我们同时又被古代希腊人再三提醒要保持这种团结一致有多么地困难。同时，从这两个古代社会中我们应该认识到，被描绘成一种人类理想的东西通常只是反映了做这种描绘的人的利益。

本章的讨论已经把我们从道德领域带入到政治领域。对于人际关系的公平，政治分配当中的公平是一个必要的、尽管并非充分的条件。因此，我在下一章的研究将集中于各种现代民主制度，在国家、尤其是国际层面上关注它们的力量，也关注它们的弱点和缺点。

第十二章
对民主的一种批判

　　绝大多数人类社会都不会去主动质疑他们习以为常的权力（power）和职权（authority）之间的关系是否就是政治安排的最佳组织方式。但是某些著名的古希腊人会提出这种问题，并给出了实际上迥然不同的答案，涉及了不同政治体制的优点和缺点，还有很多理想化的乌托邦梦想。到了现代，政治辩论已经停滞不前。每个人都赞成"民主"是个好东西，但是在国家层面上民主实际所指应该是什么，是有争议的。而在国际层面上，不同民族国家（nation-states）* 之间的关系应该得到怎样的调控，甚至是否值得去进行这种调控，对此更是争论不休。

　　一个迄今显然还没有解决的问题，能够带领我们进入对相关问题的讨论。我们对古代希腊人和中国人世界观的研究，已经揭示了这两

---

　　*　民族国家一般指由单一民族构成的国家，不过从下文多次对这个名词的使用情况来看，基本上可以理解成是一般意义上的国家。——译者

个文明所从事的哲学和科学研究之间的某种联系，探明了他们建立的社会和政治制度，这种制度形成了那些古代研究的框架。因此，古典时期希腊城邦的政治社会具有强烈的多元化特征。确实，所有古典时期的城邦都有某种共同的制度，其中最重要的是奴隶制，虽然拉哥尼亚大量被奴役的希洛人（Helot）*，同其他在希腊境内外战争中俘获的个别的或团体的奴隶之间具有重要差异。然而，理论上构想出来的和实际案例所展示的各种政治制度的品种是非常多的。它们从多少有点适度的民主制度或极端的民主制度，经过寡头政治制度，变化到君主立宪制和僭主政治制度。在这些实际的政治制度基础上，哲学家添加了其他几种他们用多少有些乌托邦色彩的语言描述的制度，它们有从柏拉图的由"哲学王"管理的理想国，到斯多葛学派对世界公民概念的描画。实际上，诸如雅典或科基拉（Corcyra）这类城邦的历史，就是它们的政治制度随着民主派和反对派互相争夺控制权而发生周期性变革的历史。

这种复杂的政治情况对于古典时期社会中不同类型知识分子活动的影响本身也是复杂的——反过来，知识分子的思想也很复杂地影响到这种状况的形成，尤其是通过我前面提到的以政治理论的方式所施加的影响。但是古典时期希腊的政治现实意味着，首先，那些例如教授哲学或实用医学或建筑的人，并不会被限制在一个固定城邦。被柏拉图称为诡辩派的职业教师自由地从一个城邦迁徙到另一个城邦，到处招收弟子。如果一位教师在一个城邦里因为他传授的内容或者其他问题遇到了麻烦，他总是可以搬到别处。即使苏格拉底当时也可以选择这么做——尽管他拒绝了，因为他这么做就意味着他背叛了他教育

＊　古希腊斯巴达的国有奴隶，他们既不是一般意义上的奴隶，也不是自由市民。——译者

雅典人的使命，或者意味着，正如对手愿意看到的，他被雅典人厌弃。

其次，既然任何特定政治制度的激进变革都是可能的，这就为从根本上质疑其他领域内的共同或传统信仰——包括宗教的观念和实践、道德信仰、风俗和习惯、一直到宇宙学理论和假设——开示了类似的可能性。再者，反过来的影响也应该被考虑进去，也就是说，哲学家对习俗进行质疑的方式能够并确实促进了政治上的思考和变革。

第三，也是相关的，这些激进的质疑与对公正、标准、基础、有效性和合法性的要求相关。援引传统已经不足以为一种信仰或一次实践辩护。这里也存在一种不同领域间的双向作用过程。一方面，要求证明一种政治方针或一种在法庭上的立场的正当性，另一方面要求哲学上或医学上——证明医学理论或实践的正当性——甚至数学上的正当性，这两种考虑类型当然存在着差异。然而它们具有共同的特点，都为一种被置于挑战位置的观点提供支持。

第四，特别地，民主为一种信念提供了一种有力的模型，这种信念就是，所有人都应该能够对包括国家自身应该怎样管理在内的重大事务发表意见。当然，只有男性公民享有这个特权。女人、小孩、外国人和奴隶都被排除在外。而在公民中，至少有这样一种观念，即每个人的投票具有彼此相同的权重。实际上同样的原则在寡头制城邦中的某些场合下也得以贯彻——尽管这些寡头制城邦公民的界定范围比民主制城邦更为狭窄，并且他们通常把官员资格限定在更狭窄的团体当中。

中国古代的知识分子则活动在另一种非常不同的环境里。一致公认的政治理想是忠臣伴随左右的贤明君王的开明统治，尽管这个理想存在着各种变种，有的强调君主应该超越于各种冲突之外，借助他道德典范的影响力来不费力气地实行统治——甚至按照有的说法是"无为"——而另外一些人则更多地从干涉主义角度来看待君王的角色。然而，即使在中国未统一的时期，尤其在公元前221年秦帝国建立之前，这种政治理想也没有受到过明确的质疑。争论往往集中在谁能够担当起这种贤明君主的角色，不单单看谁有力量来统治，还要看谁能合法合理地进行统治。

在战国时代有不同的权力中心，而我们讨论的这些国家绝大多数都远远大过古典时期的希腊城邦。然而和希腊一样，中国在统一之前，知识分子能够并也确实从一个国家迁徙到另一个国家，以获取支持者。但是，从孔子开始，这些中国知识分子寻求的主要支持者通常是各国君主和他们的大臣。如我在前文数次提到的，很多中国人把影响统治者作为他们最重要的目标。一种悠久的哲学家传统是对统治者不仅要规劝，而且要训斥。尽管这种对统治者权力的制约并不是按照民主程序来操作的——如通过下次选举被换掉——但人们对于制约专制的独裁者还是给予了大量关注。第一流的知识分子认识到他们的职责之一就是他们有义务去制约那些当权者，即便这对他们自己而言有很大风险。

天下福祉是最高目标——无论是对知识分子还是对君主而言。正如我反复表明的，政治权力本身牵涉到生活中的各个方面，不仅有规范社会关系的规章制度，还有像天文和农业这样的不同领域。但是跟希腊的情况一样，在中国也不是政治环境决定知识分子的想法，因为还有很重要的反向影响，知识分子自己为构建这种政治理想并证明其合法化作出了大量贡献。

我们的历史调查包含了几层意思，并为我们今天所面对的明显不同的全球政治环境提出了几个问题域（problem areas）。我将首先考虑几个涉及科学和社会之间的关系问题，然后转向对我们现代社会所依赖的政治制度——既有国家层面上的，也有国际层面上的——的优点和缺点作出一些评论。

首先，一般意义上的社会和特殊的政治权力为一方面，科学研究为另一方面，这两方面的相互作用在 21 世纪一如过去那样充满问题，实际上这种问题由于科学的指数增长而变得更为严重。正如很多评论家指出的，自第二次世界大战以来，很大比例的科学研究由军事利益所驱动的，既有直接的新型战争武器研究，也有非直接的（例如）着眼于军事寓意的空间探索研究。当不受作战部（War Departments）的财政支持时，科学通常会去适应商业利益，在这里，关于什么样的课题应该研究，以及如何利用取得的成就，这两个方面的问题都深受收益率的影响。

今天的许多科学家都表达了他们对这种情况的关注。在大多数发达国家，有一些积极的团体提出了科学的社会责任问题。这部分可能是出自人们的一种自卫性反应，他们担忧科学的形象已受到损害，因其与开发大规模杀伤性武器有紧密联系，更不用说它所带来的如发生在切尔诺贝利 * 或博帕尔 ** 那样的灾难性错误。许多科学家服务于一些重要的委员会，在诸如疯牛病、转基因食品、人类基因组研究、克隆以及星球大战、战略防卫计划等问题上给政府提供意见。但是他

---

　　*　1986 年 4 月 26 日当地时间 1 点 24 分，苏联的乌克兰共和国切尔诺贝利核能发电站发生严重泄漏及爆炸事故。事故导致 31 人当场死亡，上万人由于放射性物质远期影响而致命或重病，至今仍有由于放射线影响而致畸胎儿的出生。这是有史以来最严重的核事故。外泄的辐射尘随着大气飘散到苏联的西部地区、东欧地区、北欧的斯堪的纳维亚半岛。——译者

　　**　1984 年 12 月 3 日凌晨，设在印度中央邦首府博帕尔的美国联合碳化物公司的一家农药厂发生异氰酸甲酯（MIC）毒气泄漏事件，直接导致 3150 人死亡，5 万多人失明，2 万多人受到严重毒害，近 8 万人终身残疾，15 万人接受治疗，受这起事件影响的人口多达 150 余万，约占博帕尔市总人口的一半。——译者

们提供的意见不总是能符合问题的情况。他们经常对形势作出错误的判断，并低估其危险性，而公众对于专家科学意见的不信任几乎等同于对政客的不信任。政府很多时候似乎更注重他们的自身形象，更关注怎样诠释他们的政策，而不是真正采取行动去解决问题。然而，当然也有例外——那些建议的提供者，出色地总结了知识的现状，指明它们通常是不确定的。例如，英国皇家学会基于它自身的方针，针对当前一些有争议问题，出版了一些有帮助的新闻简报。

然而他们的其他一些同僚则不管他们自己在某些方面会变得怎样不受欢迎，只是坚决地埋头做他们的研究。他们经常使用这样一种怯懦的论证：如果他们不做这个研究，别人也会来做。这含蓄地承认了所指研究的可疑本质，并且强调了在安全问题上科学家为他们的工作承担集体责任。他们继续论证说，还有一些人会因为某些发现而赢得声誉，并且从开发中受益。另外，遭质疑的项目总是以结果会证明方法正当的借口得到辩护——这种论调是有其先例的，可以追溯到在托勒密王朝的亚历山大城中对解剖学研究中人体活体解剖之正当性的论证。

这个论证过程中道德问题已经出局了。但是必须要向他们指出的是，因为正如许多最近的经验所表明的那样，我们不能任由盲目崇拜科学的势头为所欲为。这里实际上存在着两类部分重叠的问题，一类与研究本身有关，一类与探索所用的装备有关。对于后者，首先要强调安全的极端重要性——特别针对那些会以收益率为名缩减这种安全考虑的人（无论他们是否承认，收益率就是他们正在缩减安全考虑的原因）。很明显，在某些灾难已经发生或严重的环境破坏已经造成**之后**，再对相关公司实行制裁是无济于事的。他们有太多方法可以很简单地逃避他们的责任——如果需要，他们就宣布破产。关键点在于必须作出的控制不应在灾难发生后才实行，以博帕尔事件为例，应该在一开始就严格控制这样一家工厂的建造，更别说建造在一个人口如此稠密的地区——并且还只配备如此令人毛骨悚然的不充分的安全措施。

有些政府或他们的代表或他们的官员，在面对强势的跨国公司提出的、只要他们俯首听命就会给他们带来允诺的巨大利益这样的诱人说法时，表现出缺乏应有的抵制诱惑的决心——而这把我们带到抵制老式的但仍然非常普遍的针对政府要人的行贿受贿和贪污腐败的问题上来了。[1]至于政府设施本身造成的类似问题，显然依靠现有的国际组织是根本无法解决的。我将会在下文回到这个问题上来。同时我们应当牢记，如今我们破坏环境的能力——无论是故意还是纯粹无意的——已经超过任何古人可以想象得到的图景，也让各种监控措施望尘莫及。

关于什么样的研究应该不加限制的问题有时是比较容易回答的——但只是在商业压力较小的问题上，而且关于最终产品的收益率也有疑问的时候。然而关键问题当然是，谁和根据什么来决定某种类型的研究应该禁止——然后又是谁来负责执行这些决定？对科学研究的干涉难道不会让人觉得有点"老大哥"（Big Brother）* 作风吗？难道我们不能把这个问题留给科学家们自己的良好判断，让他们监督自己的研究产生的伦理问题吗？所有新知识，不管是怎么获得的，都是好的，这种想法具有很强的说服力。但是显然我们不能同意这种论调：当与他们自身的利益和野心息息相关的时候，科学家也不会比我们更有能力作出头脑清醒的无私判断——尽管这当然不是说他们会比

---

* 　奥威尔（George Orwell，1903—1950）的小说《一九八四》中的独裁者，使用科技手段对一切进行监控。——译者

我们更差。

我刚刚引述了古希腊的人体活体解剖——这个可怕的案例在最近几十年来实在引起了太多的效仿。在 20 世纪不只是纳粹为医学研究进行了人体实验（虽然从没有像他们那样系统化地进行过）。就基因操纵（genetic manipulation）来说，整个过程包括选育优异样本，结合强制绝育，对残疾人或精神疾病患者实施安乐死等，这种做法可以追溯到 19 世纪 90 年代的德拉普热（Georges Vacher de Lapouge 1896, 1899），并且在第一次世界大战之后，至少得到两位法国诺贝尔奖获得者的部分支持（Charles Richet 1919 和 Alexis Carrel 1935，参阅 Carol 1995）。对精神病人进行强迫绝育的政策于 1907—1913 年在美国的好几个州以及 20 世纪 20 年代在欧洲的一些国家——瑞士、瑞典、挪威、丹麦——实施（Traverso 2003 考察了这些纳粹政策的先辈）。躲在幕后的古希腊榜样就是柏拉图的提议，为建造他的理想国度，柏拉图认为需要培育三个不同等级的人，即分别为"金质的"、"银质的"和"铜质的"人，他们要保持隔离，并根据优生学原则对他们的生育进行控制。[2]

这些例子有助于提醒我们，当真实的或者假想的科学兴趣和道德准则发生冲突时，必须放弃的是兴趣。如果有反对意见说，不存在有效的方法来决定道德准则本身，那么我们必须同意这种决定是难以做出的——尤其当研究结果难以预知时更是如此——而不是同意不能做出这种决定。

就如前一章里讨论过的有关道德的一般性问题，那首先是一个怎样充分利用至少在一般原则上很少或没有争议的那些案例的问题；然后是如何把那些案例用作判断更难处理的案例之基础的问题。人的生命很珍贵，这点毋庸置疑；没有患者自己知情同意（informed consent），不能进行任何医学干预，这点也没有任何疑问。当然，对于"知情"同意的含义是什么存在着分歧。此外，关于堕胎的道德问题争论，就是关于一个受精卵何时转变成了一个新生命的争论，而且，在这个问题上，正如亚里士多德会强调的那样，答案永远不会是精确的（尽管法律需要确定出一个准确时间来划出一条合法与非法妊娠中止的界线）。确切地说，这是如何确定上下限的问题。再者，正如堕胎争论也证明了的，敌对的原则通常是针锋相对的。通过定义，也无法让不妥协者心甘情愿地加入到一个一致意见中来。[3]然而，这并不意味着我们会允许试图去寻找一个偏向那些不妥协态度的明确一致意见。

科学家本身背负着对新研究的可能后果进行分析和解释的特殊责任。我们对人类胚胎的成长了解得越多，就越有助于我们对妊娠不同阶段进行流产的含义给出决定。我们对克隆知识掌握得越多，我们就越能明了其可能产生的益处和危害。这不是说科学理解能为道德问题提供解决方案，而是说它的确能为做出考虑周全的解决方案设立必要条件。那些兴趣和职业与此息息相关的人尤其需要进行自我批评；但是正如亚里士多德指出的，我们都必须了解自身的性格弱点在哪里，因此可以补充一条，就是我们都有责任去检查自身道德假设的基础，检查我们用来证明我们的决定为正当的推理当中，可能的合理性影响。

这已经把我们带到了构成本章核心话题的更一般性政治问题。这里自相矛盾的是，比起更早的几个世纪，现今至少在最令人满意的政治体制的名称上取得了更大的共识，这个名称就是"民主"——尽管当然不是所有的当代政体都是民主的，至少那些由军政府或独裁者统治的政府，甚至都不肯对这个理想制度进行口头上的敷衍。然而，这只是这个理想制度该如何称呼的共识，对于民主应该如何实践，并没有形成相应的一致意见，关于实践到什么程度才算真正实现了那个理想，也没有相应的考虑。[4]

在全球范围内，"民主"似乎呈上升势头。越来越多的国家实行了选举。民众对谁来统治他们有了一些发言权，这确保了最低程度的责任。这些观点也许得到了人们的接受。但我主要关心的不是全世界名义上的民主政体与非民主政体的比例，而是现代民主本身的问题。

所有现代民主和某些古代民主之间的第一个主要差异源自规模上的差异。按照现代的标准，古代希腊城邦只有很少的人口。他们的民主是参与型的，而不是代表型的。一个公民无需每四年或五年参加一次投票推选某人作为自己在地方或者国家层面上的决策机构中的代表。而是，所有公民全体聚集起来一起作出所有重要的决定。然后他们贯彻自己的决定。如果他们决定发动战争，他们自己就是战士。在古典时期的希腊古代还没有收费为你去战斗的常备雇佣军。那些凭借多数票作出了决议的人，无论是关于军事、政治、经济还是行政上的决议，都不得不亲自去应付一切后果。

现代民主政体面临的第一个问题涉及它们的代表性究竟如何，大多数人的意见在决策过程中得到了多好的反映。若依照古代的标准，现代社会普通公民大众对政治事务的参与程度实在微不足道。很多符合条件的选民不参与选举，许多符合条件应被列入选民册的人没有行使他们的权利，因此也不被列入统计范围。确实在像雅典这样的城邦里，那些住在如阿提卡这类较为遥远地区的人比起那些就住在雅典城内的人——他们参加集会方便得多了——而言处于明显不利的位置。即使如此，克莱塞尼兹（Cleisthenes）的改革保证了每个部落在城市、乡村和海滨都有代表——阿提卡就被分成了乡村和海滨两块。另外，人们对政治事务的参与度也比今天任何国家都热烈得多。

在美国，现在甚至连总统选举都很少有超过40%的参与率。那些实际上为布什（George W. Bush）投票的人数不到选民册人数的15%。在英国，2001年布莱尔（Blair）再次当选的投票人数不超过60%，而他的政党得到的支持率仅占选民册的24%。[5]在某些现代国家，如澳大利亚、比利时、希腊和意大利，解决选民过于冷漠的办法是把参加选举规定为强制性义务——即使如此也无法确保100%的参与率。这可能会造成某种不满情绪，但是为了消除因为参选人数比例太小而引起的民意失真，这也许是值得付出的小代价。

如果我们问为什么在现代民主制度中选民不愿意参加投票，并且为什么人群中相当大一部分并不在乎自己是否被列入了选民册，答案毫无疑问是错综复杂的。首先，很容易设想，你自己的一次投票改变不了什么——暂且忘记那种说法：观点传播越广泛，结论越不可靠。其次，对于政客们一朝当选之后的嘴脸，有一种广泛传播的冷嘲热讽（cynicism）。他们被认为远离自己的选民，不关心选民的利益，如果没有彻底腐败堕落的话，他们也只是关注自己以后的前途。那些像博克（Bok 2001）这样的调查过美国参、众两院议员的态度和表现的人指出，无用的和不负责任的政客之类的陈词滥调是一种贬低和弯曲。然而这改变不了这些陈词滥调的继续存在。

这个问题还包含了一个更深层的因素。当公民中的很大一部分人不在乎以他们的名义做什么时，那些确实花费了精力参与到政治事务中去的人，事实上被过度地代表了。尤其是当他们组织了议员游说团，或甚至成了专业说客，将他们的观点灌输给当选的政客时，事情更是如此。有人可能会问这样做的害处在哪里。确实，这是一种支持提案的合法模式，并且在某种程度上这是一种在选举时对政客进行的详细审议的延续。如果没有人耗费精力去提出相反的提案，那么修正权就在他们自己手中，而如果在这期间一种特殊利益的拥护者要做全权处理，也不应有任何人表示反对。

当然会有一些势力会为现行的习惯方式辩护。然而对此可以作出这样的反驳：富有而强势的公司和其他具有影响力的集团的利益，已经对政治决定产生了扭曲作用。[6]既然候选人越来越需要依靠这些资源来支持他们，为他们自己的选举活动埋单，他们也就越来越容易屈服于压力，来鼓吹他们的赞助人支持的利益。而这些赞助人本身当然也在期待着某种回报，他们可以把对某位特别政客的支持看成是一种"投资"，他们会监控该政客的行事，检查他或她在每个问题上的表态，看是否侵犯了他们的特殊利益。边际席位（marginal seats）*　上的候选人当然很清楚哪怕是一小部分选票的损失都会使他在下次选举中败北。

但是，即使我们能对现代民主制度的一些不良症状从根源上进行诊断——主要为（1）选民的冷漠和（2）势力集团的扭曲作用——这也不意味着有其他更好的方式可以替代民主制度。在现在这种状态下，肯定不可能回到古希腊的参与型民主模型。一人一票的原则，全体公民都能参与的权利，必须是这种参与型民主制度的基础。但是在这里有一点似乎也是可行的，那就是"权利"这个概念应该代之以公民应该履行的责任和义务。

在我对现行不良症状进行深入评论之前，我们还要考虑问题的其他一些方面。到目前为止，我的评论只涉及每一个独立的民族国家。但是国际关系和国际政治分配的问题要远为严重得多。原因主要有两

个。首先，把民主原则转换到全球尺度上，充满着困难；其次，现有的这些国际机构没有独立的权力基础让它们能够去贯彻它们作出的决定。坦率地说，面对不肯接受它们决定的那些超级大国，或者确切地说，苏联解体之后仅剩的超级大国，也就是美国，它们是非常软弱无力的。

联合国组织自然是执行一国一票原则。但是把中国和卢森堡分别计为一票，很显然会招来不小的异议。当然每一个国家的票数根据该国人口数量按比例确定，也很难说是合适的——即使这是可以操作的。实际上，联合国章程中的某些内容不符合一种理想民主结构所要呈现的，尤其是联合国安理会常任理事国席位的分配。就目前来说，那种分配清晰地反映了二战的结果。同时，主要的问题还源自任何国家都不会为了可能获得的更大的整体利益，而放弃自己的任何一部分主权。这样一种主权放弃只在欧盟内部得到了实施，这还伴随着极大的困难和不情愿，无论如何这是在《罗马条约》*——该条约搭建了欧盟的基本框架——的保障下才得以实现。《联合国宪章》里没有这种放弃单个国家权益的规定。所有的成员国都主动地在宣言上签了字，但是目前他们似乎不能达到维护世界和平的目的。

但是即使联合国组织的构成及其机构容易招致质疑，一个更加严重的问题涉及如何真正执行它和它的机构作出的决议。此时需要的是更强大的直接向联合国本身而不是向其成员国负责的实体，来执行联合国通过的决议，如果需要，可以通过军事行动。

确实，一些特别像世界卫生组织（WHO）和国际农业发展基金

* 1957年3月25日，法国、联邦德国、意大利、荷兰、比利时和卢森堡6国领导人在罗马签署了《欧洲经济共同体条约》和《欧洲原子能共同体条约》。后来这两个条约被统称为《罗马条约》。条约的签署标志着欧盟的前身——欧洲经济共同体的诞生。——译者

（IFAD）这样的机构，在某些教育计划或药品及其他援助的分发行动上取得了不错的成绩。海牙的国际法庭确实为解决国际间的争端提供了基本框架，从2002年7月开始我们又有了一个国际刑事法庭——不顾美国的反对——适用于对危害人类罪的审判。但是1993年成立的国际战犯法庭的冗长呆板的程序在处理南斯拉夫问题时暴露了许多问题。截止到2002年，审判花费估计有9亿美元。到2002年2月，66名所谓的战犯中，只有8位在服刑，而其中3位已经刑满。15位在上诉，5位已经被判无罪，3位去世了，3位撤回了起诉，29位还在等待审判。类似的，在卢旺达种族大屠杀发生6年之后，被捕的59人中只有8人被宣判有罪，需要审判的实际人数是29人，审判日期还在等待确认——到2002年10月为止，有关这一案件的费用已经累计到5.36亿美元。到目前为止的这些记录，都很难令我们对国际机构处理明显日益增多的问题的能力有什么信心。

首先，问题在于联合国的决议经常被公然漠视。在冷战时期，在联合国安理会上否决权的行使屡次阻止了国际干涉。各国仍然习惯性地提出这样的主张：这些问题属于他们本国内部事务，所以和联合国没有任何关系。以色列的"防御型"迁徙直接入侵邻国黎巴嫩和西岸*，而美国在这一争端上的失职，引起了全球性的抗议。在这种实际情形下，联合国对此问题的决议通常只是在修辞上下工夫，而不能为该地区的和平施加有效的影响。

朝鲜战争和解放科威特这两个例子表明，当特别是美国认为它的利益被危及的时候，联合国的共同决议就总是能够得到执行。但是对伊拉克的第二次进攻表明，美国想要发动战争时，它的盟国中只有两

---

* 指约旦河西岸。——译者

个国家，英国和澳大利亚，也准备派出军队。这场战争遭到了法国、德国、俄罗斯和中国以及包括美国和英国自己的多数国民在内的世界上大部分人的反对。布什总统和其他一些人认为联合国在逃避责任，并辩称 1441 号决议本身就已将武装干涉罢免萨达姆·侯赛因（Saddam Hussein）合法化。无论这种论调是对是错，美国盟军采取的这次军事行动都没有受到进一步的民主投票所确认的授权的支持。

美国严厉申斥联合国没有认真履行其职责，同样也是这个美国，制定政策断然给联合国及其机构制造障碍，这两者之间的不匹配非常突出。美国过去这些年不断欠下应付的联合国会费，而且美国和英国都已经彻底退出了联合国教科文组织。最近更加离谱的是，美国否认了他会支持新建立的国际刑事法庭的承诺，理由是维持此法庭的国际公约不能有效保护美国公民包括军人和平民免受该法庭提审的威胁。这些和其他一些政策给人的印象是，美国只做它想做的任何事，它所关心的只是它自己那点狭隘的利益——它充分意识到世界上其他国家没有能力来制裁它的所作所为。美国输出民主和问责原则，但只要其他国家的意见与其自身利益产生冲突就一定置若罔闻。

因而美国自己要付出的代价是毁坏国际合作必须建立于其上的基础。它没有从它自己的强势地位出发来展示领导能力，而是扮演了国际恶霸而非警察的角色。仅需指出这一点：谁要不同意美国，它就不买账，甚至威胁要撤回对那些履行了它们的协议并适时地认可了国际刑事法庭之建立的那些国家的援助。有关反恐战争的动听言论非常冠冕堂皇——只是某人的恐怖分子有时候是另一个人的自由斗士。从法国大革命和美国独立战争，到俄国和中国的革命，再到建立以色列国和卡斯特罗（Fidel Castro）的古巴，许多现代国家都产生于与先前政权的武装斗争，并在战斗中确立其合法地位。

在每一个民主政体都要面对的当前政治环境里，对任何想成为一名国际主义者的政治家来说没有任何有利之处，经常只有大量的不利因素。我提到过议会游说团怎样在国内问题争议中制造不均衡。但国际问题上的类似情况要更为严重得多。谁能属于某一个国家却代表全球或国际利益？没有人被选举出来专门做此事，而如果你确实持有一种国际主义者立场，并且你并没有因此而失去支持的话，那你可能是太幸运了，你**确实**依靠那些支持者而得选，那些人选你上去是为了照顾**他们的**而不是其他人的利益。

绿色政治（green politics）* 开始吹来一丝清新之风，但对此运动必须把它放在它的标准规范和当选代表的所作所为等背景中去判断，当选代表被期待甚至被要求去为各位选民的利益努力工作，他们也要为其他一些利益集团努力工作，这些利益集团可能分别是由农民、渔夫、公路货运者、汽车业、烟草业、军火商或任何其他什么行业联合组成的。因此，试图为**其他**国家的利益辩护的绿色政客就要冒受自家人批判的风险。因此，只要是考虑全球问题，唯一的希望是，即使是强国，尤其像美国自己这种强中之强者，也应该明白，应该有一个强有力的国际机构来确保全世界的和平和稳定，这**是**它们的长期利益所在。解决办法之一是应该有一支永久性的国际维和部队，直接向联合国本身而不是它的任何成员国负责。但是没有美国的积极支持，这种想法当然无法实现；没有这个国家的选民及政客态度上的重大改变，

---

*　源于德国绿党的一种政治主张。兴起于 20 世纪 70 年代，80 年代获得大发展，其势头正席卷西方世界。绿党的口号是"未来是绿色的"。1983 年，西德绿党作为新政党在议会中取得 27 个席位。1987 年增加到 42 个席位。生态问题第一次变成政治问题。绿党政治观把生态、经济和政治危机密切联系在一起。它强调生态、人权等一切都相互联系，提倡建立符合生态要求、分散和公平的经济制度，反对剥削的世界秩序。绿党自称有四项原则，即生态原则、社会责任感、基层民主原则、非暴力原则。绿党的纲领还包括支持第三世界政策，支持建立没有剥削的社会，提高妇女地位，提高教育质量等等。绿党所提倡和反对的观点，既适用于本国，也适用于全世界。——译者

任何这种建议终究还是一场空想。

国际政治问题的处理还不能脱离经济问题。再次，美国，以及在较小程度上七国集团中的其他成员国，所采取的立场是一些主要问题的根源。富国已经很成功地变得越来越富——而这只不过是以穷国越来越穷、债务越来越重为代价的——这种情况既是相对的，有时也是绝对的。就如森（Amartya Sen）特别指出的（Sen 1981，1992），目前的全球资源总体上足够供应全世界的需求，但是由于不公平分配方面的重大问题，甚至在一些没有被内战或侵略整得四分五裂的国家，基本的食物和住所需求也经常得不到满足。而在更富有的发达国家的消费型经济环境里，却在花费着巨大的努力来**制造**需求。今天的正常生活标准等同于过去无法描述的奢华。那些发达国家的居民所期望的甚至所要求的，[7]超乎贫国居民的想象。

在伦敦、纽约、东京、巴黎，连续不断地作出大量决定，去开采绝大多数其他国家的自然资源——他们的阔叶林，他们的矿藏，而不顾可能对环境造成的后果。已经给了他们一个好价钱了，剩下的是他们自己的事情——辩解往往就是这样。但是我们都必须认识到，破坏**任何一个人**的环境会危及所有人的环境。我们经常听说，对氟氯化碳或烟草的指控证据还有待证实：所以我们就什么都不用做了。但是，这是不解决问题的。冒险的时代早就过去了。对于那种我们无法承担采取措施，以执行更安全的政策的论调，我们必须这么回答：我们承担不起**不**采取措施以执行更安全的政策所带来的后果。时间绝对不会祖护我们。

但是如果贪婪是问题的根源，那么我们在试图改变人们的态度方面不大可能有多少成功的机会，除非我们以**他们自身利益**的名义（尽管**不只是**他们的）去做。不应当或不要仅仅把希望寄托在对人们的利他主义的理想主义诉求上，而是要他们明白，他们的自我中心主义不会也不能带来最根本的利益，其中特别的一种利益叫和平。研究古代世界的历史学家再次注意到一切都未改变——除了武器种类确实有了变化之外。

这个问题包括两个方面，一个外部的和一个内部的。倒不是说要彻底消除不平等，但是至少要有更公平的财富分配和更公正的竞争规则。除非能就此取得某些共识，不然不同国家**之间**不会有持久的和平。

但是在很多国家**内部**，富人和穷人之间**现在**也没有和平可言。这不只是美国建造堡垒，严阵以待反击恐怖袭击的问题。在美国**国内**，成千上万个被包围起来的区域变成了微型堡垒，类似的情况也出现在英国、法国、日本和一些发展中国家如墨西哥和巴西。比起这些百万富翁的活动区域的安全问题，真实的问题要严重得多。在其他地方我们也得到警告：不要到居住区或校园以外去溜达；不要在天黑后坐地铁或走地下通道，否则你可能会被抢劫；不要在大街上走路：飞驰而过的车辆中可能会有人向你开枪（谢天谢地，在欧洲还没这种事）；至于你的孩子，必须全天候地加以保护——以免遭受从虐待到绑架的各种厄运。

随着情况的恶化，结果是即使富人和富国也都可能会认识到要**放弃**他们的利益：他们的确**必须**真正认清这一点。补救的办法不是不断增加安全措施，而是要去处理那些导致对守财奴的根深蒂固的不满和潜在暴力的根本原因。这也同样适用于国家之间。自从 2001 年 9 月 11 日起，大家都清楚地意识到，任何国家，即使是美国，都不能够保证其自身领土的安全。至于环境，它和所有人的利益休戚相关，为了生存，当然必须得到保护。

世界人口中的一小部分过着极度奢华的生活，而其他大部分人却无望脱离难挨的贫困，这种情况显然是难以容忍的。必须采取哪怕一丁点的行动，去创造更多的均等机会。第一步很容易就可以确定，就是免遭饥饿、享有基本医疗和教育。前两项关乎生死，第三项则为向着最终的更高的平等前进提供或许是最好的希望。

我对国家和国际层面上的民主制度存在的弱点作出的诊断结果绝对是暗淡的，对未来结局的预测也几乎如此。尝试回到古代更简单的社会中——无论是古希腊的参与型民主，还是中国古代的仁君统治理想——既不切实际，也（很多人会说）根本不值得。但是这不意味着我们只能无所作为，并看着问题滋生、情况恶化，我们也不应该忽视我们可以从即使是遥远的过去学到东西。

首先，有大量的说服工作和信息传播工作需要去做。正如我说过的，科学家担负着对被提议之研究项目的寓意和其他后果进行调查和作出解释的重大责任。至少，对有关环境的问题，现在很少有人完全忽视目前发展趋势中的潜在危险，尽管，例如，对于全球变暖的程度以及其影响因素等一直存在着不同意见。然而，如果大家对生态问题有些总体上的认识，那么就会明白还有一场艰苦的战斗等着大家，要让政府在帮助控制目前局势并逆转当前的发展趋势等事情上担负起其应有的职责。在巴西里约热内卢和日本京都＊，美国都拒绝在议定书上签字，再次证明了其对商业利益和本国利益的一种不负责任的妥

＊　1992 年，联合国环境与发展大会在巴西里约热内卢举行，这次会议被视为"人类实现可持续发展历程中的一个重要里程碑"，史称"里约地球峰会"。会议通过了包括《联合国气候变化框架公约》在内的 5 个涉及环境、生态和发展的公约。《框架公约》于1994 年 3 月生效。到 1995 年，批准《框架公约》的国家超过了 50 个，当年 4 月在德国柏林举行公约缔约方第一次大会。1996 年，第二次缔约方大会在日内瓦举行。1997 年，在日本京都召开第三次缔约方大会，会议通过了著名的《京都议定书》。——译者

协，即使它非常软弱地声明，另外可替代的提议也足够应对目前情势。

我们必须期望，首先，有社会责任心的科学家的意见更有分量，其次，像森这样的相关经济学家也能发出更响亮的声音。如我在第十章中所论述的，大学作为一个整体也有很重要的责任，特别是因为它们为改革提供了真正的潜力。那一缕微弱的希望之光存在于有可能利用和发展学术界现有的国际网络，来行使一种批评功能，并给政府施加压力。但是这样就意味着学术界本身必须要比现在发挥积极得多的作用。我们应该尽可能利用互联网来交流信息，进行教育，让政客和行政管理人员认识到问题的紧迫性，做这些事情需要更经常性和一般化，而不仅仅在选举的时候。实际上这些已经在发生——尤其在美国和英国的选举中。然而，上网当然还远远没有普及，尽管这一发展受到欢迎，但是我们必须认识到，它带来一种不平衡，因为全部选民中只有一小部分能够利用这种方式参与到与政客的对话中，并探查他们的政策和看法。

存在于当前地缘政治环境中的主要危机是清楚的，有对全球环境的威胁，不断增加的不平等——它点燃了对未来的不满之火——还有地缘政治秩序的脆弱。在美国之外，人们对美国有一种看法：这个国家认为自己就是法律，世界秩序要依赖它对其自身利益的理解；而在这个国家内部，有一种很复杂的混合情绪，在美国维护和平的努力得不到感激时的挫败感中，夹杂了一种新版本的老式孤立主义。如果世界上其他国家不接受美国政策，那这些国家真是太坏了。[8]

我们现存政治体制的缺点，无论是在国家层面上还是在国际层面上，甚至不能为意在缓解问题的讨论提供一个合适的框架，因此我们必须认清这些缺点到底是什么。从国家层面来讲，这种缺点主要有：

不能促使选民参加政治事务并确保他们的积极参与；为了商业和其他利益而对政客进行游说的职业游说团的毒害效应；缺乏允许在国家层面上代表国际利益的任何机制。在国际层面上，需要适度放弃一部分国家主权给一些国际机构，并给它们提供必要的手段来执行那些由全体国家统一作出的决议。

我们的讨论不能只是理想化的、道义上的，说些对自我中心主义表示遗憾和谴责的话，而是、也必须阐明利他主义和国际主义现在是**全部**利益的组成部分。人们应该认识到，继续追求一国之狭隘目标而忽视了广泛的牵连，一定会导致环境上、政治上以及人道主义的灾难。显然，如果我们不接受这种观点，后果可能会是可怕的，虽然我必须在结尾的时候说我不是乐观主义者，必需的教训必定会以深刻的方式来吸取，譬如通过灾难性的经历。更糟的是，过去几十年里发生在北爱尔兰、南斯拉夫、卢旺达、阿富汗、柬埔寨和中东地区的事件，都太清楚地表明了，即使是大灾难也未必让人们吃一堑长一智。

正如我说过的，当民主是一个被世界上绝大部分人接受为最好的国家政治安排的名称时，就一定要承认它的缺点，以及把它转换到全球尺度上时它目前的无效性。在民主教育的任务当中，强调的重点必须在于现代性（modernity）的分析：而这种分析最好能在对我们现行民主模型的起源、在相对不那么复杂的社会里的早期民主观念，以及人类应该如何共同生活等问题，作出全面认识的基础上来实现。这不是带着怀旧之情去回顾不可挽回的过去——而且从很多方面来说没人会希望回到过去。相反，这是在培养一种意识：我们不能承受对某种被高度重视的价值观念的忽视，即使这些价值观念不得不加以改变以适应现代环境。

在所有的论述中，有两点最为主要。第一，尽管我对现代的代议制民主作了所有的这些批判，但是无论怎样，民主没有其他可行的替代物。民主始终为政治生活的开展提供了唯一公平、公正的框架。在这一点上古希腊还是非常值得研究的——他们提供的民主行为和责任，既有正面的榜样也有反面的典型。

第二，我们不应忘记中国人关于团结的观念。这种作为合法政府的无可争议之依据（也因此加强了统一）的皇权制度，在现代社会里没有与其相对应的东西。但是我们要很好地去反思那些有责任心的个人如何证明他们以天下福祉为重的观念。对于合法化，我们可以思考其作用和需求，尽管对于必须建立在公平之可能性基础上的一致意见而言，我们必须为之找到另外的依据。最重要的是，关于这种对一致意见的需求，这种全人类互相依赖的意识，以及为了共同福祉的集体责任原则，今天无疑仍然值得我们借鉴。

结　　论

　　为了我们面对的现代困境，我梳理了古代文化中的相关问题。实际上，在这个过程中经常要牵涉价值评估和道德判断。得到的结论有些直指下述问题的核心：作为单独的个体，在与我们自己紧密相关的群体中，在与更广泛的一般社会关系中，我们应该如何生活？所有的描述，所有的历史，都是可评估的。对发生在古代社会中的那些研究中存在的缺陷和取得的成就，我们能作出一些什么样的反思；科学史研究如何能有助于揭示一些现有的哲学问题。作为总结，现在让我在这两个方面加以简单回顾。

　　把我们自己和古代隔离开来的距离，可以同时被看做是一种障碍和一种机遇。对于复原古人的打算、目标、所关注和所期待的事物等方面，我们永远不应该低估其困难程度。然而，虽然在上述这几点和在古人认为他们已经了解的那些东西方面，古人的出发点与我们的是如此不同，但是在某种意义上，他们试图作出理解的雄心、他们想要获得同时代人支持的努力，与我们自己现在所做的相比又何其相似！

那些注解工作让我们追溯到更久远的年代——那里也是存在着一些特别障碍的地方——但是它们并不能阻碍每一次解释的努力。机遇在于我们能够把握那些雄心所采用的不同形式和古人养成的不同理解风格。在研究古代社会的过程中，我们能够越来越清醒地了解到我们自己的那些偏见的局限性，我们自己的那些价值标准的狭隘性，以及在处理现代社会中呈指数增长的难题时，我们的社会制度潜在的不充分。我们固然不必通过研究古代文化以获得这些自知之明，但是我愿意宣称这是途径之一。

许多人经历了一番与古代社会的历史接触后，会留下这样一种强烈印象：古代社会都被囚禁在它们自己的价值体系和政治偏见当中，被宣称为是外部世界的客观知识的东西仅仅是意识形态的反映。这些反应有一些正确性，但是首先我们必须认识到，古人也是相当善于自我批评的，其次我们必须牢记，那种说法在某种程度上也适用于我们自己。我们没有必要认可**所有**关于客观性的断言都是意识形态的观点。然而，所有观察都是理论负载的宣称，虽有程度上的轻重之别，但毫无例外。如果我们认为我们凭借我们的现代科学和我们自己的历史描述就可以逃脱这一条规律的控制，那么我们是在自欺欺人。

古代社会的经济状况、技术水平、政治制度、教育机构、价值观念等，都有助于区分所做的研究。但是无论是它们中的个体还是联合成的整体，我们都不能说对它们有了确定的想法。我们找到了理由，可以否定以下这一点，即不同的古代研究者面对着不同的世界，或者他们的推理受到不同的形式逻辑规律的支配——尽管不同的非形式交流规则适用于不同的场合。在不同的古代社会之间，也包括在古代社会内部，发现了世界观方面的巨大差异。但是在他们形成不同看法的世界之间有可辨认的连接点。不同的研究风格由不同的首选论证模式、不同的先入之见和不同的方法构成。这些反映并帮助形成了观点上的差异。我们不能独立获得通向他们形成不同观点的那个世界的入口，对此我们可以承认这个缺陷，但是我们可以补充说，多种多样的观点确实允许我们确定那些差异和相关的连接点。

我们对古代世界的研究，可对科学史和科学哲学中的三个主要问题产生影响。首先，我们发现在我们所考虑的材料中，没有理由去接受不同信仰体系之间严格不可通约的假定。确实，在不同研究者使用的基本概念之间，以及在他们如何界定他们所感兴趣的问题之间，都存在着巨大的差异。然而，虽然这些差异给理解造成了、并将继续造成巨大的障碍，但是它们不曾并也确实不会彻底阻断解释——由他们作出的或由我们作出的解释。认为两种自然语言之间完全难以相互理解、无法通过它们进行任何沟通的观念，是一种没有任何经验证据的哲学推断。

因此，接受最严格意义上的不同信仰体系之间不可通约的观点是太过强硬的做法。同样地，发生在真理符合论和真理贯融论之间、实在论和相对主义或建构主义之间的那些争论，双方都依赖于被过度使用的两分法。很明显，无论是真理符合论还是真理贯融论，都是行不通的。但是，我们发现的对不同真相担保程序的实际需求，能够被用来为一种更复杂的真理观念说明提供基础。在每一种类型的语境下，都可能会提出各自的可靠性问题或辩护问题，在这些不同语境下要求一个单一的真理理论是错误的做法。哪一种证实模式是适当的，这总会是一个棘手的判断问题，但这不等于说内部的一致性本身是不充分的，更不等于说关于适当性的那些公认思想——不管它们可能会是些什么东西——会被不加详查地接受。

显然，一种朴素形式的实在论随着真理符合论的垮台而垮台了。

再次，一些相对主义模式也被置于类似的异议之中，即我刚刚提到过的针对真理贯融论的那些异议，也就是说，除了内部一致性和对当前公认事物的一致意见之外，对理论还有其他一些约束条件。科学理论就是提出和支持它们的一些个人或团体的产品，这是一种有点老生常谈的正确说法。同时，在争论双方的实在论这一边，正确的情形是，研究人员自己开展他们的研究，好像对他们所从事之研究的约束不仅仅包括他们自己或同时代人通行的假设。他们毫无疑问也想具有说服力，但是他们也致力于确定真实情况是什么，他们使用了各种各样的经验方法和论证来做到这一点。问题总在于它们有多可靠，获得的结果有多坚实（robust），而且那些经过了一系列测试或详查的结果，从其他人的观点来看总是需要修正。这里对古代研究的历史反思也证明了一种复杂性，这种复杂性摧毁了哲学分析力求强迫人们接受的整洁优雅的抽象性。

在最后三章的反思中，我把一种类似的历史观应用于我们面临的现代困境的某些方面。第十章论述的是，我们的高等教育机构如果能重新找回一些策略性雄心壮志——这些雄心壮志，在只以职业培训为目标的狭隘功利主义兴起之前，曾经鼓舞了它们的先辈——那么它们就能做得更好。大学担负着特殊的批评责任，它们也不应该害怕去支持一种纯粹的无私研究的价值观念。在第十一章对人性和人权观念的讨论中，我提出，这些观念特殊的西方起源对它们的运用产生了深远的影响，并且以一种现代浮夸语言对它们进行的一些调用，是非自我批评的、半生不熟的，实际上是接近于语无伦次的。在一种全球视野下，对于我们应向我们的同伴尽什么义务——我们的责任——与我们能从他们那里**要求**什么——我们的权利——应该给予同样多的重视。在第十二章中，我对民主制度的反思集中于它们在国家层面上的缺点，以及从国家层面推广到国际层面上它们留下的巨大的无效性鸿沟。说没有容易的解决办法，这是一个可笑的保守陈述。我们需要集合所有的资源来作出我们所能作出的批评和分析，包括那些通过反思过去而得到的资源。我们必须揭穿这样的花言巧语，即允许仅剩的超级大国向其他国家鼓吹民主的"美德"，同时又在国际辩论的论坛上对其他国家的意见不屑一顾。

在每一项研究中，我意识到我有过分理想主义之嫌疑。这些论述有没有希望对当今那些顽固的政客或政策制定者产生一丝影响呢？什么东西能够逆转和影响当今这种疯狂蔓延的个人中心主义呢？对此我有两个回答。第一个是要重申一点，不管是否切合实际，我们不应该忽视公正和公平的主张。总能调用一些理由来说明被认为是正确的事情是多么难以实现，或此刻是多么难以实现，但是这并不能丝毫贬损那种主张是正确的。需要做一些事情去矫正富国和穷国之间、跨国公司和初级生产者之间、占有大量有利条件的少数人和异乎寻常地缺乏教育和食物的多数人之间那种骇人听闻的不平等，当然只算是这样的一个例子。

但是第二个回答不只是依赖理想主义了，而是诉诸特别的**利己主义**。他们——我们——希望安全，免遭恐怖分子或只是普通暴力的威胁。但是不会有持久的和平，不会有真正的安全，甚至不会有真正的稳定，除非确实能够付诸行动来消除那些招致侵略和暴力的关键因素，尤其是我刚刚提到的资源和机会不平等方面明显的不公平感受。这是为了富人自己的利益而应该去做的事情，作为第一步，目前这种日益增加的不平等趋势应该逆转过来，我们都应该被看做是为了这个目标而努力，以重建一些目前已荡然无存的希望。我们自然要谴责那些藐视法律、无法无天的人，无论是行凶抢劫者还是人体炸弹。但是这也不应该让我们停止思考，他们为什么这么做，以及是什么原因导致了他们既绝望又狂热。

面对当前盲目的拜物主义和贪欲横行，这样一种从利己主义出发的论点有可能对其产生足够重要的影响吗？我不应该孤注一掷地得出答案，而是仅以提及如下这点作为结束：无论成功的前景如何，这种分析需要被贯彻下去。这只是这整本书所涉及的一个特殊的并且是特别困难的案例。本书着眼于我们现代面临的困境，从对古代世界的研究中产生的那些问题和反思中，尽力去探索能够吸取的教训。

中文和希腊文术语表

中文

ba	胈	naked
bai	白	white
bei	悖	inconsistent
bencao	本草	herbals
bian	辩	dispute
bienao	鳖臑	pyramid with right triangular base and one lateral edge perpendicular to the base
bu	步	pace (measure of length)
bu ran	不然	not so
cheng	诚	sincere
chi	赤	red
chong	虫	'insect'

chu	畜	domestic animal
di	狄	(name of tribe)
di li	地理	terrestrial organization
dongwu	动物	animal ('moving thing')
duan	端	starting point, principle
fa jia	法家	'legalists'
fang	仿	imitate
fei	非	(is) not, wrong
feng	凤	phoenix
gan	肝	liver-function
gangji	纲纪	guiding principles
gu	故	thus, therefore, cause
guo	猓	(name of tribe)
hei	黑	black
huang	黄	yellow
hui	虫	'insect'
jia	家	family, lineage, sect
jian ai	兼爱	concern for everyone
jing I	精	inherent characteristics
jing II	经	canon
junzi	君子	'gentleman'
ke	客	guest
kongyan	空言	abstract speech
lei	类	category
li I	里	'league'
li II	理	pattern, order

li^{III}	礼	rites
liao	獠	(name of tribe)
lifa	历法	calendar studies
lipu	历谱	calendars and chronologies
long	龙	dragon
lü	率	ratio
luan	乱	confusion
luo^I	猡	(name of tribe)
luo^{II}	倮	hairless
luo^{III}	蠃	hairless
mou	侔	parallelizing, equating
mu	獏	(name of tribe)
niao	鸟	bird
pi	辟	illustrate, compare
qi^I	气	breath, energy
qi^{II}	齐	homogenize
qilin	麒麟	fabulous creature
qing^I	青	green
qing^{II}	情	feelings
quan	犬	dog
ran	然	so
ren^I	人	human
ren^{II}	仁	humaneness
ri	日	sun
shen	神	spirit, demonic
sheng	生	life

shi ^{I}	是	is, right, this
shi ^{II}	豕	pig
shi ^{III}	士	officials, gentlemen retainers
shi ^{IV}.	诗	*Odes*, poetry
shi ^{V}	使	tell, command, a reason
shigu	是故	for this reason
shigui	蓍龟	milfoil and turtle shell divination
shou	兽	quadruped animal
shu ^{I}	书	*Documents*, book
shu ^{II}	庶	ordinary
shu shu	数术	calculations and methods
shu yue	术曰	the method states
shui	水	water
tian	天	heaven
tiandi	天地	heaven and earth
tianwen	天文	heavenly patterns
tianwen suanfa	天文算法	astronomy and mathematics
tong ^{I}	同	equalize
tong ^{II}	通	make to communicate
tui	推	infer, induce
wanwu	万物	the myriad things
wei	位	position
wei shi	为是	deem to be so
wuxing	五行	the five phases
xian	猃	(name of tribe)
xing	性	character

xingfa	形法	study of significant shapes
xun	獯	（name of tribe）
yang [I]	阳	sunny side of hill/positive principle
yang [II]	羊	sheep
yangma	阳马	pyramid with rectangular base and one lateral side perpendicular to the base
yao	猺	（name of tribe）
yi	义	uprightness, righteousness
yin	阴	shady side of hill/negative principle
yin shi	因是	rely on as so
yu	鱼	fish
yuan	援	adduce, draw an analogy
yue	月	moon
yueling	月令	monthly ordinances
yun	狁	（name of tribe）
za zhan	杂占	miscellaneous prognostic procedures
zhen	真	true
zhengming	正名	rectification of names
zhi [I]	直	correct, straight
zhi [II]	豸	footless reptile
zhi [III]	知	knowledge
zhiwu	植物	plant（'stationary thing'）
zhou jun	州郡	provinces and commanderies
zi ran	自然	spontaneous

希腊文

aitiai	αἰτίαι	causes, explanations

akribes	ἀκριβής	exact
aletheia	ἀλήθεια	truth
alethes	ἀληθής	true
anankaion	ἀναγκαῖον	necessary
anthropos	ἄνθρωπος	human
apodeixis	ἀπόδειξις	demonstration, proof
astrologia	ἀστρολογία	study of the heavens: astrology
astronomia	ἀστρονομία	study of the heavens: astronomy
chloros	χλωρός	'green', fresh
diagramma	διάγραμμα	diagram, proof
doxa, doxai	δόξα, δόξαι	seeming/opinion
eidos	εἶδος	form, species
eikones	εἰκόνες	images
einai	εἶναι	to be, being
entoma	ἔντομα	insects
epagoge	ἐπαγωγή	induction
epikleros	ἐπίκληρος	heiress
eristike	ἐριστική	disputatious reasoning
genos	γένος	genus, group, family
hairesis	αἵρεσις	sect, choice
helios	ἥλιος	sun
homoiotetes	ὁμοιότητες	similarities
ichthus	ἰχθῦς	fish
leukos	λευκός	bright, white
logos	λόγος	word, account, argument
malakia	μαλάκια	'softies', cephalopods
malakostraka	μαλακόστρακα	soft-shelled, crustacea
malakoteron	μαλακώτερον	looser

manthanein	μανθάνειν	learn
mathematike	μαθηματικη	'mathematics'
mathematikos	μαθηματικός	'mathematician' astronomer/ astrologer
melas	μέλας	dark，black
metabasis tou homoiou	μετάβασις τοῦ ὁμοίου	transition to the similar
metis	μῆτις	cunning intelligence
muthos	μῦθος	story，fiction，myth
nomos	νόμος	law，custom，convention
on, ontos	ὄν, ὄντως	being, really/truly
ostrakoderma	ὀστρακόδερμα	'potsherd-skinned'，testacea
ousia	οὐσία	being, reality, substance
parabolai	παραβολαί	comparisons
paradeigma	παράδειγμα	example，paradigm
para phusin	παρὰ φύσιν	contrary to nature
pepsis	πέψις	concoction
phronesis	φρόνησις	practical reasoning
phusike	φυσικη	study of nature
phusiologos	φυσιολόγος	student of nature, natural philosopher
phusis	φύσις	nature
pithanologia	πιθανολογία	plausible talk
pseudes	ψευδης	false
selene	σελήνη	moon
to ti en einai	τὸ τί ἦν εἶναι	essence

版 本 说 明

中文

除了一些特别说明的以外，中文古籍都引自标准版本，例如哈佛燕京学社系列（HY）或香港大学汉学研究所系列（ICS）。

Erya（尔雅）in the ICS edition，Classical Works 16（1995）.

Gongsun Longzi（公孙龙子）in the ICS edition（1998）.

Guanzi（管子）in the Zhao Yongxian edition, reprinted in the *Sibu beiyao* series（Shanghai，1936）.

Hanfeizi（韩非子）in the edition of Chen Qiyou（Shanghai，1958）.

Hanshu（汉书）in the edition of Yan Shigu, *Zhonghua shuju*（Beijing，1962）.

Hou Hanshu（后汉书）in the *Zhonghua shuju* edition（Beijing，1965）.

Huainanzi（淮南子）in the edition of Liu Wendian（Shanghai，1923）.

Jiuzhang suanshu（九章算术）in the edition of Qian Baocong, *Suanjing shishu*（Beijing，1963）.

Liji（礼记）in the ICS edition（1992）.

Lunheng（论衡）in the edition of Liu Pansui（Beijing，1957）.

Lunyu（论语）in the ICS edition，Classical Works 14（1995）.

Lüshi chunqiu（吕氏春秋）in the edition of Chen Qiyou（Shanghai，1984）.

Mengzi（Mencius）（孟子）in the HY series，Supplement 17（Beijing，1941）.

Mozi（墨子）in the HY series，Supplement 21（Beijing，1948）.

Shangshu（尚书）（*Shujing*，书经）in the ICS edition，Classical Works 9（1995）.

Shanhaijing（山海经）in the ICS edition（1994）.

Shiji（史记）in the *Zhonghua shuju* edition（Beijing，1959），cited by *juan*，page，and where necessary column number.

Shuo yuan（说苑）in the ICS edition（1992）.

Suanshushu（算数书）from the *Zhangjiashan han mu zhu jian* edition（Beijing，2001）.

Sunzi（孙子）in the edition and translation of R. Ames，*Sun-tzu: The Art of Warfare*（New York，1996）.

Xunzi（荀子）in the HY series，Supplement 22（Beijing，1950），cited by *pian* and line number.

Yantielun（盐铁论）in the ICS edition，Philosophical Works 14（1994）.

Zhanguoce（战国策）in the ICS series（1992）.

Zhoubi suanjing（周髀算经）in the edition of Qian Baocong，*Suanjing shishu*（Beijing，1963）.

Zhuangzi（庄子）in the HY series，Supplement 20（Beijing，1947），cited by *pian* and line number.

希腊文和拉丁文

我在书中对希腊和拉丁作者的大量引述依据的是一些标准版本，例如，对前苏格拉底哲学家残篇的引述依据迪尔斯（H. Diels）编辑、克兰兹（W. Kranz）修订的《前苏格拉底哲学家残篇》（*Die Fragmente der Vorsokratiker*）第6版（Berlin，1952），柏拉图的著作依据伯内特（Burnet）的牛津版，亚里士多德的论文依据贝克尔（Bekker）的柏林版。希腊数学文献（欧几里得、阿基米德）和托勒玫的著作依据托伊布纳（Teubner）版本。希腊和拉丁医学文献优先选择《希腊医学文集》（*Corpus Medicorum Graecorum*，*CMG*）和《拉丁医学文集》（*Corpus Medicorum Latinorum*，*CML*），如果文献不见于上述版本，如希波克拉底医派的作品，我便使用利特雷［E. Littré（L）］的《希波克拉底全集》（*Œuvres complètes d'Hippocrate*，Paris，1839—1861）。希腊文著作的简写见利德尔（H. G. Liddell）和斯科特（R. Scott）主编、琼斯（H. S. Jones）修订并增补的《希腊文英文词典》（*Greek-English Lexicon*，Oxford，1968）。而辛普利丘的《〈论天〉注》（*In Cael*.）是指辛普利丘的著作《亚里士多德〈论天〉注》（*In Aristotelis De Caelo Commentaria*），由海贝格（J. L. Heiberg）主编，收录于*Commentaria in Aristotelem Graeca*，vol. vii（Berlin，1894）。

现代

所有的现代文献均以作者姓氏加发表年份加以引用。完整的文献信息见参考文献。

除了孔子（Confucius）和孟子（Mencius），所有的中国人姓名和汉字都按照拼音习惯音译。同音字加罗马数字上标以示区别。*

---

* 中译本直接将其译为汉字。——译者

注　释

第一章　理解古代社会

1. 这是一个在温奇(Peter Winch)、麦金太尔(Alisdair Macintyre)和其他人之间的一系列交流的主题,参阅 Wilson 1970 以及 Horton and Finnegan 1973,Hollis and Lukes 1982。

2. 作者即将发表的观点会指出,利玛窦(Matteo Ricci)和他的中国主人们之间的误解不是不可避免的,还将进一步指出,利玛窦对古代欧洲思想的把握与他对古代中国思想的把握一样,都是有偏差的。

3. 安德森(Anderson 1991)在他的著作中已经特别强调了什么东西算是构成了一个共同体方面的设想。

4. 这个案例我受惠于斯金纳(Quentin Skinner)在剑桥大学的一次哲学史研讨会上的一次提醒。

5. 汤比亚(Tambiah 1973)强化了幸运和效验之间的对照,将它们作为"巫术"行为的可选和补充目标。

6. 例如,格思里(Guthrie 1962:478)探讨了让这句话(Heraclitus Fr. 52)变

得有意义的各种方法,但最后不得不承认失败。

7. 在《韩非子》(32)中的这个故事说的是兒说的事情。例如,格雷厄姆
(Graham 1989：76 ff. , 82 ff.)对公元前 4 世纪惠施和公元前 3 世纪公孙
龙的相关著作进行了讨论。现存的《公孙龙子》一般被认为主要是公元 4
世纪到 7 世纪之间伪造的一本书,尽管有关"白马悖论"的部分被认为是可
信的。然而,我应该着重指出这一材料与墨家经典还有《庄子》这三者之
间的关系是正在进行中的大量争论的主题:参见 C.-Y. Cheng 1997,
Johnston 2000 以及即将发表的著作。

8. 例如,汤比亚(Tambiah 1973：220 ff.)使用了来自奥斯汀(Austin 1962)的
观念,也见于 Tambiah 1990：73 f.。

9. 当然,保存下来的考古学记录受制于另一种形式的偏见,但后者仍旧只是
偏见。

第二章　古代文明中的科学?

1. 1993 年《伊希斯》(*Isis*)有一期专门用于这个问题的讨论,然而该问题已经
成为一个在不同类型的建构主义者和客观主义者之间引起周期性辩论的
话题。坎宁安和威尔逊(Cunningham and Wilson 1993)对这个问题作了
特征鲜明的清晰综述。

2. 不过,伴随使用这些学科标签而带来的风险将在第三章中讨论。

3. 关于分界线问题的文献可谓卷帙浩繁,但其中最重要的著作来自 Gellner
1973,1985,以及 Goody 1977。在下文我将简要讨论这个问题。

4. 对在源于希腊的欧洲传统之外使用"自然"一词的困难性的研究见 Lloyd
1991：ch.18, Lloyd and Sivin 2002：ch.4,并可参阅下文第十一章。

5. 参阅 Lloyd and Sivin 2002：chs. 2 and 5,尤其是后一章。

6. 通过传闻公然对未来做出预测,能发挥多种不同的功效。Lloyd 2002：ch.
2 对此作了考察,其中特别引用了 Moore 1957,Park 1963,Bascom 1969 和

许多其他人类学家的工作。

7. 尤其见 Neugebauer and Sachs 1945，Neugebauer 1975，Rochberg 1988 和即将出版的 Brown 2000。

8. 例如，见席泽宗和薄树人 1966 年的论文（Xi Zezong and Po Shujen 1966）。

9. 辛普利丘在《亚里士多德〈论天〉注》（*In Cael*. 488. 19 ff.）中引述索西琴尼（Sosigenes）作为证据来支持柏拉图曾经提出这一建议，这是可能的，尽管远非确定的。索西琴尼本人也是在引述亚里士多德的同行欧德摩斯（Eudemus）编撰的天文学史。

10. 对希腊天文学模型的复杂历史的最简明介绍是 Neugebauer 1957，尽管对于欧多克斯的重要性，最近的研究已经大大修改了原先的结论，见 Mendell 1998a，Yavetz 1998 和 Bowen 2001。

11. Plato，*Timaeus* 47bc，90d。

12. Ptolemy，*Syntaxis* I 1，Proem，7. 17—24。

第三章　开拓疆域

1. 参阅第二章注释 4 对 Lloyd 1991：18 的参考。

2. 在此我引述了多罗费娃-利希特曼（Vera Dorofeeva-Lichtmann）的研究成果，尤其是她 2001 年发表的工作。在她的早期研究成果 Dorofeeva-Lichtmann 1995 中，她分析了《山海经》的内容，该书把中国及其周边地区分成了不少于 26 个的区域。这也提出了分类学的问题。一方面，该文献给出了中国不同地区的详细信息，并以相当的精确度给出了这些地区的特定距离（西南 120 里、北 200 里等）。另一方面，这部文献也关注并确认了居住在不同地区的神灵以及应该供奉给他们的不同牺牲品。

3. 有关当前对《汉书》（30）中发现的分类学的有关讨论，可将哈珀的工作（Harper 1999：821—825）与卡利诺夫斯基即将发表的论著作比较。

4. "同"(相等)和"通"(相通)这两个术语在《九章算术》的不同地方都得到了使用,例如 I 18,99.4 和 7 以及 VII 14,206. 11—12 中,尽管《九章算术》本身没有像刘徽在 I 9,96. 1 ff.中那样对这两个还有第三个术语"齐"(一致化)作出解释和定义。"纲纪"一词也用作数学之外的指导性原则,例如道德或政治问题。 例如,见《荀子》(6∶9—10),Knoblock 1988—1994∶i. 224 和《史记》(130∶3290. 3)。

5. 欧几里得在他的起始假设中包括了平行公设,尽管他毫无疑问认为这不仅仅是一个假说,而是这个世界的真理。但是稍后的一些希腊评论者,包括托勒玫和普罗克洛斯,主张这不应该是一条公设,而是在体系内部可以被证明的定理。所有的古代证明尝试都是有缺陷的,因为它们在问题中假定了它们是循环论证。众所周知,撼动欧氏几何地位的工作是由罗巴切夫斯基(Lobachewsky)、黎曼(Riemann)和其他人作出的,最终导致了非欧几何的发现。

6. 劳埃德和席文(Lloyd and Sivin 2002)对这些问题进行了比在这里能够展开的更为详细的讨论。

7. 见 Métailié 2001a,2001b。

8. 在希腊的法庭上,裁决和宣判由"审判官"——通常在公民中通过抽签产生——来操作,他既扮演了法官的角色也扮演了陪审团的角色。中国人对说服的兴趣,如我在第四章中要论述的,与希腊的修辞学具有相当不同的形式。

9. 托勒玫《至大论》(I 1,Proem 6. 17—21)∶"只有数学——如果谁对知识很苛求的话——才能提供给研究它的人们确定的和始终不变的知识,因为证明来自不容置疑的代数和几何方法。"

第四章　一种共同逻辑?

1. 我在其他研究中探讨了语义延伸概念的有效性,尤其在对术语的使用坚持按字面的和隐喻的这一两分法进行分析时,它具有很大的优势。在语义延伸的解释中,**所有术语显示出或多或少的延伸**:见 Lloyd 2002:ch.5,以及对 Porzig 1934 的引用。

2. 这个故事的一个版本出现在《韩非子》(36),参阅 Harbsmeier 1998:215 ff.。

3. 语用学(pragmatics)、语义学(semantics)和句法学(syntactics)三者之间的差异是至关重要的。语义学和句法学两者都展示了不同自然语言之间巨大的表面差别。不管我们对由乔姆斯基及其追随者提出的深层结构(deep structures)持有何种意见,在上述这点上都能取得共识。但是语用学致力于确立一些支配人与人之间交流的规则,无论这种交流在什么语境下发生,并且还能考虑到这些不同语境会产生的影响。这种规则不是针对特定的自然语言才有效的,也没有理由认为这些规则会随着不同的自然语言而发生根本的变化。

4. 这是《韩非子》(12)中的内容,我在 Lloyd 1996a:ch.4 讨论过。

5. 见 Graham 1989:187 ff.并参阅 Harbsmeier 1998:342 ff.,后者在佯谬的标题下处理这个问题。

6.《墨经》B 71 和 B 79,对此见 Graham 1989:185 f.,Harbsmeier 1998:217。

7. 见《题论》(162ᵇ3 ff.)。4 类谬误论证分别为:(1)当论证看上去只导致唯一结论时;(2)当它导致一个结论但并非所要的结论时;(3)当它导致所要的结论但不是按照正确的论证模式时;(4)当结论得之于错误的前提时。

8. 见《辩谬篇》(165ᵇ23 ff.,166ᵇ20 ff.)。依赖于语言的 6 类分别为:语词歧义(equivocation)、语形歧义(amphiboly)、合并词义(combination)、拆分词义(division)、片面强调(accent)和语形谬比(form of expression);不依赖于语言的 7 类分别为:把偶有属性认作必然属性(accident)、有限制或无限制条件的词语使用(use of words)、用歪曲对方论点的手法驳斥对方(ignoratio elenchi)、以待决之问题为论据(petitio principii)、因果倒置(consequent)、错认原因(false cause)和把多问题误作为一个问题(many questions)。在某些情形下,现在所知用来表述谬误的术语最终源自亚里士多德。

9. 在《辩谬篇》著名的结尾段落中,亚里士多德声称自己是一位改革者。尽管在修辞学方面他对许多先辈致以谢意,追溯到了蒂夏斯(Tisias)、斯拉西马霍斯(Thrasymachus)和塞奥多罗斯(Theodorus)等人的工作(183ᵇ31 ff.),但是在《题论》(至少)和甚至整个《工具论》(*Organon*)所涵盖的内容分析当中,他说在他之前这种研究根本不存在。如果是说三段论和论证的形式分析,这个声明在整体上可以站得住脚。但是对于谬误论证,亚里士多德本人引述了其他人提供的各种分析(例如,177ᵇ8 f., ᵇ27 ff., 178ᵇ10—23, 179ᵇ7 ff., ᵇ34 ff., 182ᵇ26 f.),而且在该书第10章,他专门用于对在使用语言措辞的论证和使用思想的论证之间具有重要对比效果的观点作批判性分析,他把这种观点归于(没有指名道姓的)某些人(参阅 Hecquet-Devienne 1993)。亚里士多德的一些论证引自柏拉图的《欧绪德谟篇》[例如该书的179ᵃ34 f. 引自《欧绪德谟篇》(298c)],并且看起来那次对话刺激了对谬误推理的分析,尽管在柏拉图本人的书中,苏格拉底对欧绪德谟和迪奥尼索多罗斯(Dionysodorus)的主要批评是道德上的:因为他们的教导不带来美德,所以是无价值的。

10. 我在 Lloyd 1990: ch.1 中考察了好辩的起源,以及字面和隐喻之间、理性(*logos*)和虚构(*muthos*)之间的这种两分法的使用。

11. 《尼各马可伦理学》第6卷是亚里士多德详尽阐述这些思想的主要文本,尤其是在1144ᵃ20—ᵇ32。

12. 希俄斯的希波克拉底(Hippocrates of Chios)是一位优秀的几何学家,但是面对实际问题他显得很愚蠢[《欧德谟伦理学》(*Eudemian Ethics*

1247ª17 ff.）］。就是小孩也能精通几何学,但是他们不可能拥有实践智慧
［《尼各马可伦理学》(1142ª11 ff.)］。

13. 我将在第六章中回来讨论思想可在不同自然语言中表达的相关性问题。

第五章　探索真理

1. 例如,见 Hansen 1983,1985 和 Hall and Ames 1987。

2. Sextus Empiricus,*Against the Mathematicians* VII 60.

3. 对于古希腊怀疑论及其后来的影响的评价,例如见 Burnyeat 1983,Annas
   and Barnes 1985,Long and Sedley 1987,Barnes 1990,Hankinson
   1995。

4. 同类主题出现在,例如,著名的安梯丰(Antiphon)的《第一四部曲》(*First
   Tetralogy* II β 8,γ 4,δ 7)和《希罗德之死》(*The Murder of Herodes* V 32,
   35,36,42,50)中。

5. Archimedes,*Method*,HS II 430. 2 ff.

6. *On the Heart* ch. 10,L IX 86.13 ff.

7. Galen,*On Anatomical Procedures* XI chs. 3 ff.

8. 正如我在上一章中解释过的,这些背景材料提供了应该仿效的正面论证风
   格之外,也提供了一些人认为应该避免的**负面**论证风格。

9. 特别是参阅 Graham 1989：app. 2,Harbsmeier 1989,1998：193 ff.,
   Wardy 2000：59 ff.。

10. 《荀子》(2：12),Knoblock 1988—1994：i. 153 and n. 35,Harbsmeier
    1998：194.

11. 《庄子》(2),参阅 Graham 1989：183 ff.。

12. 司马迁,《史记》(129：3253. 5,130：3295. 9 ff.,3296. 1 ff.,
    3319.6 ff.)。参阅 Lloyd 2002：ch.1 对现代学者成果的引述。

13. 《荀子》(21),Knoblock 1988—1994：iii. 109;王充,《论衡》第六十五章。

14. 参阅上文第三章 33 页关于刘徽对《九章算术》的评注。

15. "正名"的主题回溯到《论语》(13),《荀子》(22)也考虑了这个问题。在对这个问题的大量研究中,见 Gassmann 1988 和收录在《远东远西》[Extrême-Orient Extrême-Occident,15(1993)]中由贾默里(Djamouri)、拉克纳(Lackner)、列维(Levi)和范德梅尔施(Vandermeersch)写的文章。

16. 尤其见 Detienne and Vernant 1978。

17. 希腊和中国的数学家们都通过内接或外切正多边形来逼近圆的方法来估算 π 值。中国人在 13 世纪就计算了边数多达 2^{14} 的正多边形的面积:见 Volkov 1996—1997,1997。

18. 当威廉斯坚持单一的真理定义时,我会同意他的观点(Williams 2002：63)。

第六章 信仰的可疑性

1. 在许多其他情形中,在一个社会中认定重要的信仰也是专家团组的特权。布朗克霍斯特(Bronkhorst 2002)最近对某些印度论战的研究在这点上具有双重趣味,首先是所关注的沟通问题,然后是关于对待秘密信仰的态度。在婆罗门之间和婆罗门与国王(*ksatriyas*)之间的讨论似乎很像我们熟悉的现代社会(或古代希腊社会)中的论战。然而讨论的主题除了辩论者自己之外任何人都不能作出断言——例如,关于什么是生命的本源(*atman*)或婆罗门是什么。提问和回答受制于一些特定的规则:因而你不应该问出你自己也不知道怎么回答的问题来。但是只有辩论参与者们才能裁定辩论的胜者。这一点他们不基于争论进行的方式(因为争论非常少有),而是以最后的发言者为胜出。胜者被认为其超凡的学识不能或至少不会受到挑战。此外,败者(以沉默表示承认失败)应该表示顺从并成为胜者的弟子。他们必须向新老师提供食物,弟子们可能仅仅吃到一些残羹冷炙,因而得到羞辱。这是名声的争夺,但至于信仰,除了竞争者自己之外,没有人能够理解。

2. "让我来说说那些学者的怪模样：他们帽子向前低俯，帽子带束得很松，他

　们表情傲慢无礼，他们看来似乎趾高气扬，自鸣得意，但他们眼睛却紧张

　地四处张望。他们看起来自高自大，他们的目光却流露出困惑和不安。

　在慌乱急促的瞬间，他们显露出内心的丑陋和卑劣。"* （《荀子》 6：

　45, Knoblock 1988—1994：i. 228—229。）

3. 《荀子》（21），参阅上文第五章注释 13。

4. 后一种指控类型的案例见秦相李斯对赵高发起的攻击，后者当时是左右

　秦二世的宠臣，最后把李斯置于死地。李斯有一次试图恢复其影响力，

　在给皇帝的上书时放开手脚竭力攻击赵高："现在赵高有不可告人的放纵

　野心，他的行为危险而反叛，……他兼备了田常、子罕的大逆不道，而

　把威严凌驾于陛下之上，……陛下不作准备，臣怕受到他变节的祸

　害。"** ［《史记》87：2559. 4 ff., 8 ff., 道森（Dawson 1994）译］李

　斯的恳求没有起到效果，实际上，下一次李斯试图传给秦二世的消息被

　赵高截获了。不久之后李斯再次试图上书给秦二世时就被处死了。

5. 例如，见 *Gorgias* 454c, 457e, *Protagoras* 360e, *Phaedo* 91ac, *Phaedrus*

　259e—260a。

第七章　研究风格和共同本体论问题

1. 克龙比在 1994 年其三卷本巨作出版之前有时使用科学思维风格（styles of

　scientific thinking）这个概念。见 Hacking 1992，哈金还进一步解释了他

　自己对"推理风格"（styles of reasoning）这个术语的使用如何不同于克龙

　比的概念。

2. 《淮南子》于公元前 122 年以前由淮南王刘安召集门人宾客编撰而成。见

---

　　　*　此处古籍原文为：吾语汝学者之嵬容：其冠统，其缨禁缓，其容简连；填填然，狄
狄然，莫莫然，瞡瞡然，瞿瞿然，尽尽然，盱盱然。英译本意思和原古籍有出入。——译者
　　　**　此处古籍原文为：今高有邪佚之志，危反之行，……兼行田常、子罕之逆道而劫
陛下之威信，……陛下不图，臣恐其为变也。——译者

Major 1993。

3. 见古克礼(C. Cullen)为 Major 1993 写的附录,见于 p.288。与此不同的是,梅杰(Major)本人在 p.68 把《淮南子》(3:4a)原文的510 000里修订为150 000 里。

4. 对《尚书》第 32 章《洪范》篇的讨论见 Graham 1989,p.326。参阅 Nylan 2001:139—142。

5. 见 Lloyd 1996b:ch. 5,以及参阅下文第八章关于古代希腊和中国在动物和植物分类观念上的差异。

6. Graham 1989 对战国后期和汉代不同思想家之间的宇宙学辩论作了一个很好的介绍。《庄子》(2)结尾处提出了这样的问题:是庄子醒过来后意识到梦见自己是一只蝴蝶呢,还是一只蝴蝶正梦见他是庄子? *

7. Whorf 1967:57—58, Malotki 1983:625, 见 Wardy 2000:14 f. 的讨论。

8. 与此有关的工作特别由巴恩斯(例如 Barnes 1974)和布鲁尔(Bloor 1976)等人做出,引起了强烈的争议,如霍利斯和卢克斯(Hollis and Lukes 1982)及随后的工作。库施(Kusch 2002)在一个叫做"公有主义认识论"(communitarian epistemology)的主题下吸取了巴恩斯的部分论点。

9. 参阅上文第二章。

10. 例如,这一点已经由黄一农(Huang Yi-long 2001)通过文献证据加以证实了。

11. Berlin and Kay 1969.

12. 见 Atran 1990, 1994, 1995, 参阅 Berlin, Breedlove, and Raven 1973, Brown 1984, Berlin 1992, Ellen 1993, Carey and Spelke 1994。在第八章

---

* 《庄子·齐物论》最后一段为:昔者庄周梦为胡蝶,栩栩然胡蝶也。自喻适志与! 不知周也。俄然觉,则蘧蘧然周也。不知周之梦为胡蝶与? 胡蝶之梦为周与? 周与胡蝶则必有分矣。此之谓物化。——译者

我会回到这个问题上来。

13. 伯林和凯（Berlin and Kay 1969）注意到了一些颜色术语的语义学特征中的非色度成分，这一点尤其体现在康克林对哈努诺人的相关研究中（下文即将讨论）。然而这一切并没有能阻止他们宣称，他们对颜色术语的分析结果以及这些术语在世界范围内的自然语言中的进化的普适性。

14. Aristotle, *On the Senses* 439^{b}25 ff., 31 ff.：参阅442^{a}12—17，其中对气味也作了类似的处理。

15. 莫利翁（Mollon 1995：138—141）就这些问题的最近研究进行了讨论。

16. 劳埃德（Lloyd 2002：ch. 3)对希腊人和中国人在对相关问题的考虑中产生的共同点和分歧作了简要分析。

17. 我们可以附带提及亚里士多德的方案如何允许对同一现象作出数种——不同类型的——解释，尽管这显然不同于我已经描述过的多维度，在这种多维度下，不同的观点不限于关注研究对象的质料因而非形式因之类问题。

18. 见 Major 1993：185 对《淮南子》4：10A—11A 部分的讨论，另参阅该文献第 167 页对《淮南子》4：7B—8A 部分的讨论。

第八章　分类的使用和滥用

1. 参阅下文关于 Berlin, Breedlove, and Raven 1973 和 Brown 1984 的论述。对实际感觉到的动植物分类假说之表达上口气强弱变化的例子，可比较 Atran 1995：221 中的说法："事实上，所有时期所有地方的所有人类以一种他们易于感知到的非常相似的方法对动植物进行分类。"以及 Atran 1994：322 中的说法："显然，文化因素会增加次级生物学属性的心理学特色。"

2. 见 Berlin, Breedlove, and Raven 1973：219，参阅 Hunn 1977。

3. 见 Carey 1995：271。

4. Carey and Spelke 1994 引述了 Jeyifous 1986,其中对约鲁巴高原的儿童的研究表明,作者获得的朴素生物学与美国研究对象所获得的朴素生物学之间存在差异:但是她们的研究数据和解释都受到了挑战(Atran 1995:228)。

5. 当发现鲸鱼和蝙蝠这样的例子中,"科学"与"常识"有明显冲突时,阿特兰的反应是坚持以为这种例子是多么罕见,坚持在科学面前有那么多"常识"得以保持(例如 Atran 1990:268)。然而,为什么科学总是修正常识?在他看来,如果常识提供了作为人类的我们——我们所有的人——感知世界的方法,那么为什么总还是需要科学? 在我看来,对这些问题,阿特兰从来没有给出令人满意的解答。因而,在 Atran 1990:2 f. 中他写道:"思考能够阻止常识超越它适当的权威——因为常识只有在明白可见的日常世界也就是**现象**实在范围内才有效。"然而他却刚刚说过:"思考不可能驳倒关于事物的常识观念的基础,因为所有思考都必须源自常识。"

6. 中国的这类动物符号使用在 1993 年《人兽学》(*Anthropozoologica*)中国专号中得到讨论。例如,在一些中国人的感觉中,猪代表财富和繁荣而不是污秽。Sterckx 2002 包含了在中国关于动物的各种不同文化观念和意义的丰富资料。

7. 见 Levi-Strauss 1962/1966:115 ff. 并参阅 Goody 1977:153 ff. 。

8. 以下讨论我征引了 Lloyd 1997 and 1999 中的内容。

9. 参阅下文对这个问题的某种程度的保留。

10. 因此 Pellegrin 1982 and 1986 就否认亚里士多德的分类学,尽管勉强承认他有一些分类兴趣。

11. 肢(文本见 Major 1993:312);然而,在其他场合用于表示"裸体"的其他术语"倮"或"臝"不适用于人类,而是用于光皮肤的或相对无毛的动物,在评注中给出了这样的例子,如老虎、豹子等。例如,见《管子》(III 8.1a)和《礼记》(6 62,44.11 ff.),并参阅 Yates 1994:91,

105 中提到的关于银雀山文献中"裸虫"的说法,其中最阴的据说是青蛙或蟾蜍。

12. 与"植物"(*zhiwu*)相对,意为静止的生物,后者有时指植物(plants)。

13. 然而如果与恩培多克勒相比,后者的观念与《淮南子》的观念中的诸多特征有更多的相似之处,特别是他对不同种类动物起源之兴趣,以及他对日常经验中不存在的动物的援引,如牛头人和人头牛等,稍后我将提到这点。

14. 然而亚里士多德经常从其他更著名权威的共同观点或信仰出发来**开始**他的研究。

15. 例如,见 *On the Parts of Animals* 606ᵃ8, *On the Generation of Animals* 756ᵇ5 ff. , *Metaphysics* 1000ᵃ9 ff. , *Physics* 198ᵇ31 ff. , 199ᵇ9 ff. 。

16. *Meteorologica* 351ᵃ26 ff. ,参阅 *Politics* 1329ᵇ25 ff. , *Metaphysics* 1074ᵇ10 ff. 。

17. 在我已出版的书(1996b:ch. 5)中我处理了有关亚里士多德关于变异的观点,在该书的其他地方还列举了其他例子说明他遇到资料上的困难时所做出的弹性反应。

18. 关于一般的重要分类,例如,参看《吕氏春秋》(25 2,1642;Knoblock and Riegel 2000:627 ff.);关于"位",参阅《吕氏春秋》(25 5,1669;Knoblock and Riegel 2000:637 ff.)。

19. 例如刘徽《九章算术注》(钱宝琮 1963:168)。

20. 发展了这一分析的主要文献之一是柏拉图的《斐莱布篇》(*Philebus*)。我们并不清楚他对早期毕达哥拉斯派信仰的援引程度,但是根据亚里士多德《形而上学》(986ᵃ22 ff.)中的说法,有限和无限这一对概念出现在毕达哥拉斯学派对立表(Table of Opposites)的开头。

21. 本人书中(1996b:ch. 3)提出了相关证据并进行了讨论。

22. 此外,我将强调希腊人和中国人在基本的等级分类上的差异。希腊人把高等级本身看成是独立（只要有可能）于低等级的（正如主人独立于奴隶——或他们认为如此）。对于中国人而言，主流观念是，高等与低等是**相互依赖**的，尽管它们之间有差异。

23. 《哈姆雷特》(*Hamlet*，3.2)：

> "哈姆雷特：你看见那边的云很像一匹骆驼吗？
>
> 波洛尼厄斯：哎哟，它真的像一匹骆驼。
>
> 哈姆雷特：我想它还是像一只鼬鼠。
>
> 波洛尼厄斯：它拱起了背，正像是一只鼬鼠。
>
> 哈姆雷特：还是像一条鲸鱼吧？
>
> 波洛尼厄斯：很像一条鲸鱼。"

24. 用得最多的最终是亚里士多德的文献，其中说到自然以存在于非生命和生命之间、植物和动物之间的连续序列而发生变化（见上文第 128 页），这与**存在巨链**(Great Chain of Being)的思想有关(Lovejoy 1936)。但这种思想不同于亚里士多德的思想，它关注创造的丰富多彩，把它看成是造物主伟大的证据，以及对人类在万物秩序中的特殊位置的确认；而亚里士多德在那些段落中关注的是分界问题。事实上，亚里士多德和特奥弗拉斯图斯对这些问题的忧虑，在古代基本上被异教徒还有基督徒忽略了。

25. 在《尔雅》第 15—19 节给出了 5 种主要的动物类别：虫、鱼、鸟、兽和畜。

第九章　对实例论证的支持和反对

1. 因此，我们发现中国医学经典中病历的记录方式与希腊和埃及医学中的做法尽管确实不同但相类似。《史记》(105)列出的淳于意诊治病历首先具有一种辩护的功能：它们支持他是一位名医的断言。同时这样的病历也能为治疗其他病人提供有用信息。在希腊古典时期，《流行病》(*Epidemics*)中的病历成为一个资料库，医生从中可以吸取诊断和预后的方法，并且如我们将会看到的，把从一个病例中吸取的经验应用到另一个病例当中去，成了希腊化时期医学的一个关键的方法论原则。进一步见 Hsu 2002。

2. 我在 Lloyd 2002：ch. 1 中分析过这个问题。

3.《汉书》(23)提到,与死刑有关的条款有 409 项,包含了1882个案例,至少有 13 472 个判例与死刑判决有关。与此有关的详细分析见 Hulsewé 1955。

4. 然而在晚期这种情况有所改变。自希腊化时期往后,古典时期的一些著名作者,如科斯岛的希波克拉底、柏拉图、亚里士多德,还有荷马自己,他们的作品受到的推崇类似于中国经典的待遇,尽管这些希腊作者中没有一位的作品成为国立学术机构核心课程的基础。

5. 稍后我将讨论中国古代数学中引用特例的普遍兴趣,例如,参阅本章下文第 155 页及以后。

6.《盐铁论》(6.8，48.25 ff.)。这部通常被定为公元前 1 世纪的作品,在多大程度上反映了实际上的而不是虚构的关于政府政策的争论,还是一个争论不休的问题。

7. 特别如前文已经指出的,在希腊化时期,对权威和权威作品的态度有一种转变。

8. 可与本章上文第 139 页引述的惠施作对比,惠施也是通过运用一个例子来证明他的比喻和实例论证是正当的,虽然他没有明确地指出这是他那么做的目的。

9. 有关亚里士多德的三段论省略式理论和他本人对这种方法的使用的背景讨论,见 Burnyeat 1994a。

10. 这一段引自格雷厄姆在"名实"标题下进行的重构,也就是翻译文本 Graham 1989：155，ch.11,与《墨子·小取》中的第 2 章相对应。约翰斯顿(Johnston 2000 以及即将出版的著作)对这四个术语给出了相当不同的翻译,即"比较"[comparing,辟,格雷厄姆的是"举例"(illustrating)]、"等同"[equating,侔,格雷厄姆的是"对应"(parallelising)]、"引用"或"引起类推"[citing or drawing an analogy,援,格雷厄姆的是"引证"(adducing)]和

"归纳"或"推断"〔inducing or inferring，推，格雷厄姆的是"推断"
(inferring)〕。然而，就实例在墨家逻辑中扮演的重要角色以及在所谓的
"经"(或总原则)和伴随的"经说"——在"经说"中总是以实例的方式推进
论证——之间的关系等方面都取得了共识。其中的一些内容非常晦涩，
我们可以假设这曾经是需要大量注释的主题。在《墨经》(A 77)给出了
"使"的定义，格雷厄姆的翻译是"说出一个原因"。《经说》是这样说的：
"'使'就是用语言命令，但别人不一定做成。"＊　（也就是正如格雷厄姆
提出的，人可以做出没有服从的命令）。于是我们更令人惊讶地看到了这
样的结论："潮湿，是一个'原因'，一定有使之潮湿的原因在起作
用。"＊＊格雷厄姆把这解释成潮湿是疾病的一个原因，这是墨家的一种
具有多重原因的现象之常备案例中的一个，除非它导致疾病，否则它不
成为一个原因。

11. 关于尼也耶对实例作用的分析解释，尤其见 Biardeau 1957，Matilal
　　 1971，1985，Zimmermann 1992，Mohanty 1992。

12. 例如，见本人论著 Lloyd 1996b：ch. 1 对《形而上学》（1025^{b}10 ff.）、
　　 《气象学》（*Meteorologica* 344^{a}5 ff.）、《论动物的器官》（639^{b}30 ff.）中相
　　 关内容的讨论。

13. 例如，见本人论著 Lloyd 1996b：ch. 7 "类比的统一"对《形而上学》
　　 （1048^{a}35 ff.）及其他文本的讨论。

14. 因此在斯多葛学派对论证的分析中包括 5 种不可证明的情形，单个术语
　　 〔如"柏拉图"、"狄翁"（Dion）〕被看做是当作实例使用，例如，见
　　 Diogenes Laertius VII 76 ff.，79 ff.。

15. 关于斯多葛学派的符号理论，见 Burnyeat 1982，Sedley 1982，以及收录
　　 于 Long and Sedley 1987 第 42 节中的文献。根据 Sextus Empiricus，

＊　　 此处古籍原文为：使：令，谓"谓"也，不必成。——译者
＊＊　 此处古籍原文为：湿，"故"也，必待所为之成也。——译者

Outlines of Pyrrhonism II 104，斯多葛学派把符号定义为结论在适当条件下所启发的重要命题。

16. 关于伊壁鸠鲁学说的"相似性方法"，例如，见 Philodemus，*On Signs* 34.29 ff.，以及 Long and Sedley 1987 中的第18G节。值得指出的是，希腊和拉丁作者讨论符号的几种文献中，这一种是用到了尼也耶逻辑中所给出的烟和火关系的相同例子的文献之一。参阅 Sextus Empiricus，*Against the Mathematicians* VIII 152 对纪念符号的讨论。

17. 也参阅 Galen，*On Sects for Beginners*，ch.2（*Scr．Min．* III 2. 12 ff.）以及 *Outlines of Empiricism*， ch.4，Frede 1985：4 f.，27。

18. 这是我的论著 Lloyd 1996a 中论述的主要主题之一，请参阅上文第三章。

19. 然而柏拉图和亚里士多德给出的许多与此有关的批评中，他们自己所作的纯粹说服性论证也使用"示例证明"（*apodeixis*）的语言，参阅 Lloyd 1996a：ch.3，特别是 pp.56 ff，另参阅 Mendell 1998b。

20. 参阅 Lloyd 1996b ch.4（"大厨师"）。

21. Euclid，*Elements* I 公设5、V 定义5；Archimedes，*On the Sphere and Cylinder* I 公设1—3，*On the Equilibrium of Planes* I 公设1。最后的例子表明这样基本的原理当然不只限于纯粹数学。

22. 正如内茨指出的，尽管需要被命名的点的顺序显示出某种规律性，但是对标注了字母的那些点的位置的约束条件会发生改变。

23. 亚里士多德在《前分析篇》（76^{b}39 ff.）中已经强调过了，当一位几何学家画一条一尺长的线段，无论他画得直还是不直，都不会引起数学推理上的错误。

24. 实际上，在林力娜的最新研究（见林力娜即将出版的论著）中，她考察了《九章算术》（VI 18），她解释说刘徽在这里指出了《九章算术》使用的算法没有普遍性，为了处理刘徽所认识到的一般问题种类，这里需要详细的补充。然而，我怀疑我们应该把这看成是对原文的一种异议，因为正如刘徽自己指出的，他的补充说明引用（他把这叫做"仿"，196.9）了下一个问题中（VI 19）的算法。

25. 《九章算术》（V 15，168.3—4），参阅 Wagner 1979：182。鳖臑是一个底面为直角三角形、一条侧边垂直于底面的棱锥。阳马是一个底面为矩形、一条侧边垂直于底面的棱锥。

26. 关于这一点的讨论见 Chemla 1997 对《九章算术》（I 32，VIII 1 和 18）三道题的评述。

27. 见《九章算术》（I 32，103.9 ff）。

28. 对比《九章算术》与更早的数学文献《算数书》（1983 年出土于一个公元前 186 年的墓中），它们之间的主要差异之一在于《九章算术》所展示出来的系统化程度。见古克礼即将发表的论文。

29. 在医学和法律领域，这一点尤其是正确的，但是绝不只限于这两个领域（参阅本章前文注释 1 和 3）。关于案例推理的一般分析，见 Forrester 1996。

第十章　大学：它们的历史和责任

1. 在希腊—罗马时代，官方资助的主要例子是托勒密王朝前三任国王统治下的亚历山大城博物馆，尽管这种资助与其说是为了哲学，还不如说是为了"科学"研究，甚至文学和文献学研究。然而正如我们将会看到的，按照中国的标准来看，这种资助不值一提，而且资助的时间也不长。

2. 最近 Sivin 1995b：ch.4 对有关证据进行了重新评估。

3. 今天一些学者认为，他们珍视过去的传统，部分可能是对秦始皇反智举措的一种反应，作为其中最著名的一幕是由秦始皇的大臣李斯在公元前 213 年下令焚烧百家书籍。无疑，西汉前期由独断君主做出的这种破坏和对读书人的迫害，促使学者更为自觉地来保护他们自己和他们的传统。

4. 这 5 种经典是《诗》、《书》、《礼》、《易经》和《春秋》。对于这些贯穿整个中国历史直到现代的文献多种多样的使用方式的研究,Nylan 2001 是一件典范性工作。

5. 对这个问题的经典研究见 Elman 2000。

6. 在 20 世纪初,中国不得不快速开设许多学习的新科目(在某些方面受到日本已经较早完成的发展的影响),此后明显地集中于对国家有利的科目。即便如此,无论在中国大陆和台湾地区,一种保存和恢复中国过去的要素的需求意识继续推动着大部分的教育政策和研究。这种影响程度远远大于存在于英国的总体情况,更不要说美国了,即使在这个过程中有时候——在中国连续性图景的建构中——有一些明显的构造神话倾向的证据。

第十一章 人性和人权

1. 针对 21 世纪人种学研究面临的本体论、认识论和道德问题,德科拉(Descola 2002)提供了一个很有趣的讨论。

2. 墨家提倡一种"兼爱"原则,认为政府的目的是让道德或"义"一统天下。见 Graham 1989:41 ff., 45 ff.。

3. 参阅上文第八章关于《淮南子》的讨论。

4. 参阅上文第八章关于《荀子》中的**自然等级**的讨论。

5. 有关孟子、告子和荀子之间观点的对照的讨论见 Graham 1989:117 ff. 以及 Lloyd 1996a:27 ff., 77。

6. 见 Hesiod, *Theogony* 585 ff. 以及 *Works and Days* 60 ff.。

7. Semonides Fr. 7,参阅 Loraux 1978/1993。

8. 柏拉图在《蒂迈欧篇》(90e ff.)中给出了男人灵魂的各种各样转世说法。在《理想国》(451c ff., 454b ff.)强调了男性保卫者和女性保卫者的不平等。子宫是女人身体里的独立动物的想法在《蒂迈欧篇》(91c)中提到[索拉努斯(Soranus)在《论妇女病》(*Gynaecia* I 8, 7. 18 ff., III 29, 112. 10

ff., 113.3 ff., IV 36, 149.21 ff.)中极力反对这种想法,见 Lloyd 1983：172]。

9. 亚里士多德在他的动物学论文以及其他地方反复陈述这一教条。然而康奈尔(Sophia Elliott Connell)最近的研究(即将出版)强调了应该被牢记的资格的重要性,尤其重要的是在那些段落中亚里士多德认识到了雄性和雌性亲体对它们的后代具有同等重要的贡献。例如,他在考虑后代对于祖先可能具有的遗传和相似时就是这么做的,他谈及了来自亲体双方的一种行为举止[《论动物的生殖》(*On the Generation of Animals* IV ch. 3, 767ª36 ff., 768ª11 ff.)]。

10. 例如,见 *On the Seed* ch. 4, L VII 474.16 ff., ch. 6, 478. 5 ff. and ch. 7, 478.16 ff.,以及《论摄生》(*On Regimen*,尤其是 chs.28 f., *CMG* I 2.4, 144.15 ff., 146.6 ff.,连同在 Lloyd 1983：89—94,《论第八个月的小孩》(*On the Eighth Month Child* ch.7, *CMG* I 2.1, 92.15 ff. Lloyd 1983：77 中的讨论。)

11. 见第八章第 119 页。

12. 围绕着礼法和自然之间的争论,人们所持有的不同观点,是例如 Heinimann 1945, Guthrie 1969 和 Kerferd 1981 进一步讨论的主题。

13. 见 Graham 1989：113,126(孟子),246,252(荀子)。仁和知的相互依赖已经出现在《论语》(17. 8)中。

14. 这一点理所当然地成为最近发生的道德哲学争论中的主题,争论者尤其追随着罗尔斯(Rawls 1971)的步伐,不管他们是否接受了他的观念:把"无知之幕"(Veil of ignorance)作为对社会安排之正义的测试。我本人在这里的计划是达到一个更加适度的目标。残害生命或造成痛苦是错误的,拒绝给予食物和提供住所也是不对的,只在这样的普通原则上达成共识,的确会被批评为是最低限度要求者(minimalist)。但是我所关注的仅仅与道德判断的基本出发点是什么有关,尽管,如我已经指出的,这些原则的运用也会涉及具体情况的细节上的评估。

15. 把强调的重点更多地从权利语言转化到义务和责任，是 O'Neill 2002 的主要论题，也可参阅 O'Neill 1989：225 ff. 。

第十二章　对民主的一种批判

1. 见 Neild 2002。福斯特（Foster 2001）提供了一个关于影响英国政客腐败行为之因素的分析，包括了诸如政府多数党人数的数量等因素（参阅 Leigh and Vulliamy 1997）。更为近期的美国公司犯罪案件——安然公司和美国世界通信公司破产案——严重地毁坏了公众对大公司的信任，不再相信这些大公司报告的有关它们自己财务的诚信和透明度。

2. Plato, *Republic* 414b ff. ,在书中柏拉图认识到必须使用谎言（苏格拉底把它们说成是"高尚的"谎言）来说服人们接受这些政策，尽管他时常唱着讲述真理这样的高调。

3. 沃诺克（Mary Warnock）激烈地指出了这一点，她是 1982—1984 年间在人类生殖和胚胎学问题上为英国政府提供建议的委员会的主席，并且领导了 1990 年法案＊的提出（见 Warnock 1985 和 Warnock 1998：50 ff. ）。

4. Dunn 1992 对当前问题在一个见闻广博的历史框架内提供了一个概览。

5. 在导致布莱尔掌权的 1997 年大选中，选民参与投票的比例很高，占选民名册的 71.4%，工党赢得 45% 的选票，占全部选民数的 32%。在 2002 年 4—5 月份的法国总统选举中，选民参与率虽然比法国通常的情况要少，但远远高于美国的总统选举。第一轮选举有 72% 的投票率，第二轮有 80%。然而，在第一轮投票中支持了各个其他初选候选人的选民准备在第二轮中支持若斯潘（Lionel Jospin）时，结果惊讶地发现第二轮不是希拉克（Chirac）和诺斯潘之间的竞争，而是希拉克和极右翼党派民族阵

＊　指《人类受精与胚胎学法》。——译者

线领导人勒庞(Le Pen)之间的较量。一种单一的可传递的投票系统可以补救这种情况，但是没有一位法国当权的政客认为这能够解决问题。法国、英国和美国这三个国家的经验表明，那些靠某一种投票系统当选的人，一旦他们掌权，就很不情愿对投票系统作出基本的改革，无论该投票系统看上去是多么的需要改革。

6. 按照博克(Bok 2001：60)的调查，为了抵制克林顿(Clinton)政府提出的卫生保健改革而发起的全国性运动花费了大约 1 亿美元。用博克的话来说，"去说服许多议员相信，反对这项改革是安全的"，这"产生了充分的混乱"，尽管民意测验表明当这项改革起初被提出来时有压倒性的普遍支持。

7. 见朗西曼(Runciman)对相对剥削的经典分析(Runciman 1966)。

8. 最近一期专论"国际正义"的《代达罗斯》[*Daedalus*（2003 年冬季号）]凸显了这一问题。为正义的国际化提供一个理论的——遑论实践的——基础的困难，以及美国对国际刑事法庭的猜忌，让一些作者直截了当地提出，不能或不应遏制美国的权力——按照他们的看法，全球秩序就依赖美国这一个国家。

参 考 文 献

Anderson, B. R. O'G. (1991), *Imagined Communities* (1st pub. 1983), rev. edn. (London).

Angle, S. C. (2002), *Human Rights and Chinese Thought* (Cambridge).

Annas, J., and Barnes, J. (1985), *The Modes of Scepticism* (Cambridge).

Atran, Scott (1990), *Cognitive Foundations of Natural History: Towards an Anthropology of Science* (Cambridge).

——(1994), 'Core Domains versus Scientific Theories: Evidence from Systematics and Itza-Maya Folkbiology', in Hirschfeld and Gelman (1994: 316—340).

——(1995), 'Causal Constraints on Categories and Categorical Constraints on Biological Reasoning across Cultures', in Sperber, Premack, and Premack (1995: 205—233).

Austin, J. L. (1962), *How to Do Things with Words* (Oxford).

Baldry, H. C. (1965), *The Unity of Mankind in Greek Thought*

(Cambridge).

Barnes, Barry (1973), 'The Comparison of Belief-Systems: Anomaly versus Falsehood', in Horton and Finnegan (1973: 182—198).

——(1974), *Scientific Knowledge and Sociological Theory* (London).

——and Bloor, D. (1982), 'Relativism, Rationalism and the Sociology of Knowledge', in Hollis and Lukes (1982: 21—47).

Barnes, J. (1990), *The Toils of Scepticism* (Cambridge).

——Brunschwig, J., Burnyeat, M., and Schofield, M. (eds.) (1982), *Science and Speculation* (Cambridge).

Barth, F. (1975), *Ritual and Knowledge among the Baktaman of New Guinea* (Oslo).

—— (1987), *Cosmologies in the Making* (Cambridge).

Bascom, W. (1969), *Ifa Divination* (Bloomington, Ind.).

Bauer, J. R., and Bell, D. A. (eds.) (1999), *The East Asian Challenge for Human Rights* (Cambridge).

Berlin, Brent (1992), *Ethnobiological Classification* (Princeton).

—— Breedlove, D. E., and Raven, P. H. (1973), 'General Principles of Classification and Nomenclature in Folk Biology', *American Anthropologist*, 75: 214—242.

—— and Kay, P. (1969), *Basic Color Terms: Their Universality and Evolution* (Berkeley).

Blardeau, M. (1957), 'Le Rôle de l'exemple dans l'inférence indienne' *Journal asiatique*, 245: 233—240.

Bloor, D. (1976), *Knowledge and Social Imagery* (London).

Bok, D. (2001), *The Trouble with Government* (Cambridge, Mass.).

Bok, S. (1978), *Lying: Moral Choice in Public and Private Life* (Hassocks).

古代世界的现代思考

Bourgon, J. (1997), 'Les Vertus juridiques de l'exemple: nature et fonction de la mise en exemple dans le droit de la Chine impériale', *Extrême-Orient Extrême-Occident*, 19: 7—44.

Bowen, A. (2001), 'La scienza del cielo nel periodo pretolemaico', in S. Petruccioli (ed.), *Storia della Scienza* (Rome), vol. i, section 4, ch. 21, 806—839.

Bowker, G. C., and Star, S. L. (1999), *Sorting Things Out: Classification and its Consequences* (Cambridge, Mass.).

Boyer, P. (1986), 'The "Empty" Concepts of Traditional Thinking', *Man*, NS 21: 50—64.

——(1990), *Tradition as Truth and Communication* (Cambridge).

Bray, F. (1997), *Technology and Gender: Fabrics of Power in Late Imperial China* (Berkeley).

Bronkhorst, J. (2002), 'Discipliné par le débat', in L. Bansat-Boudon and J. Scheid (eds.), *Le Disciple et ses maîtres* (Paris), 207—225.

Brown, C. H. (1984), *Language and Living Things: Uniformities in Folk Classification and Naming* (New Brunswick, NJ).

Brown, D. (2000), *Mesopotamian Planetary Astronomy-Astrology* (Groningen).

Bulmer, R. (1967), 'Why is the Cassowary not a Bird? A Problem of Zoological Taxonomy among the Karam of the New Guinea Highlands', *Man*, NS 2: 5—25.

Burnyeat, M. F. (1982), 'The Origins of Non-deductive Inference' in Barnes et al. (1982: 193—238).

——(ed.) (1983), *The Skeptical Tradition* (Berkeley).

——(1994a), 'Enthymeme: Aristotle on the Logic of Persuasion', in D. J.

Furley and A. Nehamas (eds.), *Aristotle's Rhetoric: Philosophical Essays* (Princeton), 3—55.

——(1994b), 'Did the Ancient Greeks Have the Concept of Human Rights?', *Polis*, 13: 1—11.

Calame, C, (1999), 'The Rhetoric of *Muthos* and *Logos*: Forms of Figurative Discourse', in R. Buxton (ed.), *From Myth to Reason?* (Oxford), 119—143.

Carey, S. (1985), *Conceptual Change in Childhood* (Cambridge, Mass.).

—— (1995), 'On the Origin of Causal Understanding', in Sperber, Premack, and Premack (1995: 268—302).

——and Spelke, E. S. (1994), 'Domain Specific Knowledge and Conceptual Change', in Hirschfeld and Gelman (1994: 169—200).

Carol, A. (1995), *Histoire de l'eugénisme en France: la médecine et la procréation XIXe-XXe siècle* (Paris).

Carrel, A. (1935), *L'Homme, cet inconnu* (Paris).

Chemla, K. (1988), 'La Pertinence du concept de classification pour l'analyse de textes mathématiques chinois', *Extrême-Orient Extrême-Occident*, 10: 61—87.

——(1990a), 'Du parallélisme entre énoncés mathématiques', *Revue d'histoire des sciences*, 43: 57—80.

——(1990b), 'De l'algorithme comme liste d'opérations', *Extrême-Orient Extrême-Occident*, 12: 79—94.

——(1992), 'Résonances entre démonstration et procédure', *Extrême-Orient Extrême-Occident*, 14: 91—129.

——(1994), 'Nombre et opération, chaîne et trame du réel mathématique', *Extrême-Orient Extrême-Occident*, 16: 43—70.

——(1997), 'Qu'est-ce qu'un problème dans la tradition mathématique de la Chine ancienne? ', *Extrême-Orient Extrême-Occident*, 19: 91—126.

—— (forthcoming), 'Generality above Abstraction', *Science in Context*.

Cheng, A. (1997), 'La Valeur de l'exemple: "Le Saint confucéen: de l'exemplarité à l'exemple "', *Extrême-Orient Extrême-Occident*, 19: 73—90.

Cheng, C.-Y. (1997), 'Philosophical Significance of Gongsun Long: A New Interpretation of Theory of *Zhi* as Meaning and Reference', *Journal of Chinese Philosophy*, 24: 139—177.

Classen, C. J. (ed.) (1976), *Sophistik*, Wege der Forschung 187 (Darmstadt).

Conklin, H. C. (1955), 'Hanunoo Color Terms', *Southwestern Journal of Anthropology*, 11: 339—344.

Connell, S. E. (forthcoming), *Aristotle, On the Generation of Animals* (Cambridge).

Crombie, A. C. (1994), *Styles of Scientific Thinking in the European Tradition*, 3 vols. (London).

Csikszentmihalyi, M., and Nylan, M. (forthcoming), 'Constructing Lineages and Inventing Traditions through Exemplary Figures', *T'oung Pao*.

Cullen, C. (1993), 'A Chinese Eratosthenes of the Flat Earth: A Study of a Fragment of Cosmology in *Huainanzi*' (1st pub. *Bulletin of the School of Oriental and African Studies*, 39 (1976), 106—127), rev. in Major (1993: 269—290).

——(1996), *Astronomy and Mathematics in Ancient China: The Zhou bi suan jing* (Cambridge).

——(2000), 'Seeing the Appearances: Ecliptic and Equator in the Eastern Han', *Studies in the History of Natural Sciences*, 19: 352—382.

——(forthcoming), *The Suan shu shu: A Provisional Edition*.

Cunningham, A., and Wilson, P. (1993), 'De-centring the "Big Picture": *The Origins of Modern Science* and the Modern Origins of Science', *British Journal for the History of Science*, 26: 407—432.

Damerow, P. (1996), *Abstraction and Representation: Essays on the Cultural Evolution of Thinking*, trans. R. Hanauer (Dordrecht).

Davidson, D. (2001a), *Essays on Action and Events* (1st pub. 1980), 2nd edn. (Oxford).

——(2001b), *Inquiries into Truth and Interpretation* (1st pub. 1984), 2nd edn. (Oxford).

——(2001c), *Subjective, Intersubjective, Objective* (Oxford).

Dawson, R. (1994), *Sima Qian: Historical Records* (Oxford).

Delpla, I. (2001), *Quine, Davidson. Le principe de charité* (Paris).

——(ed.) (2002), *L'Usage anthropologique du principe de charité*, Philosophia Scientiae 6.2 (Paris).

Dennett, D. (1991), *Consciousness Explained* (Boston).

—— (1996), *Kinds of Minds* (London).

Descola, P. (2002), 'L'Anthropologie de la nature', *Annales*, 57.1: 9—25.

Detienne, M. (1972/1977), *The Gardens of Adonis*, trans. J. Lloyd (of *Les Jardins d'Adonis* (Paris, 1972)) (Hassocks).

——(1967/1996), *The Masters of Truth in Archaic Greece*, trans. J. Lloyd (of *Les Maîtres de vérité dans la Grèce archaïque* (Paris, 1967)) (New York).

——and Vernant, J.-P. (1978), *Cunning Intelligence in Greek Culture and Society*, trans. J. Lloyd (of *Les Ruses de l'intelligence: la mètis des grecs* (Paris, 1974)) (Hassocks).

Dikötter, F. (1992), *The Discourse of Race in Modern China* (London).

Djamourt, R. (1993), 'Théorie de la "rectification des dénominations" et réflexion linguistique chez Xunzi', *Extrême-Orient Extrême-Occident*, 15: 55—74.

Dorofeeva-Lichtmann, V. (1995), 'Conception of Terrestrial Organization in the *Shan hai jing*', *Bulletin de l'École Française d'Extrême Orient*, 82: 57—110.

—— (2001), 'I testi geografici ufficiali dalla dinastia Han al dinastia Tang', in S. Petruccioli (ed.), *Storia della Scienza* (Rome), vol. ii, section 1, ch. 16, 190—197.

Douglas, Mary (1966), *Purity and Danger* (London).

——(1970), *Natural Symbols* (London).

Dummett, M. (2000), *Elements of Intuitionism* (1st pub. 1977), 2nd edn. (Oxford).

Dunbar, R. I. M. (1995), *The Trouble with Science* (London).

Dunn, J. (ed.) (1992), *Democracy: The Unfinished Journey* (Oxford).

Durkheim, E., and Mauss, M. (1901—2/1963), *Primitive Classification*, trans. R. Needham (of 'De quelques formes primitives de classification', *L'Année sociologique*, 6 (1901—1902), 1—72) (London).

Dworkin, R. (1978), *Taking Rights Seriously* (London).

Ellen, R. (1993), *The Cultural Relations of Classification* (Cambridge).

——and Reason, D. (eds.) (1979), *Classifications in their Social Context* (New York).

Elman, B. (2000), *A Cultural History of Civil Examinations in Late Imperial China* (Berkeley).

Evans-Pritchard, E. E. (1956), *Nuer Religion* (Oxford).

Farquhar, J. (1994), *Knowing Practice : The Clinical Encounter in Chinese Medicine* (Boulder, Colo.).

Fernandez, J. W. (1982), *Bwiti: An Ethnography of the Religious Imagination in Africa* (Princeton).

Feyerabend, P. K. (1975), *Against Method* (London).

Fodor, J. A. (1983), *The Modularity of Mind* (Cambridge, Mass.).

Forrester, J. (1996), 'If p, then what? Thinking in Cases', *History of the Human Sciences*, 9, 3: 1—25.

Foster, C. D. (2001), *The Corruption of Politics and the Politics of Corruption* (London: Public Management and Policy Association).

Frede, M. (1985), *Galen: Three Treatises on the Nature of Science* (Indianapolis).

Furth, C. (1999), *A Flourishing Yin: Gender in China's Medical History*, 960—1665 (Berkeley).

Gassmann, R. H. (1988), *Cheng Ming. Richtigstellung der Bezeichnungen. Zu den Quellen eines Philosophems im antiken China. Ein Beitrag zur Konfuziusforschung*, Études asiatiques suisses 7 (Berne).

Gellner, E. (1973), 'The Savage and the Modern Mind', in Horton and Finnegan (1973: 162—181).

——(1985), *Relativism and the Social Sciences* (Cambridge).

Goldschmidt, V. (1947), *Le Paradigme dans la dialectique platonicienne* (Paris).

Goodman, N. (1985), *Ways of Worldmaking* (Indianapolis).

Goody, J. (1977), *The Domestication of the Savage Mind* (Cambridge).

Graham, A. C. (1978), *Later Mohist Logic, Ethics and Science* (London).

—— (1981), *Chuang-tzu: The Seven Inner Chapters* (London).

——(1989), *Disputers of the Tao* (La Salle, Ill.).

Granet, M. (1934a), *La Pensée chinoise* (Paris).

——(1934b), 'La Mentalité chinoise', in M. Lahy-Hollebeque (ed.), *L'Évolution humaine des origines à nos jours*, vol. i (Paris), 371—387.

Grice, H. P. (1957), 'Meaning', *Philosophical Review*, 66: 377—388.

——(1968), 'Utterer's Meaning, Sentence-Meaning and Word-Meaning', *Foundations of Language*, 4: 225—242.

——(1975), 'Logic and Conversation', in P. Cole and J. L. Morgan (eds.), *Syntax and Semantics 3: Speech Acts* (New York), 41—58.

Guthrie, W. K. C. (1962), *A History of Greek Philosophy*, i: *The Earlier Presocratics and the Pythagoreans* (Cambridge).

——(1969), *A History of Greek Philosophy*, iii: *The Fifth-Century Enlightenment* (Cambridge).

Haack, S. (1996), *Deviant Logic, Fuzzy Logic: Beyond the Formalism* (Chicago).

——(1998), *Manifesto of a Passionate Moderate* (Chicago).

Hacking, I. (1975), *The Emergence of Probability* (Cambridge).

——(1992), '"Style" for Historians and Philosophers', *Studies in History and Philosophy of Science*, 23: 1—20.

Hall, D. L., and Ames, R. T. (1987), *Thinking Through Confucius* (Albany, N.Y.).

Hankinson, R. J. (1995), *The Sceptics* (London).

Hansen, C. (1983), *Language and Logic in Ancient China* (Ann Arbor).

——(1985), 'Chinese Language, Chinese Philosophy and "Truth"', *Journal of Asian Studies*, 44: 491—517.

Harbsmeier, C. (1989), 'Marginalia Sino-logica', in R. E. Allinson (ed.), *Understanding the Chinese Mind* (Oxford), 125—166.

——(1998), *Science and Civilisation in China*, vii/1: *Language and Logic* (Cambridge).

Harper, D. (1999), 'Warring States Natural Philosophy and Occult Thought', in Loewe and Shaughnessy (1999: 813—884).

Hecquet-Devienne, M. (1993), 'La Pensée et le mot dans les "Réfutations sophistiques"', *Revue philosophique de la France et de l'étranger*, 183: 179—196.

Heinimann, F. (1945), *Nomos und Physis* (Basel).

Hintikka, J., Gruender, D., and Agazzi, E. (eds.) (1981), *Theory Change, Ancient Axiomatics and Galileo's Methodology* (Dordrecht).

Hirschfeld, L. A., and Gelman, S. A. (eds.) (1994), *Mapping the Mind: Domain Specificity in Cognition and Culture* (Cambridge).

Hollis, M., and Lukes, S. (eds.) (1982), *Rationality and Relativism* (Oxford).

Holton, G. (1986), *The Advancement of Science and its Burdens* (Cambridge).

——(1993), *Science and Anti-Science* (Cambridge, Mass.).

Horton, R., and Finnegan, R. (eds.) (1973), *Modes of Thought* (London).

Høyrup, J. (2002), *Lengths, Widths, Surfaces: A Portrait of Old Babylonian Algebra and its Kin* (New York).

Hsu, E. (2002), *The Telling Touch* (Habilitationschrift, Sinology, University of Heidelberg).

Huang Yi-long (2001), 'Astronomia e astrologia', in S. Petruccioli (ed.),

Storia della Scienza (Rome), vol. ii, section 1, ch. 13, 167—170.

Hull, D. L. (1965), 'The Effect of Essentialism on Taxonomy: Two Thousand Years of Stasis', *British Journal for the Philosophy of Science*, 15: 314—326. 16: 1—20.

——(1991), 'Common Sense and Science', *Biology and Philosophy*, 6: 467—479.

Hulsewé, A. F. P. (1955), *Remnants of Han Law*, i: *Introductory Studies* (Leiden).

Hunn, E. S. (1977), *Tzeltal Folk Zoology* (New York).

Ierodiakonou, K. (2002), 'Aristotle's Use of Examples in the *Prior Analytics*', *Phronesis*, 47: 127—152.

Inagaki, K., and Hatano, G. (1993), 'Young Children's Understanding of the Mind-Body Distinction', *Child Development*, 64: 1534—1549.

Jardine, N. (1969), 'A Logical Basis for Biological Classification', *Systematic Zoology*, 18: 37—52.

——and Sibson, R. (1971), *Mathematical Taxonomy* (London).

Jeyifous, S. (1986), 'Atimodemo: Semantic Conceptual Development among the Yoruba', Ph.D. diss., Cornell University.

Johnston, I. (2000), 'Choosing the Greater and Choosing the Lesser: A Translation and Analysis of the Daqu and Xiaoqu Chapters of the *Mozi*', *Journal of Chinese Philosophy*, 27: 375—407.

—— (forthcoming), *Gongsun Longzi*.

Kalinowski, M. (forthcoming), 'Technical Traditions in Ancient China and *Shushu* Culture in Chinese Religion', Proceedings of the International Conference on Chinese Religion and Society, Hong Kong, May 2000 (Hong Kong).

Karmiloff-Smith, A. (1996), *Beyond Modularity* (Cambridge, Mass.).

Kerferd, G. B. (1981), The *Sophistic Movement* (Cambridge).

Knoblock, J. (1988—1994), *Xunzi: A Translation and Study of the Complete Works*, 3 vols. (Stanford, Calif.).

——and Riegel, J. (2000), *The Annals of Lü Buwei* (Stanford, Calif.).

Knorr, W. R. (1981), 'On the Early History of Axiomatics: The Interaction of Mathematics and Philosophy in Greek Antiquity', in Hintikka, Gruender, and Agazzi (1981: 145—186).

Kuhn, T. S. (1970), *The Structure of Scientific Revolutions* (1st pub. 1962), 2nd edn. (Chicago).

Kusch, M. (2002), *Knowledge by Agreement* (Oxford).

Lackner, M. (1993), 'La Portée des événements: réflexions néo-confucéennes sur "la rectification des noms" (*Entretiens* 13.3)', *Extrême-Orient Extrême-Occident*, 15: 75—87.

Lakoff, G., and Johnson, M. (1980), *The Metaphors we Live by* (Chicago).

Lamb, T., and Bourriau, J. (eds.) (1995), *Colour: Art and Science* (Cambridge).

Lanjouw, J., et al. (eds.) (1961), *International Code of Botanical Nomenclature* (Utrecht: International Bureau for Plant Taxonomy).

Lapouge, G. Vacher de (1896), *Les Sélections sociales* (Paris).

——(1899), *L'Aryen, son rôle social*, Cours libre à l'Université de Montpellier 1889—1890 (Paris).

Leach, E. R. (1961), *Rethinking Anthropology* (London).

Leigh, D., and Vulliamy, E. (1997), *Sleaze: The Corruption of Parliament* (London).

Lennox, J. G. (2001), *Aristotle's Philosophy of Biology* (Cambridge).

Levi, J. (1993), 'Quelques aspects de la rectification des noms dans la pensée et la pratique politiques de la Chine ancienne', *Extrême-Orient Extrême-Occident*, 15: 23—53.

Levinson, S. C, (1983), *Pragmatics* (Cambridge).

Lévi-Strauss, C. (1962/1966), *The Savage Mind* (trans. of *La Pensée sauvage* (Paris, 1962)) (London).

——(1962/1969), *Totemism*, trans. R. Needham (of *Le Totémisme aujourd'hui* (Paris, 1962)) (London).

Lévy-Bruhl, L. (1923), *Primitive Mentality*, trans. L. A. Clare (of *La Mentalité primitive* (Paris, 1922)) (London).

Lloyd, G. E. R. (1979), *Magic, Reason and Experience* (Cambridge).

——(1983), *Science, Folklore and Ideology* (Cambridge).

——(1990), *Demystifying Mentalities* (Cambridge).

——(1991), *Methods and Problems in Greek Science* (Cambridge).

——(1996a), *Adversaries and Authorities* (Cambridge).

——(1996b), *Aristotelian Explorations* (Cambridge).

——(1997), 'Les Animaux dans l'antiquité étaient bons à penser', in B. Cassin and J.-L. Labarrière (eds.), *L'Animal dans l'antiquité* (Paris), 545—562.

——(1999), 'Humains et animaux: problèmes de taxinomie en Grèce et en Chine anciennes', in C. Calame and M. Kilani (eds.), *La Fabrication de l'humain dans les cultures et en anthropologie* (Lausanne), 73—91.

——(2002), *The Ambitions of Curiosity* (Cambridge).

—— (forthcoming), 'Was Misunderstanding Inevitable? Ricci and the Problem of Cross-Cultural Interpretation', in Zhang Longxi (ed.), *Ricci and After*.

——and Sivin, N. (2002), *The Way and the Word* (New Haven).

Loewe, M., and Shaughnessy, E. L. (eds.) (1999), *The Cambridge History of Ancient China: From the Origins of Civilization to 221 B. C.* (Cambridge).

Long, A. A., and Sedley, D. N. (1987), *The Hellenistic Philosophers*, 2 vols. (Cambridge).

Loraux, N. (1978/1993), 'On the Race of Women and Some of its Tribes: Hesiod and Semonides' (1st pub. as 'Sur la race des femmes et quelquesunes de ses tribus', *Arethusa*, 11 (1978), 43—87), in *The Children of Athena*, trans. C. Levine (of *Les Enfants d'Athéna* (Paris, 1981)) (Princeton), 72—110.

Lovejoy, A. O. (1936), *The Great Chain of Being* (Cambridge, Mass.).

Luhrmann, T. (1989), *Persuasions of the Witch's Craft* (Oxford).

——(2000), *Of Two Minds: The Growing Disorder in American Psychiatry* (New York).

Lyons, J. (1995), 'Colour in Language', in Lamb and Bourriau (1995: 194—224).

Mac Intyre, A. (1970), 'The Idea of a Social Science', in Wilson (1970: 112—130).

——(1981), *After Virtue* (London).

—— (1988), *Whose Justice? Which Rationality?* (London).

Major, J. S. (1993), *Heaven and Earth in Early Han Thought* (Albany, NY).

Malotki, E. (1983), *Hopi Time: A Linguistic Analysis of the Temporal Concepts in the Hopi Language* (Berlin).

古代世界的现代思考

Matilal, B. K. (1971), *Epistemology, Logic and Grammar in Indian Philosophical Analysis*, Janua Linguarum Series Minor 111 (The Hague).

—— (1985), *Logic, Language and Reality* (Delhi).

Mayr, E. (ed.) (1957), *The Species Problem*, American Association for the Advancement of Science Publications 50(Washington, DC).

—— (1969), *Principles of Systematic Zoology* (New York).

——(1982), *The Growth of Biological Thought* (Cambridge, Mass.).

——(1988), *Towards a New Philosophy of Biology* (Cambridge, Mass.).

Mendell, H. (1998a), 'Reflections on Eudoxus, Callippus and their Curves: Hippopedes and Callippopedes', *Centaurus*, 40: 177—275.

——(1998b), 'Making Sense of Aristotelian Demonstration', *Oxford Studies in Ancient Philosophy*, 16: 161—225.

Métailié, G. (2001a), 'Uno sguardo sul mondo naturale', in S. Petruccioli (ed.), *Storia della Scienza* (Rome), vol. ii, section 1, ch. 20, 255—263.

——(2001b), 'Uno sguardo sul mondo naturale', in S. Petruccioli (ed.), *Storia della Scienza* (Rome), vol. ii, section 1, ch. 48, 536—548.

Mohanty, J. N. (1992), *Reason and Tradition in Indian Thought* (Oxford).

Mollon, J. (1995), 'Seeing Colour', in Lamb and Bourriau (1995: 127—150).

Moore, O. K. (1957), 'Divination—a New Perspective', *American Anthropologist*, 59: 67—74.

Mueller, I. (1981), *Philosophy of Mathematics and Deductive Structure in Euclid's Elements* (Cambridge, Mass.).

Needham, J. (1956), *Science and Civilisation in China*, ii: *History of Scientific Thought* (Cambridge).

Needham, R. (1972), *Belief, Language and Experience* (Oxford).

——(1980), *Reconnaissances* (Toronto).

Neild, R. R. (2002), *Public Corruption: The Dark Side of Social Evolution* (London).

Netz, R. (1999), *The Shaping of Deduction in Greek Mathematics* (Cambridge).

Neugebauer, O. (1957), *The Exact Sciences in Antiquity* (1st pub. 1952), 2nd edn. (Providence, RI).

——(1975), *A History of Ancient Mathematical Astronomy*, 3 vols. (Berlin).

—— and Sachs, A. (1945), *Mathematical Cuneiform Texts*, American Oriental Series 29 (New Haven).

Nylan, M. (1992), *The Shifting Center: The Original 'Great Plan' and Later Readings*, Monumenta Serica Monograph Series 24 (Nettetal).

——(2001), *The Five 'Confucian' Classics* (New Haven).

O'Neill, O. (1989), *Constructions of Reason: Explorations of Kant's Practical Philosophy* (Cambridge).

——(2002), *A Question of Trust*, Reith Lectures 2002 (Cambridge). Park, G. K. (1963), 'Divination and its Social Contexts', *Journal of the Royal Anthropological Institute*, 93: 195—209.

Pellegrin, P. (1982), *La Classification des animaux chez Aristote* (Paris).

——(1986), *Aristotle's Classification of Animals*, rev. trans. A. Preus (of Pellegrin 1982) (Berkeley).

Porzig, W. (1934), 'Wesenhafte Bedeutungsbeziehungen', *Beiträge zur Geschichte der deutschen Sprache und Literatur*, 58: 70—97.

Prawitz, D. (1980), 'Intuitionistic Logic: A Philosophical Challenge', in G. H. von Wright (ed.), *Logic and Philosophy* (The Hague), 1—10.

Priest, G., and Routley, R. (1989), 'Systems of Paraconsistent Logic', in

G. Priest, R. Routley, and J. Norman (eds.), *Paraconsistent Logic: Essays on the Inconsistent* (Munich), 151—186.

Putnam, H. (1975a), *Mathematics, Matter and Method, Philosophical Papers*, vol. i (Cambridge).

——(1975b), *Mind, Language and Reality, Philosophical Papers*, vol. ii (Cambridge).

——(1983), *Realism and Reason, Philosophical Papers*, vol. iii (Cambridge).

——(1999), *The Threefold Cord* (New York).

Qian Baocong (1963), *Suanjing shishu* (Beijing).

Quine, W. van O. (1960), *Word and Object* (Cambridge, Mass.).

Raphals, L. (1998), *Sharing the Light: Representations of Women and Virtue in Early China* (Albany, NY).

Rashdall, H. (1936), *The Universities of Europe in the Middle Ages*, ed. F. M. Powicke and A. B. Emden, 3 vols., 2nd edn. (Oxford).

Rawls, J. (1971), *A Theory of Justice* (Oxford).

Read, S. (1988), *Relevant Logic* (Oxford).

——(1994), *Thinking about Logic* (Oxford).

Reding, J.-P. (1985), *Les Fondements philosophiques de la rhétorique chez les sophistes grecs et les sophistes chinois* (Berne).

Richet, C. (1919), *La Sélection humaine* (Paris).

Robinson, R. (1941/1953), *Plato's Earlier Dialectic* (1st pub. 1941), 2nd edn. (Oxford).

Rochberg, F. (1988), *Aspects of Babylonian Celestial Divination*, Archiv für Orientforschung 22 (Horn).

——(forthcoming), *The Heavenly Writing: Divination and Horoscopy in Mesopotamian Culture* (Cambridge).

Roget, P. M. (1962), *Roget's Thesaurus*, new edn. rev. and modernized by R. A. Dutch (1st pub. 1852) (London).

Rorty, R. (1991), *Objectivity, Relativism and Truth* (Cambridge).

Runciman, W. G. (1966), *Relative Deprivation and Social Justice* (London).

Sapir, E. (1949), *Selected Writings of Edward Sapir in Language, Culture, and Personality* (Berkeley).

Schofield, M. (1999), *The Stoic Idea of the City* (1st pub. 1991), 2nd edn. (Cambridge).

Schwinges, R. C. (1992), 'Student Education, Student Life', in H. de Ridder-Symoens (ed.), *A History of the University in Europe*, i: *Universities in the Middle Ages* (Cambridge), 195—243.

Searby, P. (1997), *A History of the University of Cambridge*, iii: *1750—1870* (Cambridge).

Searle, J. R. (1983), *Intentionality* (Cambridge).

Sedley, D. N. (1982), 'On Signs', in Barnes et al. (1982: 239—272).

Sen, A. (1981), *Poverty and Famines: An Essay on Entitlement and Deprivation* (Oxford).

——(1992), *Inequality Reexamined* (Oxford).

Simpson, G. G. (1961), *Principles of Animal Taxonomy* (New York).

Sivin, N. (1995a), *Science in Ancient China: Researches and Reflections*, vol. i (Aldershot).

——(1995b), *Medicine, Philosophy and Religion in Ancient China: Researches and Reflections*, vol. ii (Aldershot).

Sperber, D. (1975), *Rethinking Symbolism*, trans. A. Morton (Cambridge).

——Preemack, D., and Premack, A. J. (eds.) (1995), *Causal Cognition: A Multidisciplinary Debate* (Oxford).

——and Wilson, D. (1986), *Relevance: Communication and Cognition* (Oxford).

Staden, H. von (1982), 'Hairesis and Heresy: The Case of the *Haireseis iatrikai*', in B. F. Meyer and E. P. Sanders (eds.), *Jewish and Christian Self-Definition*, vol. iii (London), 76—100, 199—206.

——(1989), *Herophilus: The Art of Medicine in Early Alexandria* (Cambridge).

Stanford, P. K. (1995), 'For Pluralism and against Realism about Species', *Philosophy of Science*, 62: 70—91.

Sterckx, R. (2002), *The Animal and the Daemon in Early China* (Albany, NY).

Suppes, P. (1981), 'Limitations of the Axiomatic Method in Ancient Greek Mathematical Sources' in Hintikka, Gruender, and Agazzi (1981: 197—213).

Tambiah, S. J. (1969), 'Animals are Good to Think and Good to Prohibit' *Ethnology*, 8: 423—459.

——(1973), 'Form and Meaning of Magical Acts: A Point of View', in Horton and Finnegan (1973: 199—229).

——(1990), *Magic, Science, Religion and the Scope of Rationality* (Cambridge).

Traverso, E. (2003), *The Origins of Nazi Violence trans.* J. Lloyd (of *La Violence nazie* (Paris, 2002.)) (New York).

Vandermeersch, L. (1993), 'Rectification des noms et langue graphique chinoises', *Extrême-Orient Extrême-Occident*, 15: 11—21.

Vernant, J.-P. (1972/1980), 'Between the Beasts and the Gods', trans. J. Lloyd (of 'Introduction' to M. Detienne, *Les Jardins d'Adonis* (Paris,

1972)), in *Myth and Society in Ancient Greece* (New York), 143—182.

Veyne, P. (1988), *Did the Greeks Believe in their Myths?*, trans. P. Wissing (of *Les Grecs ont-ils cru à leurs mythes?* (Paris, 1983)) (Chicago).

Vickers, B. (ed.) (1984), *Occult and Scientific Mentalities in the Renaissance* (Cambridge).

Volkov, A. (1992), 'Analogical Reasoning in Ancient China: Some Examples', *Extrême-Orient Extrême-Occident*, 14: 15—48.

—— (1996—1997), 'The Mathematical Work of Zhao Youqin: Remote Surveying and the Computation of π', *Taiwanese Journal for Philosophy and History of Science*, 5. 1: 129—189.

——(1997), 'Zhao Youqin and his Calculation of π', *Historia Mathematica*, 24: 301—331.

Wagner, D. (1979), 'An Early Chinese Derivation of the Volume of a Pyramid: Liu Hui, Third Century A. D.', *Historia Mathematica*, 6: 164—188.

Wardy, R. B. B. (2000), *Aristotle in China: Language, Categories and Translation* (Cambridge).

Warnock, M. (1985), *A Question of Life: The Warnock Report on Human Fertilisation and Embryology* (Oxford).

——(1998), *An Intelligent Person's Guide to Ethics* (London).

Whorf, B. L. (1967), *Language, Thought and Reality*, ed. J. Carroll (1st pub. 1956), repr. (Cambridge, Mass.).

Williams, B. (2002), *Truth and Truthfulness: An Essay in Genealogy* (Princeton).

Wilson, B. R. (ed.) (1970), *Rationality* (Oxford).

Winch, P. (1970), 'Understanding a Primitive Society', in Wilson (1970:

| 古代世界的现代思考 |

78—111).

Xi Zezong and Po Shujen (1966), 'Ancient Oriental Records of Novae and Supernovae', *Science*, 154: 596—603.

Yates, R. D. S. (1994), 'The Yin-Yang Texts from Yinqueshan: An Introduction and Partial Reconstruction, with Notes on their Significance in Relation to Huang-Lao Daoism', *Early China*, 19: 75—144.

Yavetz, I. (1998), 'On the Homocentric Spheres of Eudoxus', *Archive for History of Exact Sciences*, 52: 221—278.

Zadeh, L. (1987), *Fuzzy Sets and Applications: Selected Papers by Lofti A. Zadeh*, ed. R. R. Yager et al. (New York).

Zimmermann, F. (1992), 'Remarques comparatives sur la place de l'exemple dans l'argumentation (en Inde)', *Extrême-Orient Extrême-Occdent*, 14: 199—204.

图书在版编目(CIP)数据

古代世界的现代思考：透视希腊、中国的科学与文化/(英)劳埃德(Lloyd，G. E. R.)著；钮卫星译.——上海：上海科技教育出版社，2015.6
（世纪人文系列丛书.开放人文）
ISBN 978-7-5428-6064-4

Ⅰ.①古…　Ⅱ.①劳…　②钮…　Ⅲ.①自然科学史—思想史—古希腊　②自然科学史—思想史—中国—古代　Ⅳ.①N095.45　②N092

中国版本图书馆 CIP 数据核字(2015)第 052611 号

责任编辑　郑华秀　陈　浩　张嘉穗
装帧设计　陆智昌　朱赢椿　汤世梁

古代世界的现代思考——透视希腊、中国的科学与文化
［英］G·E·R·劳埃德　著
钮卫星　译

出　版	世纪出版集团　上海科技教育出版社
	（200235　上海冠生园路 393 号　www.ewen.co）
发　行	上海世纪出版集团发行中心
印　刷	上海商务联西印刷有限公司
开　本	635×965 mm　1/16
印　张	19.75
插　页	4
字　数	240 000
版　次	2015 年 6 月第 1 版
印　次	2015 年 6 月第 1 次印刷
ISBN	978-7-5428-6064-4/N.933
图　字	09-2014-1062 号
定　价	50.00 元